Mit digitalen Extras:
Exklusiv für Buchkäufer!

Ihre digitalen Extras zum Download:

- – Arbeitsmaterialien für die tägliche Praxis
- – Übersicht über die 32 Workhacks
- – Das New C.A.R.E.-Modell für hybride Führung
- – Roadmap für hybride Führung
- – Vorlagen und Übungsanleitungen
- – Unterlagen zur Selbstreflexion

http://mybook.haufe.de/

Buchcode: USR-8837

Sabrina Gall, Dr. Jörg Wittenberg

Erfolgreich führen in hybriden Arbeitswelten

Analog und digital – Roadmap für Führungskräfte

1. Auflage

Haufe Group
Freiburg · München · Stuttgart

Bibliografische Information der Deutschen Nationalbibliothek

Die Deutsche Nationalbibliothek verzeichnet diese Publikation in der Deutschen Nationalbibliografie; detaillierte bibliografische Daten sind im Internet über http://dnb.dnb.de/ abrufbar.

Print:	ISBN 978-3-648-15555-4	Bestell-Nr. 10674-0001
ePub:	ISBN 978-3-648-15556-1	Bestell-Nr. 10674-0100
ePDF:	ISBN 978-3-648-15557-8	Bestell-Nr. 10674-0150

Sabrina Gall, Dr. Jörg Wittenberg
Erfolgreich führen in hybriden Arbeitswelten
1. Auflage, Monat 2021

© 2021 Haufe-Lexware GmbH & Co. KG, Freiburg
www.haufe.de
info@haufe.de

Bildnachweis (Cover): © metamorworks, Adobe Stock

Produktmanagement: Jutta Thyssen
Lektorat: Peter Böke

Inhaltsverzeichnis

Geleitwort		11
Vorwort		13
1	**Hybride Arbeitswelten – das New Normal für Führungskräfte**	**15**
1.1	Willkommen in der hybriden Arbeitswelt	15
1.2	Spannungsfelder für Führungskräfte	17
1.3	Die Corona-Pandemie als Katalysator des Wandels	23
1.4	Ihre Roadmap für hybride Führung	29
2	**Spannungsfelder in hybriden Arbeitswelten**	**35**
2.1	Weniger persönliche Kontakte unter Mitarbeiter*innen	36
2.2	Weniger persönliche Kontakte zur Führungskraft	38
2.3	Wegfallende gemeinsame Rituale	39
2.4	Ungleiche Arbeitsbedingungen	40
2.5	Wegfallende einheitliche Arbeitsatmosphäre	42
2.6	Differenziertes Stressempfinden	44
2.7	Zusätzliche Zeit für das Berufs- und Privatleben	45
2.8	Zunehmende zeitliche Flexibilität	47
2.9	Persönliche Erreichbarkeit	49
2.10	Schnellere und zunehmend verbale Kommunikation	51
2.11	Kommunikatives Multitasking	52
2.12	Weniger nonverbale Kommunikation	53
2.13	Gefühlter Informationsverlust	55
2.14	Unsichtbare Arbeit	56
2.15	Unsichtbare Hierarchien	57
2.16	Weniger Kontrollmöglichkeiten	58
2.17	Zunahme polyglotter Kommunikation	60
2.18	Verbreitung multikultureller Teams	62
2.19	Zunahme von zeitzonenübergreifendem Arbeiten	63
3	**Das Mindset in der hybriden Arbeitswelt**	**65**
3.1	Verantwortung teilen	73
3.2	Entscheidungen treffen	74
3.3	Ergebnisse steuern	76
3.4	Informationen und Wissensteilung managen	81
3.5	Zielvereinbarung und Beurteilung neu denken	85
3.6	Fehler und Konflikte als Chance nutzen	88
3.7	Veränderungskompetenz steigern	91
3.8	Job Happiness umsetzen	93

4	**NEW C.A.R.E. – Das Modell für hybride Führung**	**99**
4.1	Communication	103
	4.1.1 Transparenz schaffen	109
	4.1.2 Klarheit herstellen	110
	4.1.3 Verständnis sichern	112
	4.1.4 Sinn vermitteln	114
4.2	Awareness	118
	4.2.1 Führungsleitbild schärfen	121
	4.2.2 Persönlichkeit entwickeln	123
	4.2.3 Resilienz stärken	125
	4.2.4 Vorbild sein	127
4.3	Relationship	128
	4.3.1 Strukturen schaffen	132
	4.3.2 Vertrauen bilden	134
	4.3.3 Konflikte managen	135
	4.3.4 Identifikation sichern	137
4.4	Empowerment	139
	4.4.1 Mitarbeiter*innen auswählen	144
	4.4.2 Mitarbeiter*innen unterstützen	145
	4.4.3 Mitarbeiter*innen entwickeln	147
	4.4.4 Mitarbeiter*innen steuern	149
5	**Workhacks für die Praxis**	**151**
5.1	Communication – Impulse für den Austausch	154
	5.1.1 Transparenz schaffen	154
	5.1.1.1 Workhack # 1: Daily	154
	5.1.1.2 Workhack # 2: Kanban Board	156
	5.1.2 Klarheit herstellen	158
	5.1.2.1 Workhack # 3: Ich bin ganz Ohr	158
	5.1.2.2 Workhack # 4: Selbstklärung vor dem Gespräch ...	160
	5.1.3 Verständnis sichern	162
	5.1.3.1 Workhack # 5: Team Reverse Mentoring	162
	5.1.3.2 Workhack # 6: Sketch Notes	164
	5.1.4 Sinn vermitteln	166
	5.1.4.1 Workhack # 7: Warum stehe ich morgens auf? ...	166
	5.1.4.2 Workhack # 8: Team-Purpose finden	168
5.2	Awareness – Impulse für die Selbstführung	170
	5.2.1 Mein Führungsleitbild schärfen	170
	5.2.1.1 Workhack # 9: Gebrauchsanweisung Führung ...	170
	5.2.1.2 Workhack # 10: Führungsbarometer.	172
	5.2.2 Meine Persönlichkeit entwickeln	174
	5.2.2.1 Workhack # 11: Ich-Canvas	174

5.2.2.2 Workhack # 12: Mindset Coaching 176

5.2.3 Meine Resilienz stärken 178

5.2.3.1 Workhack # 13: Stärkenportfolio 178

5.2.3.2 Workhack # 14: Niksen 180

5.2.4 Meine Rolle als Vorbild leben 181

5.2.4.1 Workhack # 15: Vorbildrolle leben 181

5.2.4.2 Workhack # 16: Journaling – Zehn Fragen an mich selbst 182

5.3 Relationship – Impulse für das Miteinander 184

5.3.1 Strukturen schaffen 184

5.3.1.1 Workhack # 17: ALPEN-Methode 184

5.3.1.2 Workhack # 18: Praxiswerkstatt 186

5.3.2 Vertrauen bilden 188

5.3.2.1 Workhack # 19: Lunchparty 188

5.3.2.2 Workhack # 20: Coffee break 190

5.3.3 Konflikte managen 192

5.3.3.1 Workhack # 21: Team-Retro 192

5.3.3.2 Workhack # 22: Kill the prejudice 194

5.3.4 Identifikation sichern 196

5.3.4.1 Workhack # 23: Team-Canvas 196

5.3.4.2 Workhack # 24: Kudos to you 198

5.4 Empowerment – Impulse für die Mitarbeiter*innen 200

5.4.1 Mitarbeiter*innen auswählen 200

5.4.1.1 Workhack # 25: Peer-Recruiting 200

5.4.1.2 Workhack # 26: Teamstärken-Portfolio 202

5.4.2 Mitarbeiter*innen unterstützen 204

5.4.2.1 Workhack # 27: Schlüsselfrage 204

5.4.2.2 Workhack # 28: Action list 206

5.4.3 Mitarbeiter*innen entwickeln 208

5.4.3.1 Workhack # 29: Zielmap 208

5.4.3.2 Workhack # 30: Speedfeedback 210

5.4.4 Mitarbeiter*innen steuern 212

5.4.4.1 Workhack # 31: Delegation Board 212

5.4.4.2 Workhack # 32: Kill a stupid rule 214

6. Es gibt noch viel zu tun 217

Literaturverzeichnis 221

Abbildungsverzeichnis 227

Tabellenverzeichnis 229

Stichwortverzeichnis 231

Die Autorin und der Autor 235

Geleitwort

Die analoge und digitale Zusammenarbeit in hybriden Arbeitswelten gehört zum »New Normal« unserer Zeit. Damit Führung unter den neuen Rahmenbedingungen gelingt, sind vier Kompetenzfelder besonders relevant: Communication, Awareness, Relationship und Empowerment. Mit ihrem NEW C.A.R.E.-Modell stellen die beiden Autor*innen einen innovativen Ansatz vor und verdeutlichen dessen Anwendung mit zahlreichen praxisbezogenen Workhacks.

Gerade jetzt ist das von großer Bedeutung. Unsere Arbeitswelt hat sich mit einer unfassbaren Geschwindigkeit verändert. Was bisher nicht denkbar war, ist der neue Standard. Selbst tradierte Unternehmen stellten in kurzer Zeit auf Home-Office, digitale Kommunikation und völlig neue Formen der Zusammenarbeit um.

Und das ist keine vorrübergehende Entwicklung. Viele Unternehmen werden die Arbeitsmodelle flexibilisieren und Kostensenkungspotenziale nutzen. Die Arbeitnehmer können Beruf und Familie besser vereinbaren, Pendelzeiten fallen weg und der Unternehmensstandort verliert an Bedeutung.

Doch genau hier beginnen die Herausforderungen. Bei zunehmender Distanz ist Führung wichtiger denn je. Führung ist mehr als das Weiterleiten von Aufgaben. Kommunikation geht über den morgendlichen »Stand-up-Call« im Team hinaus. Heterogene Teams, die sowohl on- wie auch off-site zusammenarbeiten, müssen ohne Verliererbilder harmonisiert und geführt werden.

Wenn hybride Arbeitswelten sich verstetigen, werden neue Fragestellungen entstehen: Wie sichere ich die Unternehmensidentität? Wie kann Teamspirit geprägt werden? Wie binde ich Mitarbeiter*innen an das Unternehmen, wenn der nächste Arbeitgeber nur einen Klick entfernt ist? Auch aus der Sicht der Vertriebsführung stehen wir vor großen Herausforderungen. Unsere Erfolgsfaktoren sind Begeisterung, Emotion und Kommunikation, die wir auch in einer hybriden Arbeitswelt nutzen wollen. Hier sind neue Lösungen gefragt, um das »Funkeln in den Augen« aller Vertriebsmitarbeiter*innen zu sichern.

Solch fundamentale Veränderungen in der Arbeitswelt sollten wir nicht einfach passieren lassen, sondern die damit verbundenen Chancen aktiv nutzen. Das klare Management und wirkungsvolle Führung sind hier als Schlüsselfaktoren für den Erfolg des Unternehmens verantwortlich. Gut für diejenigen, die passende Werkzeuge und Ideen hierfür haben. Ich bin sicher, dass die Leser*innen mit dem NEW C.A.R.E.-Modell wichtige Impulse für hybride Führung erhalten.

Jörg Koschate

Vorstand Vertrieb
LBS Westdeutsche Landesbausparkasse

Vorwort

Es gibt viele gute Gründe für dieses Buch – sowohl für Sie als Käufer*in, es zu lesen, als auch für uns beide, es zu schreiben. Alle Gründe haben etwas mit Zeit zu tun.

Zeit des Schreibens: Im November 2020 zeichnete es sich ab, dass Deutschland wiederholt in einen Corona-bedingten Lockdown gehen würde. Der »Freeze« im gewohnten alten Ablauf des Lebens verschaffte uns mehr Zeit für Neues. Dieses Geschenk nutzten wir beide für einen Blick auf unsere »Bucket List« der noch zu erfüllenden Lebensträume. Unter den Top 10 stand bei uns beiden: Schreibe ein Buch! Unsere jahrzeitlange Erfahrung als Business Coaches und Trainer sollte seinen dokumentierten Platz bekommen, damit andere davon profitieren können, die nicht schon das Glück hatten, mit uns zusammenzuarbeiten. ☺

Zeit der Veränderung: Die Corona-Pandemie diktierte uns quasi das Thema in die Feder. Wir waren nicht nur selbst betroffen, sondern erlebten in unseren Gesprächen mit unseren Kund*innen auch die Betroffenheit der vielen Führungskräfte, die plötzlich in eine andere, in eine hybride Arbeitswelt katapultiert wurden.

Zeit der Vorbereitung: Tag für Tag und Monat für Monat wuchs die Erkenntnis, dass die allgemeine Situation kein kurzfristiger Ausnahmezustand ist, sondern dass wir hier den Einstieg in eine neue Arbeitswelt, in ein anderes New Normal erleben. Wir sind davon überzeugt, dass Sie sich als Führungskraft mit den damit verbundenen Herausforderungen beschäftigen sollten, um Ihr Team erfolgreich zu führen. Darum haben wir dieses Buch geschrieben und darum sollten Sie es lesen.

Entstanden ist es dann wie vieles in der Corona-Zeit, die persönliche Treffen kaum zuließ. In einer neu eingerichteten gemeinsamen Cloud und in vielen gemeinsamen Meet-ups auf Zoom, die unsere Arbeitsinseln in München und Köln miteinander verbunden haben. Wir haben uns die Arbeit geteilt und, wie es sich für ein diverses Team gehört, unsere unterschiedlichen Stärken eingebracht. Was Sie lesen ist das Ergebnis einer Kombination aus Vision und Praxisorientierung sowie Analyse und Kreativität. Und wir hatten viel Spaß dabei.

Was Sie in den Händen halten, ist eine Roadmap für Führungskräfte, die Ihnen den Weg in und durch eine analoge und digitale, also eine hybride Arbeitswelt zeigt. Weil es entscheidend ist, auf diesem Weg nicht die Übersicht zu verlieren, haben wir eine Struktur entwickelt, die es einfach macht, dem Plan zu folgen. Es ist unser NEW C.A.R.E.-Modell für hybride Führung.

NEW C.A.R.E. steht für die neue Führung in hybriden Arbeitswelten, die sich durch besondere Kompetenzfelder und Aufgabengebiete auszeichnet. Wir sind uns vor dem Hintergrund unserer jahrzehntelangen Berufserfahrung bewusst, dass nicht alles neu ist, sondern sich vor allem der Blickwinkel in hybriden Arbeitswelten verändert hat. Mit unserem Modell begleiten wir Sie zum Ziel einer erfolgreichen Führung. Außerdem haben wir eine Brücke zwischen Theorie und Praxis gebaut, die auf 32 Workhacks basiert und die Sie in Ihrem Berufsalltag benutzen können.

Auf unserem Weg vom Manuskript zum Buch wurden wir über ein halbes Jahr von Jutta Thyssen, der Produktmanagerin im Haufe Verlag, und unserem Lektor Peter Böke unterstützt. Frau Sabine Lemke hat als Illustratorin die Grafiken entwickelt. In ihren Funktionen agierten alle im Hintergrund und haben das Ergebnis doch sichtbar beeinflusst. Dafür an dieser Stelle unseren herzlichen Dank.

Wir danken auch Herrn Koschate für sein einführendes Geleitwort zum Buch und unseren Interviewpartner*innen aus der Praxis, die uns einen Einblick in die Herausforderungen und Lösungswege in ihrer eigenen hybriden Arbeitswelt gewährt haben. Zu nennen sind hier: Claudia Hartwich, Cordula van Keeken-Rau, Andrea Martin, Christian Müller, Jutta Sieger und Sarah Torkornoo. Dies war eine besondere Quelle der Inspiration für uns und hoffentlich auch für Sie als Leser*in.

Jetzt wünschen wir Ihnen viel Freude beim Lesen, einen erkenntnisreichen Perspektivenwechsel beim Blick auf das New Normal der hybriden Arbeitswelt und am Ende eine erfolgreiche Umsetzung in Ihrem Führungsalltag.

München und Köln im Juni 2021

Sabrina Gall und *Dr. Jörg Wittenberg*

P.S: Wenn Sie noch Fragen haben, schreiben Sie uns. Sie erreichen uns via E-Mail: kontakt@sabrina.gall.de und office@Der-Wegberater.de

1 Hybride Arbeitswelten – das New Normal für Führungskräfte

1.1 Willkommen in der hybriden Arbeitswelt

»Homecoming« heißt die Weckmelodie auf meinem Handy, was ich heute mit einem halboffenen Auge zum ersten Mal wahrnehme. Irgendwie passt das auch zu meinem neuen Leben und Arbeiten im Home-Office. Es ist Donnerstag morgens, 5:45 Uhr, und es ist Zeit aufzustehen. Während ich auf der Bettkante sitze und auf meinen Kreislauf warte, mich in den Tag zu begleiten, geht mein erster wacher Blick auf das Handydisplay. Es blinkt, also lebt es.

Ich checke meine E-Mail-Inbox mit den 1.247 E-Mails, die ich unbearbeitet und resigniert seit Ewigkeiten vor mir herschiebe und lese die ersten News meiner New Yorker Kolleg*innen, die mich damit »im Loop« halten wollten, während ich im Land der Träume war. Nach einem schnellen Gang durchs Bad wecke ich die Kinder, denn ich habe heute familiären Frühdienst und muss schauen, dass sie rechtzeitig in ihrem virtuellen Klassenraum sitzen, denn ausgerechnet donnerstags ist einer dieser Homeschooling-Tage, die mein Leben so kompliziert machen.

Nachdem die beiden Kids versorgt und online sind, kann ich endlich frühstücken. Ich sitze mit meiner Müslischüssel neben dem Bildschirm am Schreibtisch und beantworte schnell die Fragen der US-Kolleg*innen. Um 9 Uhr eröffne ich meine tägliche virtuelle Teamrunde auf Zoom, liebevoll »Daily« genannt, mit meinen Direct Reports im Vertrieb. Nach 15 Minuten ist alles vorbei. Dann ein kurzer Blick auf den Projekt-Share in der Cloud, ein paar »open requests« beantwortet und ab geht es in das zweite Meet-up.

Zwei Stunden im Sales Review der EMEA-Region liegen vor mir. Rund zwei Dutzend meiner Kolleg*innen gewähren mir am Bildschirm Einblick in ihr Privatleben, während sie ihre Planabweichungen erläutern, und geben mir die Möglichkeit, parallel einen RFP (request for proposal) auszufüllen, der heute abgeben werden muss. Wenn ich nicht dauernd im Chat angeschrieben werden würde, hätte ich auch eine Chance, damit fertig zu werden. Glücklicherweise bricht irgendwann die Internetverbindung zusammen und ich habe einen guten Grund, mich aus der Runde zu verabschieden. Das wird auch Zeit, denn ich muss noch kochen oder, genauer gesagt, die Pizza bestellen, damit die Kinder etwas zu essen haben, wenn sie offline gehen. Nachdem die Pizza-order online bestätigt wurde, habe ich die Gelegenheit für ein paar Telefonanrufe bei meinen Kund*innen. Die muss ich auch noch glücklich machen, denn dafür werde ich schließlich bezahlt.

Nach gefühlten zehn Minuten klingelt der Pizzabote schon an der Haustür und gleichzeitig stehen meine Kinder in der Zimmertür und winken freudig zu meinen Kolleg*innen in das Ad-hoc-Meeting, in dem ich auch noch festhänge. Jetzt mache ich erstmal eine kurze Mittagspause. So war jedenfalls der Plan. Die Pause verlängert sich spontan um eine Stunde, weil mein Sohn sein Geschichtsreferat doch nicht allein auf die Beine stellen kann oder will. Ist aber alles kein Problem, die Zeit hänge ich einfach heute Abend dran. Der RFP muss ja erst um 24 Uhr raus sein. Bis dahin habe ich noch eine Menge Zeit.

Jetzt aber erstmal ins Auto, zu einem Abstecher in unser Auslieferungslager. Mein Chef hat spontan darauf bestanden, dass sich unser Team mit ihm und der Produktionsleiterin die neue Lieferung anschaut, bevor die Produkte an die Kund*innen rausgehen. Die Gelegenheit hat er dann genutzt, um sich von uns vor Ort die Ideen für die nächste Kampagne präsentieren zu lassen. Während wir alle im Konferenzraum sitzen, wird die Werbeagentur per Video-Chat noch spontan hinzugeschaltet und wir diskutierten hitzig über deren Vorschläge.

Nach nur zwei Stunden Fahrzeit für insgesamt 90 Minuten Meeting vor Ort bin ich wieder zurück. Wie gut, dass ich im Stau noch eine Telko mit zwei meiner Mitarbeiter*innen durchführen konnte. Die beiden sind sich über die Aufgabenverteilung im Projekt in die Haare geraten. Übrigens: Ich liebe mein Auto und meine Freisprecheinrichtung.

Zurück im Home-Office ist es Zeit für eine Kaffeepause. Ich logge mich in die virtuelle Kaffeeecke der Company ein und habe Glück. Mit zwei Kolleg*innen aus der Rechtsabteilung kann ich mich für zehn Minuten mal über etwas anderes als den Job unterhalten. Nach dieser kleinen Auszeit widme ich mich wieder meiner E-Mail-Inbox. Dort sind während meiner Abwesenheit 30 neue E-Mails eingegangen, die ich jetzt einmal schnell durchscrolle, weiterleite, ungeöffnet lasse, in den Papierkorb schiebe, archiviere oder selbst beantworte. Nachdem ich das geschafft habe, springe ich in meine Joggingsachen und laufe eine Runde um den Block, bevor es dunkel wird. Danach ist Duschen und Abendessen angesagt, bevor ich den RFP endlich fertig bearbeiten und versenden kann. Gerade noch rechtzeitig. Um 23 Uhr geht's dann auf die Couch. Mein blinkendes Handy ignoriere ich jetzt schweren Herzens. Feierabend für heute.

Kommt Ihnen so ein Arbeitstag als Führungskraft bekannt vor? Dann sagen wir:

Willkommen in der hybriden Arbeitswelt!

1.2 Spannungsfelder für Führungskräfte

Vielleicht stellen Sie sich die Frage, was sich hinter dem Begriff »hybrid« genau verbirgt. Mit dem hybriden Auto, das alternativ mit Strom oder Benzin angetrieben wird, hat es nichts zu tun, auch wenn damit ein vergleichbarer Sachverhalt beschrieben wird. Das Wort »hybrid« lässt sich auf das lateinische »hybrida« zurückführen, was so viel wie »Mischling« bedeutet. In der Biologie bezeichnet das Substantiv »Hybride« ein Individuum, das aus der Fortpflanzung zwischen verschiedenen Gattungen hervorgegangen ist.

In unserem Businesskontext lässt sich die hybride Arbeitswelt in diesem übertragenen Sinne als eine Kombination zwischen verschiedenen Arbeitsorten definieren, an denen man tätig ist. Die Mitarbeiter*innen können on-site, in den Geschäftsräumen ihres Arbeitgebers, oder off-site, außerhalb der Geschäftsräume, arbeiten. Das Off-site-Arbeiten wird auch Remote-Arbeiten oder Fernarbeit genannt. Beim Off-site-Arbeiten kann wiederum zwischen dem mobilen Arbeiten und dem Arbeiten im Home-Office unterschieden werden. Beim mobilen Arbeiten hat man einen wechselnden Arbeitsplatz (Mobile-Office), zum Beispiel auf der Dienstreise, oder einen Co-Working Space, der kurzfristig angemietet wird, und beim Home-Office befindet sich der Arbeitsplatz dauerhaft zu Hause. Davon zu unterscheiden sind die juristisch geprägten Definitionen der sogenannten Telearbeit und der mobilen Arbeit nach der Arbeitsstättenverordnung, auf die später eingegangen wird.

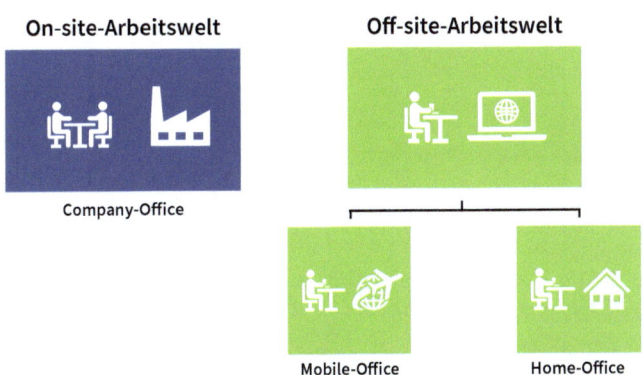

Abb. 1: On-site- und Off-site-Arbeitswelt

Die On-site-Arbeitswelt wird auch mit dem Begriff der analogen Arbeitswelt und die Off-site-Arbeitswelt mit dem Begriff der digitalen Arbeitswelt gleichgesetzt. Diese Gleichstellung in der öffentlichen Diskussion darf nicht missverstanden werden, weil natürlich auch in der On-Site-Arbeitswelt digital gearbeitet wird. So schreiben

Mitarbeiter*innen auch hier E-Mails oder nehmen an Video-Chats teil und benutzen in diesem Sinne digitale Medien. Hinter diesem Wortgebrauch steht die Vorstellung, dass die Mitarbeiter*innen sich in einer analogen Arbeitswelt (auch) persönlich, d. h. analog face-to-face, austauschen können, während dies in einer digitalen Arbeitswelt ausschließlich über elektronischen Medien geschieht, weil an unterschiedlichen Orten gearbeitet wird und keine persönlichen Treffen stattfinden.

In hybriden Arbeitswelten können Mitarbeiter*innen sowohl on-site als auch off-site arbeiten. Einige arbeiten ausschließlich on-site, andere nur off-site und wieder andere nutzen wechselweise beide Arbeitsorte. Im Idealfall haben sie die freie Wahl. In diesem Sinne stellt sich die hybride Arbeitswelt als eine Kombination aus analoger und digitaler Arbeitswelt dar.

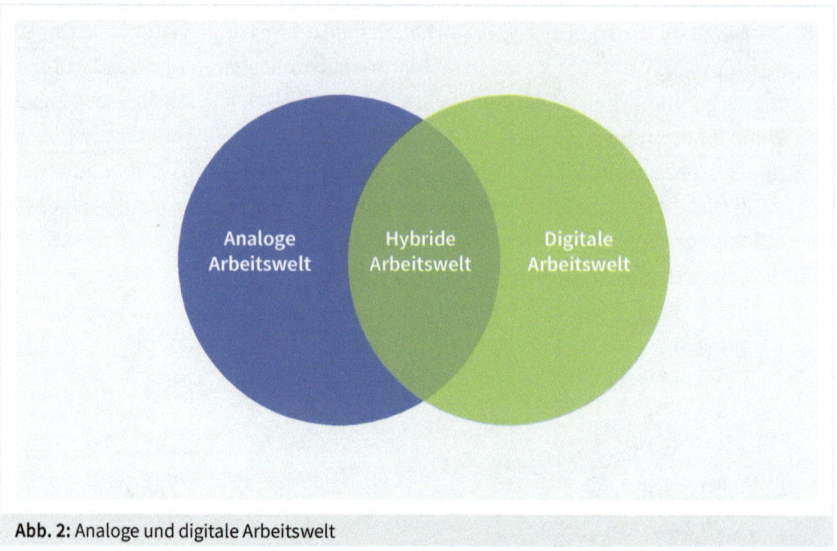

Abb. 2: Analoge und digitale Arbeitswelt

Diese Arbeitswelt 4.0 darf unseres Erachtens nicht mit einer rein digitalen Arbeitswelt gleichgestellt werden. Der Digitalisierungstrend hat nur den Anteil der digitalgestützten Arbeit des Menschen erhöht, den analog durchgeführten Anteil aber nicht vollkommen ersetzt. Denken Sie an die produzierende Industrie (z. B. Automobilwirtschaft) oder an das Dienstleistungsgewerbe (z. B. Gastronomie), in der noch viele Menschen vor Ort arbeiten. In rein administrativen Bereichen ist der Anteil an digitaler Arbeit jedoch weit höher. Die Arbeitswelt 4.0 ist also hybride, wenn auch nicht in allen Branchen im gleichen Umfang.

Doch die Digitalisierung allein erklärt nicht alle Herausforderungen, denen Sie als Führungskraft heute gegenüberstehen. Dazu gehört weit mehr, was Sie im Blick behalten sollten, um Ihre Aufgabe erfüllen zu können. Denn als Führungskraft sind Sie mittelbar in vieles eingebunden, was auf unserer Welt passiert.

Und es passiert eine Menge. So verschwinden über Nacht ganze politische Systeme (Welche Länder gehörten noch einmal zu Jugoslawien?), disruptive Erfindungen verändern unser Leben (Wer fotografiert noch mit einer Kamera?), erfolgreiche Unternehmen verlieren den Anschluss (Was genau macht Nokia heute?), der Klimawandel zeigt sich drastisch (Die ersten der 202 Inseln der Malediven wurden schon aufgegeben) und die Corona-Pandemie bringt die Welt aus dem Takt (z. B. durch einen massiven Einbruch im Welthandel). Gefühlt dreht sich alles schneller und der Ausgang ist ungewiss. Von oben betrachtet sieht es aus wie bei einem Hurrikan über der Karibik. Wir leben und arbeiten in turbulenten Zeiten.

»Die Welt ist VUCA« VUCA ist ein Akronym (Kunstwort) und steht für Volatility, Uncertainty, Complexity und Ambiguity. Es war die Antwort des US Army War College auf den Zusammenbruch der UdSSR Anfang der 1990er Jahre. Das einfache Weltbild von zwei politischen Blöcken, die sich gegenüberstehen, hatte sich aufgelöst. Es gab nicht mehr den einen Feind, was neue Sicht- und Reaktionsweisen zur Folge hatte. Der Managementtrainer Bob Johansen hat dieses Konzepts in den 2000er Jahren populär gemacht und die Folgen für Führungskräfte beleuchtet (vgl. Johansen, 2009).

Das VUCA-Weltbild kann aus zwei Perspektiven betrachtet werden. Zum einen, wenn der inhaltlichen Frage »Was passiert?« nachgegangen wird, und zum anderen, wenn Antworten auf die prozessuale Frage »Wodurch zeichnen sich die Veränderungen aus?« gesucht werden. Die prozessuale Dimension lässt sich durch die vier Begriffe beschreiben, die hinter dem Begriff VUCA stehen:
- **V**olatility (= Schwankungsbreite): Eine volatile Situation zeichnet sich durch ihre Unbeständigkeit aus, wobei das Ausmaß und die Dauer der Veränderung stark schwanken. Beispiel: Aktienkurse.
- **U**ncertainty (= Unsicherheit): Eine unsichere Situation kann sich in verschiedene Richtungen verändern. Die Gründe sind bekannt, die Entwicklung aber nicht sicher zu prognostizieren. Was morgen passiert, ist immer schwerer abzusehen. Beispiel: Der Ausgang einer Bundestagswahl.
- **C**omplexity (= Komplexität): Die komplexe Situation wird von mehreren abhängigen Faktoren bestimmt, deren Anzahl und Wechselwirkung nicht genau bekannt sind. Es ist nicht klar, wie die Dinge zusammenhängen. Beispiel: Die Entwicklung des Wetters.
- **A**mbiguity (= Mehrdeutigkeit): Eine mehrdeutige Situation kann unterschiedlich interpretiert werden. Es gibt mehr als eine Antwort auf eine Frage. Beispiel: Ursachen für einen Konflikt.

Inhaltlich lässt sich der Wandel durch langfriste Megatrends wie auch kurzfristige Ereignisse (z. B. Kriege, Unfälle, Naturkatastrophen) erklären und ist damit selbst einer permanenten vielschichtigen Veränderung unterworfen.

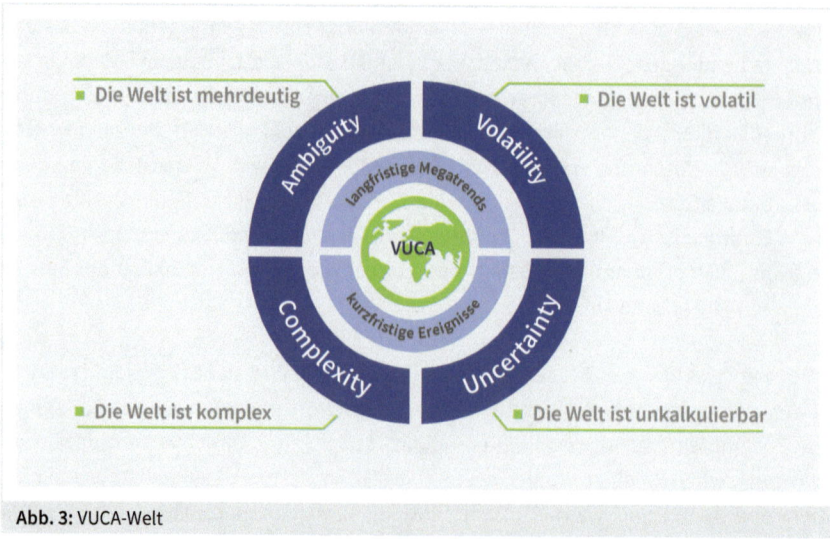

Abb. 3: VUCA-Welt

Die kurzfristigen Ereignisse kommen zumeist überraschend, dauern selbst nicht lange an und haben dennoch langfristige Konsequenzen. Die terroristischen Anschläge auf die Türme des World Trade Centers am 11. September 2001 sind ein Beispiel dafür. Der amerikanische Präsident George W. Bush hat daraufhin zu einen jahrelangen globalen »Krieg gegen den Terror« aufgerufen. Ein weiteres Beispiel ist der Unfall in dem japanischen Atomkraftwerk von Fukushima am 11. März 2011. Schon drei Monate später, am 6. Juni 2011, beschließt die deutsche Bundesregierung einen stufenweisen Atomausstieg bis 2022 und leitet damit die Energiewende ein. Und natürlich ist an dieser Stelle auch der Ausbruch des Covid-19 – Virus zu nennen, der am 11. März 2020 zur weltweiten Corona-Pandemie führte.

Den kurzfristigen Ereignissen, die die Welt verändern, stehen die langfristigen Megatrends gegenüber. Das Zukunftsinstitut aus Frankfurt am Main, ein im Jahr 1998 gegründeter Think Tank, hat zwölf solcher Megatrends identifiziert, die sich als die großen Treiber des Wandels darstellen (vgl. im Folgenden: Zukunftsinstitut, 2021):

- Gender Shift
- Gesundheit
- Globalisierung
- Individualisierung
- Konnektivität
- Mobilität
- Neo-Ökologie
- New Work
- Sicherheit
- Silver Society
- Urbanisierung
- Wissenskultur

Wir möchten im Folgenden einige Megatrends beispielhaft skizzieren, um ihren Einfluss auf unsere Arbeitswelt darstellen zu können. An erster Stelle sei hier der Megatrend »New Work« genannt, der ein neues Verständnis von Arbeit formt. Die klassische Karriere verliert an Bedeutung, wohingegen die Sinnfrage in den Vordergrund rückt. In diesem Zusammenhang spielt auch der Megatrend der »Individualisierung« eine große Rolle, bei dem das Verhältnis von Ich und Wir neu ausgehandelt wird. Es geht um die Zunahme individueller Wahlfreiheiten und dem Fokus auf die Selbstbestimmung. Hier kommt es auch zu Generationenkonflikten in Verbindung mit dem Umstand, dass wir immer älter werden und dabei immer leistungsfähiger bleiben. Dahinter steckt der Megatrend der »Silver Society«.

Zu einem neuen Rollendenken von Frauen und Männern kommt es durch den »Gender Shift«, der vorhandene Geschlechterstereotypen zunehmend aufbricht. Der Megatrend der »Konnektivität« steht wiederum für ein Grundmuster der gesellschaftlichen Veränderung: die Vernetzung auf Basis digitaler Infrastrukturen. Der vielleicht bedeutendste Megatrend ist die »Globalisierung«, die sich durch die zunehmenden weltweiten Verflechtungen zwischen Individuen, Unternehmen, Gesellschaften und Systemen auszeichnet. Vieles, was an anderen Orten auf der Welt passiert, hat so auch Auswirkungen auf uns persönlich. Die Globalisierung lässt die Welt zu einem Dorf werden, in dem wir leben und arbeiten.

Durch die wachsende Unsicherheit und Komplexität in der Arbeitswelt wird ein langfristiges planvolles Vorgehen und Entscheiden als Führungskraft immer schwieriger. Die Volatilität der Ereignisse erfordert dabei immer kürzere Reaktionsgeschwindigkeiten und die Ambivalenz der möglichen Erklärungen und Konsequenzen lässt die Akteure widersprüchlich erscheinen. Es ist schwer, den Überblick über die wirtschaftlichen und gesellschaftlichen Zusammenhänge zu behalten (vgl. Gebhardt, Hofmann, Roehl, 2015, S. 6).

Gleichwohl oder, besser gesagt, gerade deshalb ist die Übernahme von Führungsverantwortung gefragt, weil sich hier alte Wünsche und neue Wirklichkeiten der Arbeitswelt konträr gegenüberstehen: die Wirklichkeit der VUCA-Welt mit zunehmender Volatilität, Unsicherheit, Komplexität und Mehrdeutigkeit und der Wunsch der Menschen nach Stabilität, Gewissheit, Überschaubarkeit und Eindeutigkeit. Hier baut sich ein erwartungsgetriebenes Spannungsfeld zwischen Unternehmen, Führungskräften und Mitarbeiter*innen auf, das nach Ausgleich sucht und von Ihnen als Führungskraft gemanagt werden muss. Vor diesem Hintergrund ist das Konzept der agilen Führung entstanden.

Hinzu kommen nun die speziellen Effekte, die durch die sprunghafte Zunahme der hybriden Arbeitswelten verstärkt sichtbar werden. War das Arbeiten im Home-Office früher eine Randerscheinung, wird es zukünftig zum New Normal. In hybriden Arbeitswelten ist Flexibilität angesagt, wir arbeiten on-site in den Büros der Company, off-site im Home-Office oder mobil von unterwegs, sind immer und überall erreichbar, agieren über globale Zeitzonen hinweg in internationalen Teams, kommunizieren dabei gleichzeitig auf unterschiedlichsten Kanälen und führen unsere Mitarbeiter*innen virtuell oder persönlich, während sich die Grenzen zwischen Berufs- und Privatleben zunehmend auflösen.

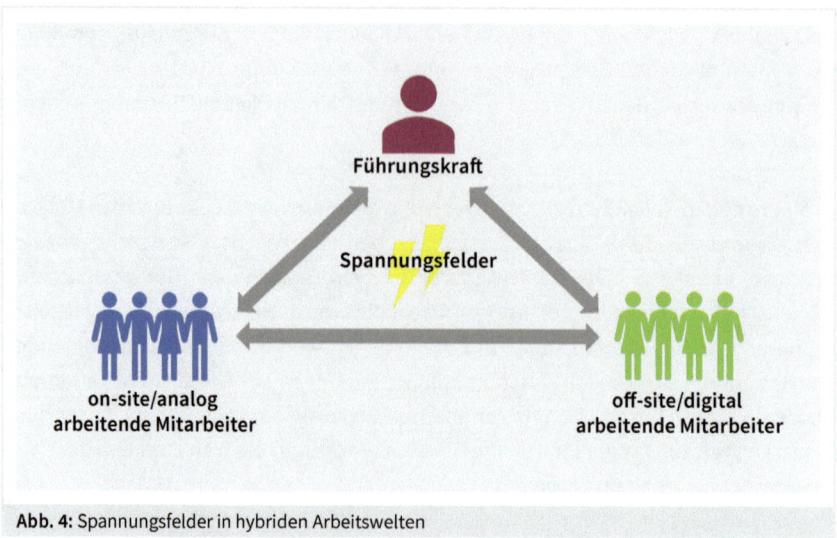

Abb. 4: Spannungsfelder in hybriden Arbeitswelten

Hier entstehen Spannungsfelder zwischen den verschiedenen Akteuren, die von Ihnen als Führungskraft zu managen sind. Auch wenn das Austarieren von Spannungsfeldern zwischen den äußeren Ansprüchen und inneren Bedürfnissen als Aufgabe für Führungskräfte nicht neu ist, so ist es doch die Intensität dieser Spannungsfelder, die besondere Herausforderung für Führungskräfte (vgl. Bischoff, Heiss, 2020, S. 24 – 26).

Im Mittelpunkt unserer Betrachtungen stehen die on-site (analog) und off-site (digital) arbeitenden Mitarbeiter*innen sowie die Führungskraft, die für diese verantwortlich ist und als Teil des Systems selbst auch die Konsequenzen des Settings einer hybriden Arbeitswelt zu bewältigen hat. Das sonstige unternehmensbezogene berufliche wie auch das soziale private Umfeld aller Akteure betrachten wir nur in den unmittelbaren Wirkungen auf dieses Dreiecksverhältnis.

Zusammenfassend lässt sich feststellen, dass Sie nicht nur das grundsätzliche Spannungsfeld zwischen Wunsch und Wirklichkeit der VUCA-Welt agil managen müssen, sondern auch das spezifische Spannungsfeld der hybriden Arbeitswelt. Die damit verbundenen Herausforderungen für Sie als Führungskraft hinsichtlich Ihrer Aufgabengebiete und Kompetenzfelder stehen im Fokus dieses Buches und werden in Kapitel 2 beleuchtet.

1.3   Die Corona-Pandemie als Katalysator des Wandels

Begonnen hat alles am Montag, dem 27. Januar 2020. An diesem Tag gab es den ersten nachgewiesenen Fall einer Covid-19 – Virusinfektion im Landkreis Starnberg. Das Virus hatte seinen Weg nach Deutschland gefunden. Im März wurden dann die ersten Todesfälle in NRW gemeldet. Die Entwicklungen in den anderen Nationen verliefen ähnlich, so dass die Weltgesundheitsorganisation am 11. März 2020 eine Pandemie ausrief.

Die Pandemie-Bekämpfung rückte auch in Deutschland in den Fokus aller gesellschaftlichen Aktivitäten. Das Gesundheitssystem wurde einer harten Bewährungsprobe ausgesetzt und es gibt bis heute allein in Deutschland über 90.000 Opfer zu beklagen. Die Regierung ergriff umfangreiche Maßnahmen zur Eindämmung der Virusausbreitung, die das Leben der Menschen massiv beeinflusste. Deutschland wurde mehrfach befristet in den »Lockdown« geschickt, was sich in der Summe gefühlt als Dauerzustand über rund 1,5 Jahre etablierte. Das öffentliche und wirtschaftliche Leben kam in weiten Teilen zum Erliegen.

Kurzfristig kam es auch zu Versorgungsengpässen bei Produkten des alltäglichen Lebens wie Toilettenpapier und Hefe. Mit der Zeit nahmen die politischen Auseinandersetzungen zwischen den Befürwortern und Gegnern der Corona-Schutzmaßnahmen zu. Die Globalisierung wurde in Frage gestellt und die nationale Selbstversorgung mehr betont. Die Weltwirtschaft erlebte eine schwere Rezession, unter der Deutschland als Exportnation besonders gelitten hat. Viele Menschen mussten in Kurzarbeit oder verloren ihren Job. Die mit den Veränderungen einhergehenden Belastungen förderten Depressionen und psychosomatische Beschwerden bei vielen Menschen. Unternehmen gingen in Konkurs und Selbstständigen wurde ihre Existenzgrundlage entzogen. Der Staat verschuldete sich massiv, um den negativen Folgen mit Förderprogrammen und Konjunkturmaßnamen entgegenzuwirken. Andererseits profitierten online-affine Branchen von den veränderten Konsumgewohnheiten der Verbraucher. Auch die Natur war auf der Gewinnerseite, weil die Emissionen durch die reduzierte Güterproduktion und den weggefallenen Berufsverkehr zurückgingen.

Wie dieser kurze Abriss zeigt, hat der kleine Covid-19 – Virus, den wir nur unter einem Elektronenmikroskop erkennen können, unsere Welt in vielfacher und massiver Hinsicht verändert. Dies gilt auch für unsere Arbeitswelt und insbesondere für die Entwicklung der hybriden Arbeitswelt, wie die Zahlen belegen.

In der Welt vor Corona spielte das Arbeiten im Home-Office nur eine Nebenrolle. Nach Zahlen des Branchenverbandes Bitkom nutzten in dieser Zeit nur 18 % der Beschäftigten das Home-Office. Die meisten davon (15 %) waren nur tageweise und ein kleiner Anteil (3 %) dauerhaft im Home-Office aktiv (vgl. Bitkom, 2020).

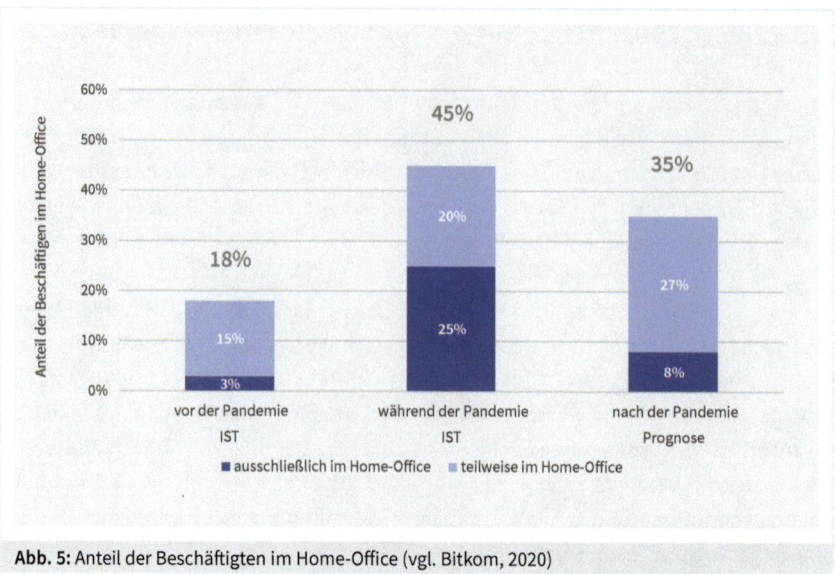

Abb. 5: Anteil der Beschäftigten im Home-Office (vgl. Bitkom, 2020)

IT-Tools, die den Mitarbeiter*innen das Remote-Arbeiten ermöglicht hätten, gab es schon einige Zeit vor Corona. Doch es lässt sich vermuten, dass sich der Einsatz vielfach auf die international operierenden Unternehmen beschränkte, die damit ihre nationalen Gesellschaften näher zusammenbrachten. Im Gegensatz dazu operierten viele Unternehmen immer noch im off-site-basieren Arbeitsmodell mit dem klassischen Nine-to-five-Rhythmus (vgl. Microsoft, 2020, S. 3).

Eine repräsentative Befragung des Wirtschafts- und Sozialwissenschaftlichen Instituts (WSI) der Hans-Böckler-Stiftung im Jahr 2019 (also vor der Corona-Krise) unter Beschäftigen in deutschen Unternehmen zeigt die Hauptgründe dafür auf. Ein Großteil der Befragten hielt Home-Office für den eigenen Job selbst als unangemessen und führte auch die Anwesenheitserwartung seitens des Vorgesetzten als Grund gegen das Arbeiten im Home-Office an. Erst nachrangig wurden die fehlende technische Infrastruktur, eine fehlende Erlaubnis oder Karriereaspekte als Gründe genannt (vgl. WSI, 2019b).

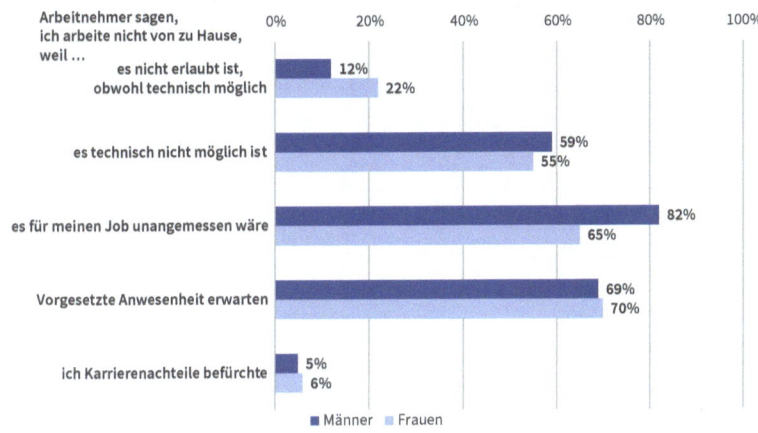

Abb. 6: Home-Office vor der Corona-Krise (vgl. WSI, 2019b)

In diesen Ergebnissen spiegelt sich die in den Köpfen vorherrschende Präsenzkultur wider, die mit dem Glaubenssatz von Mitarbeiter*innen und Führungskräften verbunden ist, dass ein Job nur vor Ort im Büro gut gemacht werden könne und mit Engagement verbunden werden würde.

Die Hauptgründe, die damals gegen die Ausweitung der Remote-Arbeit angeführt wurden, waren bis in die Anfangszeit der Corona-Pandemie wirksam, wie die Umfrage des Fraunhofer-Instituts aus dem Jahr 2020 widerspiegelt (vgl. Fraunhofer-Institut, 2020, S. 7): In 58 % der Fälle wurden fehlende Betriebsvereinbarungen genannt und 51 % der Befragten verwiesen darauf, dass die betriebsnotwendigen Arbeiten nur vor Ort durchgeführt werden können. Außerdem mangelte es auch an den technischen Voraussetzungen. Neben diesen formalen Defiziten und betrieblichen Zwängen wurden aber auch in hohem Maße Vorbehalte der Führungskräfte (28 %) und der Geschäftsführung (30 %) angeführt.

Die zwingende Notwendigkeit, Arbeit im Home-Office zu ermöglichen, hat dann aber dabei geholfen, diese Widerstände innerhalb weniger Wochen zu überwinden. Am 16. März 2020 verordnete die Bundesregierung mit Wirkung zum 22. März 2020 den ersten Lockdown, um die Virusverbreitung einzudämmen (vgl. Imöhl, Ivanov, 2021). Schulen und Kitas wurden in den meisten Bundesländern geschlossen. Geschäfte ohne lebenswichtiges Angebot, Gastronomie und Kulturbetriebe mussten schließen, es gab Kontrollen und Einreiseverbote zu Anrainerstaaten. Schon einen Tag später kündigten mehrere Konzerne wie zum Beispiel Volkswagen und Opel an, ihre Fabriken vorübergehend zu schließen. Der Versicherungskonzern Allianz verlagerte in dieser Zeit sogar

90 % seiner Arbeit ins Home-Office (vgl. Herz, Schnell, 2020). Diese Phase dauerte rund zwei Monate, bis zum 4. Mai 2020, an diesem Tag gab es erste Lockerungen beim Einkaufen und im Schulbetrieb, denen weitere Aufhebungen von Beschränkungen wie dem Kontaktverbot folgten.

Dieser erste Lockdown war der Startschuss für den digitalen Quantensprung in vielen Unternehmen. Unternehmen organisierten die betrieblichen Abläufe neu, Zoom und Co. ersetzten die Präsenzmeetings, es wurden informelle WhatsApp-Arbeitsgruppen eingerichtet, Datenschutzbedenken wurden neu beurteilt, die Mitarbeiter*innen bauten ihre Wohnzimmer zu Arbeitszimmern um, Webcams zum Nachrüsten waren über Wochen ausverkauft, Führung auf Distanz (auch virtuelles Führen genannt) wurde als neuer »Führungsstil« ausgerufen und E-Learnings ersetzten innerhalb kurzer Zeit die Präsenzschulungen in den Seminarhotels. Ja, sogar die Zahl der virtuellen Bewerbungsgespräche stieg an. In der Randstad-ifo-Personalleiterumfrage im zweiten Quartal 2020 bestätigten 23 % der Befragten die Neueinführung digitaler Tools zur Kommunikation und Zusammenarbeit und 36 % sprachen von einer verstärkten Nutzung (vgl. Randstad, 2020, S. 8).

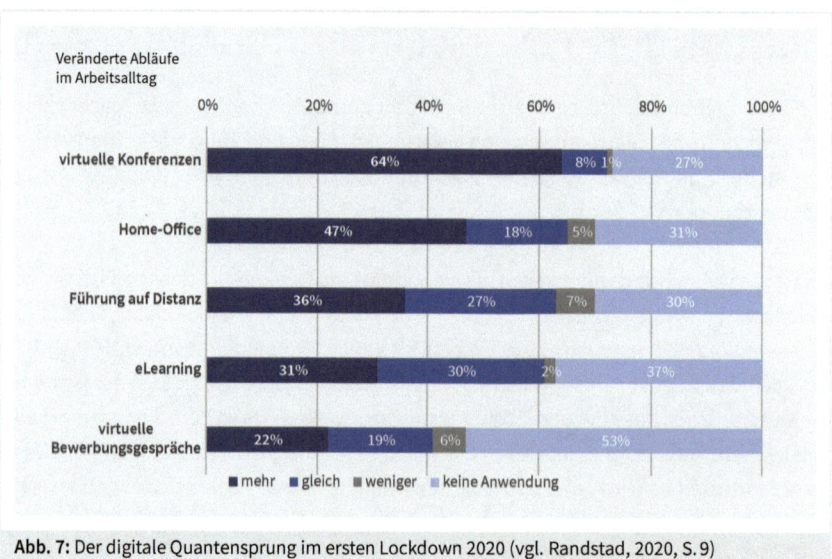

Abb. 7: Der digitale Quantensprung im ersten Lockdown 2020 (vgl. Randstad, 2020, S. 9)

Satya Nadella, CEO von Microsoft, brachte die Dynamik der Veränderungen mit den folgenden Worten auf den Punkt: »*Wir haben in 2 Monaten eine digitale Transformation von 2 Jahren erlebt.*« (Microsoft, 2020, S. 3)

Gleichwohl waren die Vorbehalte aufseiten der Arbeitgeber gegen das Arbeiten im Home-Office in dieser Anfangsphase noch sehr ausgeprägt. 45 % der Personalleiter*innen in der Randstad-ifo-Umfrage rechneten mit einer negativen Produktivitätsentwicklung im Home-Office, während 37 % eine neutrale Einschätzung hatten und nur 19% an eine positive Entwicklung glaubten (vgl. Randstad, 2020, S. 6). Diese Zahlen lassen sich als Ausdruck des (noch) fehlenden Glaubens an die Vorteile dieser neuen hybriden Arbeitswelt interpretieren.

Im Zuge der Pandemie erhöhte sich der Anteil der off-site arbeitenden Beschäftigen auf 45% und war damit mehr als doppelt so hoch wie vor der Corona-Krise, wobei insbesondere der Anteil der dauerhaft zu Hause arbeitenden Mitarbeiter*innen sprunghaft anstieg (vgl. Bitkom, 2020). Die Macht des Faktischen hatte ihre Wirkung erzielt.

War das Arbeiten in hybriden Arbeitswelten vorher eine Erfahrung von Minderheiten, die nur wenige Führungskräfte und Mitarbeiter*innen teilen konnten, so ist sie jetzt ohne Zweifel ein Faktor, der zur Arbeitswelt gehört.

Über die folgenden Monate hinweg sammelten Führungskräfte und Mitarbeiter*innen Erfahrungen in ihren hybriden Arbeitswelten und lernten die Vorteile des Remote-Arbeitens zu schätzen. Bildlich gesprochen wurde aus einer Frühgeburt des Arbeitsortmodells der 80er Jahre ein lieb gewonnenes und gleichberechtigtes Familienmitglied. Und dies ist keineswegs nur ein nationales Phänomen.

Microsoft gab im August 2020 eine Studie in 15 europäischen Märkten in Auftrag. Es wurden ca. 9.000 Manager*innen und Mitarbeiter*innen großer Unternehmen (250+ Mitarbeiter*innen) aus elf Branchen befragt. Das Ergebnis ist eindeutig (vgl. im Folgenden: Microsoft, 2020, S. 7):

Nach den Vorteilen der Remote-Arbeit gefragt, wurden von den Führungskräften Kosteneinsparungen, die Erhöhung der Nachhaltigkeit sowie der Arbeitgeberattraktivität und eine höhere Produktivität genannt. Rund neun von zehn Führungskräften (88%) erwarten längerfristig eine hybride Arbeitswelt, in der 65% der Belegschaft mindestens einen Tag pro Woche remote arbeiten werden. Nach dieser europaweiten Studie möchten die Menschen durchschnittlich ungefähr ein Drittel ihrer Zeit (31%) außerhalb des traditionellen Arbeitsumfelds verbringen.

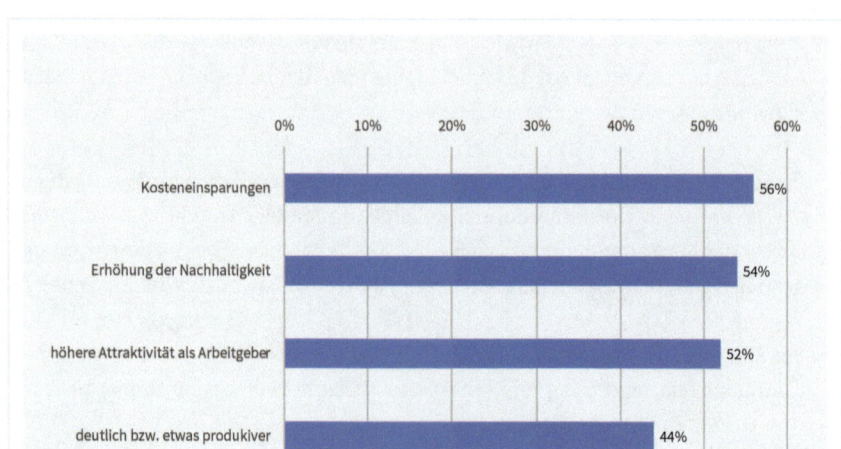

Abb. 8: Vorteile der Remote-Arbeit aus Sicht von Führungskräften (vgl. Microsoft, 2020, S. 7 – 8)

Die national ausgerichtete Studie des Bitkom-Verbandes aus dem Jahr 2020 spricht von einem prognostizierten Anteil von 35 % der Beschäftigten im Home-Office (vgl. Bitkom, 2020). Auch wenn diese Einschätzung nur ein Blick in die Glaskugel darstellt, so ist der dahinterstehende Gedanke nachvollziehbar.

Die Arbeitswelt nach Corona wird sich deutlich von der Zeit davor unterscheiden. Das Pendel zwischen On-site- und Off-site-Arbeiten wird zurückschwingen, wenn der behördliche Druck für die Durchsetzung des Arbeitens im Home-Office nachlässt. Doch es spricht viel dafür, dass die Zahlen nicht mehr auf das alte Niveau zurückfallen, sondern sich wahrscheinlich auf einem doppelt so hohen Niveau wie zuvor, zwischen 30 % und 40 % Home-Office-Anteil, einpendeln werden. So haben nach einer Umfrage des Fraunhofer-Instituts IAO im Mai 2020 unter Vertretern von knapp 500 Unternehmen schon 42 % den Entschluss gefasst, das unternehmensseitige Home-Office-Angebot nach der Corona-Krise auszuweiten (vgl. Fraunhofer-Institut für Arbeitswirtschaft und Organisation, 2020, S. 10).

Resümierend kann festgehalten werden, dass die Corona-Pandemie als ein ungeplantes Ereignis wie ein Katalysator im Zusammenspiel mit dem langfristigen Megatrend der Konnektivität, die Veränderung in Richtung einer hybriden Arbeitswelt beschleunigt hat.

1.4   Ihre Roadmap für hybride Führung

Das Covid-19 – Virus hat die Führungskräfte und Mitarbeiter*innen also quasi über Nacht in ihre hybriden Arbeitswelten katapultiert. Millionen von Menschen arbeiteten, ob gewollt oder ungewollt, seitdem im Home-Office. Wenn das »verordnete« Home-Office sein Ende findet, werden wir verschiedene Effekte erleben, die den Führungsalltag in New Normal prägen werden:

- Ein Teil der Mitarbeiter*innen und Führungskräfte wird in die Büros zurückkehren, weil sie die gewohnten Strukturen bewahren möchten.
- Ein anderer Teil der Beschäftigen wird, wenn die Unternehmen dies ermöglichen, permanent oder teilweise im Home-Office bleiben, die Zahl der hybrid arbeitenden Teams wird zunehmen.
- Einige Unternehmen werden das Remote-Arbeiten fördern, weil sie die Vorteile zunehmend zu schätzen wissen.

Vor diesem Hintergrund müssen mehr Führungskräfte in der Lage sein, hybride Teams in und durch das New Normal zu führen, in denen Mitarbeiter*innen und Führungskräfte on-site und off-site arbeiten. Führung ist gefragt. Der Ursprung des Begriffs »Führung« wird der angelsächsischen Wortfamilie »lead« zugeschrieben, was sich wiederum von »laed« ableiten lässt. Dies bedeutet so viel wie »Weg«. Ein Leader war demzufolge jemand, der vorangeht, um anderen den Weg zu zeigen. Heute hat sich das Verständnis von einer zeitgemäßen Führungskraft etwas verändert. Unter einer Führungskraft wird jemand verstanden, der einerseits das Ziel vorgibt sowie die Mitarbeiter*innen befähigt, es selbstständig zu erreichen, und andererseits die systemischen Grenzen setzt, die eingehalten werden sollen, um dorthin zu gelangen (vgl. Theil, 2018, S. 24). Die Grenzen fungieren bildlich gesehen als Leitplanken, um das Team auf der zielführenden Spur zu halten (vgl. Hollmann, 2013, S. 72).

Es gibt aber noch andere Begriffe, die Ihnen bei der Entwicklung Ihrer Roadmap für hybride Führung begegnen werden und die wir gerne vorab erklären möchten, um Ihnen unser Verständnis zu vermitteln. Dies erscheint erforderlich, weil in der Managementliteratur ein Begriffschaos herrscht, das oftmals für Verwirrung sorgt:

- **Mindset:** Der englische Begriff setzt sich zusammen aus »mind« und »set«, was mit »Verstand, Geist oder Gedanken« und »Haltung oder Einstellung« übersetzt werden kann. Das deutsche Äquivalent laut Dictionary lautet »Denkweise oder Geisteshaltung«. Im Führungskontext verstehen wir darunter individuelle Gedanken und Gefühle, die unsere Haltung den Menschen, einer Sache oder einem Thema gegenüber prägen. In der Führungstheorie werden verschiedene Mindsettypen unterschieden, die sich durch charakteristische Gedanken- und Gefühlsmuster definieren. So zum Beispiel das agile Mindset, das sich durch seine Offenheit und Flexibilität gegenüber Veränderungen auszeichnet. Unser Mindset prägt die Sichtweise auf die (Arbeits-)Welt und bestimmt unser Verhalten.

- **Verhalten:** Unser Verhalten beschreibt die beobachtbaren Vorgänge, die für Dritte durch unsere Worte und Taten erlebbar sind. Das Mindset, unsere Geisteshaltung, beeinflusst unser Verhalten. So wird beispielsweise eine autoritär denkende Führungskraft typischerweise weniger Verantwortung auf die Mitarbeiter*innen delegieren als eine agile denkende Führungskraft. Die Führungstheorie versucht daher, typische Verhaltensmuster bestimmten Mindsets zuzuschreiben. Der Rückschluss von einem Verhalten auf das Mindset ist jedoch nicht immer einfach. In Pandemiezeiten kann jemand zum Beispiel eine Maske tragen, weil er der Überzeugung ist, der Corona-Virus sei für ihn gefährlich, oder weil er Angst vor der Strafe bei der Nichtbefolgung einer öffentlichen Vorschrift hat. Im Ergebnis sehen wir dann das gleiche Verhalten, aber dahinter stecken unterschiedliche Denkweisen.
- **Führungsstil:** In der Führungstheorie kennt man die unterschiedlichsten Führungsstile, die sich als stabile und wiederkehrende Verhaltensmuster im Umgang mit Mitarbeiter*innen definieren lassen. Der Führungsstil wird dabei von einem typischen Mindset geprägt. So kennt man zum Beispiel den transformationalen Führungsstil, dessen Führungsverhalten sich unter anderem beschreiben lässt durch das Vermitteln von Visionen und einer inspirierenden Kommunikation sowie der inneren Haltung, als Vorbild zu dienen.
- **Kompetenz:** Kompetenzen beschreiben vorhandene Fähigkeiten und erlernte Fertigkeiten, die eine Führungskraft besitzt, um anstehende Probleme zu lösen. Kommunikationsfähigkeit ist ein Beispiel für eine solche Kompetenz.
- **Aufgabe:** Eine Führungsaufgabe ist eine wirksame Aufforderung, konkrete Arbeiten durchzuführen, um bestimmte Ziele zu erreichen. So gehört es zum Beispiel zum Aufgabenkatalog einer Führungskraft, die Unternehmensziele zu erklären, damit die Mitarbeiter*innen wissen, warum sie etwas machen sollen.

Auf diese beiden letzten Punkte konzentriert sich unser NEW C.A.R.E.-Modell der hybriden Führung, das spezielle Kompetenzen und bestimmte Aufgaben in den Fokus rückt. Die hybride Führung unterscheidet sich von der ausschließlichen Führung auf Distanz, weil die Kernaufgabe der hybriden Führung darin besteht, zwei Arbeitswelten zu verbinden. Der Fokus liegt im Gegensatz zur Führung auf Distanz nicht ausschließlich auf die off-site arbeitenden Mitarbeiter*innen und der Frage, wie diese (technisch unterstützt) geführt werden können, sondern auf der Frage, wie analog und digital arbeitende Mitarbeiter*innen gleichermaßen erfolgreich geführt werden können. Dieses Setting zeichnet die hybride Führung aus und stellt Sie als Führungskraft vor neue und andere Herausforderungen.

*»Ja, die meisten Unternehmen verfügen seit Jahren über Tools und
Technologien, um Remote-Arbeit zu ermöglichen. Aber jetzt, da tausende
von Menschen tatsächlich remote arbeiten, besteht die Herausforderung
für viele Unternehmen darin, sicherzustellen, dass sich Führungskräfte und
Teammanager in der Lage und befähigt fühlen, entfernte und hybride Teams
auch zu führen – nicht nur im Sinne der Abwicklung von Geschäften, sondern
ebenso zur Stärkung der Teamkameradschaft und zur Schaffung einer Kultur,
die mutiges Denken und Zusammenarbeit zulässt.«*
Marianne Dahl, Vice President, Microsoft (2020, S. 4)

Wenn wir uns aus dem Corona-bedingten Krisenmodus verabschiedet haben, werden
sich Führungskräfte und Mitarbeiter*innen dauerhaft neu ausrichten müssen. Ein Teil
der im Krisenmodus eingeführten neuen Arbeitsweisen wird in den »Regelbetrieb«
übernommen werden, weil sie sich bewährt haben. Ein anderer Teil wird sich nicht
behaupten können und wieder durch den alten Modus Operandi ersetzt werden. Es
wird aber auch etablierte Arbeitsweisen aus der Zeit vor Corona geben, die aufgegeben und ad acta gelegt werden. Dieser Veränderungsprozess wird einige Zeit dauern,
bis der interne Wettbewerb der Methoden und Mindsets ein neues Gleichgewicht im
New Normal gefunden hat.

Bildlich gesprochen haben die Beschäftigten eine Reise vor sich, eine Reise ins New
Normal der hybriden Arbeitswelten, und der Auftrag der Führungskräfte lautet, sich
und ihre Mitarbeiter*innen als Reiseleiter in diese neue Arbeitswelt zu führen. Wie
bei jeder Aufgabe, die angetreten wird, sollten Sie sich als Führungskraft gut darauf
vorbereiten. Wir geben Ihnen dazu das Toolkit, um Ihren individuellen Reiseplan, Ihre
Roadmap, dafür zu entwickeln.

Zu Beginn sollten Sie schauen, wo Ihre Mitarbeiter*innen in der hybriden Arbeitswelt
stehen. Es geht hier um die operative Diagnose, also darum, wer welche Arbeitsform
präferiert, praktiziert und wie er oder sie damit zurechtkommt. Sie sollten zudem eine
Sensibilität für die erlebbaren Veränderungen und möglichen Effekte des Arbeitens
in hybriden Arbeitswelten bei Ihren Mitarbeiter*innen entwickeln. Dafür ist es entscheidend, dass Sie auch die unterschiedlichen Glaubenssätze und Verhaltensweisen
Ihrer Mitarbeiter*innen verstehen. Diese werden in Kapitel 2 ausführlich beschrieben.
Daraus leiten sich dann die vorrangigen Aufgabengebiete für Sie als Führungskraft ab.

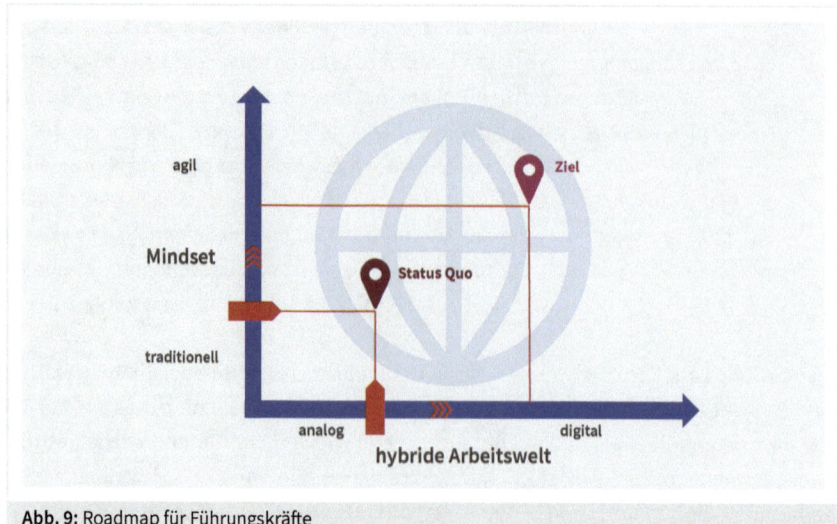

Abb. 9: Roadmap für Führungskräfte

In Kapitel 3 dreht sich dann alles um Sie persönlich. Eine erfolgreiche Führung in hybriden Arbeitswelten setzt voraus, dass Sie auch wissen, wo Sie selbst stehen. Im Sinne einer guten Selbstführung sollten Sie reflektieren, wo Sie sich als Führungskraft mit Ihrer inneren Haltung, Ihrem Mindset, im Veränderungsprozess zwischen traditionellen und agilen Denken in der hybriden Arbeitswelt befinden. Wir beleuchten dazu einige Aspekte, beginnend bei der Art, wie Entscheidungen getroffen werden, bis zum Umgang mit Informationen. Ihre Aufgabe ist es, Ihre Denkmuster, Gefühle und Handlungsweisen mit Blick auf diese Aspekte zu verstehen.

Sie stellen sich als Führungskraft wahrscheinlich die Frage: »*Was muss ich können, um meine Mitarbeiter*innen und mich in dieser Arbeitswelt erfolgreich zu führen?*«

Unser NEW C.A.R.E.-Modell, das wir in Kapitel 4 im Detail vorstellen, liefert Ihnen die Antwort, denn es beschreibt das Kompetenz- und Aufgabenspektrum der hybriden Führung in kompakter und anschaulicher Form. Es ermöglicht Ihnen, Ihren Aufgabenkatalog auf Ihrer Reise ins New Normal zu strukturieren und Ihnen die primär gefragten Kompetenzen für die erfolgreiche Führung in hybriden Arbeitswelten bewusst zu machen.

Die praktische Umsetzung in Ihrem Führungsalltag steht im Mittelpunkt von Kapitel 5. Die 32 Workhacks, die wir dort für Sie zusammengestellt haben, helfen Ihnen in vielfacher Hinsicht. Es handelt sich um Instrumente, in Form von Reflexionsaufgaben, Analysetools oder Teamaufgaben, die es Ihnen ermöglichen, festzustellen, wo Sie und Ihr Team auf dem Weg ins New Normal aktuell stehen, der Status quo auf der Roadmap wird somit definiert. Dies ist der Ausgangspunkt, an dem Sie Ihre Mitarbeiter*innen abholen und den Sie transparent darstellen müssen.

Ist der Status quo allen Beteiligten bewusst, gilt es, das angestrebte Ziel für Sie und Ihr Team in der Zusammenarbeit zu formulieren. Aus den Unternehmenszielen abgeleitet, können dies auch Team- und persönliche Ziele sein. Auch hier liefern die Workhacks eine praktische Umsetzungsunterstützung.

Steht das Ziel fest, kann der Weg für die neue Zusammenarbeit im New Normal geplant und beschritten werden. Aus der Theorie wird dann Wirklichkeit. Die Workhacks unterstützen Sie auch hier. Haben Sie alles zusammen, ist Ihre Roadmap für das erfolgreiche Führen in hybriden Arbeitswelten fertig.

Bevor wir in die Tiefen der hybriden Arbeitswelt eintauchen, möchten wir mit ein paar populären Fehlannahmen aufräumen, die Ihnen im Führungskontext sicher schon begegnet sind und Sie leicht fehlleiten. Aus unserer langjährigen Erfahrung, die wir im Management, Business Coaching und im Führungskräftetraining gesammelt haben, wissen wir:

1. Ein bevorzugt analog arbeitender Mensch ist nicht mit einem traditionell denkenden Menschen gleichzusetzen. Es gibt auch »Analoge«, die agil denken und handeln.
2. Ein bevorzugt digital arbeitender Mensch ist umgekehrt nicht zwingend auch agil. Die genutzten Medien stehen allein nicht zwingend für ein entsprechendes Mindset.
3. Das Alter der Menschen lässt auch keinen Schluss auf die innere Haltung zu. Es gibt einerseits viele Ältere, die agil unterwegs sind, und andererseits viele Jüngere mit einer eher traditionellen Haltung.
4. Ein Führungsstil ändert sich nicht zwingend mit dem Einstieg in eine hybride Arbeitswelt. Eine Anpassung des Führungsstils ist aber sinnvoll und notwendig, da alte Führungsinstrumente in der neuen Arbeitswelt nicht mehr greifen.
5. Führung auf Distanz ist nicht gleichzusetzen mit hybrider Führung. Führung auf Distanz kann im Gegensatz dazu auch in rein digitalen Welten praktiziert werden. Hybride Führung verbindet hingegen analoge und digitale Welten.
6. Hybride Führung ist auch kein neuer Führungsstil, sondern beschreibt in Kurzform die Bandbreite des Führungsraums. Gefüllt wird dieser Raum mit dem individuellen Führungsstil der Führungskraft, der auf die besonderen Gegebenheiten anzupassen ist.
7. Veränderungen, die sich aus Überzeugung im Denken und nicht auf Druck im Handeln vollziehen, funktionieren nicht auf einen Schlag, sondern nur in kleinen Schritten. Der große Wurf landet meistens im kalten Wasser.
8. Nicht jede Mitarbeiter*in kann wahrscheinlich mit ans Ziel genommen werden. Der oft gehörte Anspruch, alle mit ins Boot nehmen zu müssen, ist unserer Meinung nach eher Ausdruck einer verklärten Sozialromantik und überfordert alle Beteiligten.
9. Nicht alle Führungskräfte bringen die notwendige Veränderungsbereitschaft mit oder verfügen über die notwendigen Kompetenzen, um in hybriden Arbeitswelten erfolgreich agieren zu können.

Diese Vorworte im Blick wollen wir hybride Führung als einen Führungsauftrag definieren, um Teams in und durch das New Normal der hybriden Arbeitswelten zu führen, in denen Mitarbeiter*innen und Führungskräfte gemeinsam on-site und off-site arbeiten. Das Ziel erfolgreicher hybrider Führung ist es, unterschiedliche Mindsets zu synchronisieren und Brücken zwischen den analogen und digitalen Arbeitswelten zu bauen. Hybride Führung ist individuell auf die Mitarbeiter*innen und situativ auf das Arbeitsumfeld abgestimmt. Hybride Führung löst Verhaltensänderungen aus, indem alte Denkmuster und Glaubenssätze bei den Mitarbeiter*innen erst erkannt, dann aufgelöst und schließlich neue Glaubenssätze formuliert werden. Zusätzlich fördert sie die Akzeptanz alter und neuer Arbeitsweisen bei den Beteiligten und sorgt dafür, dass analoge und digitalen Welten verschmelzen und nicht im Wettbewerb zueinanderstehen.

2 Spannungsfelder in hybriden Arbeitswelten

Mit Blick auf unsere zweidimensionale Roadmap richtet sich der Fokus in diesem Kapitel auf die ursächlichen Veränderungen und Effekte des Digitalisierungstrends in hybriden Arbeitswelten bei den Mitarbeiter*innen und die damit verbundenen Aufgabengebiete und relevanten Kompetenzfelder, die von Führungskräften abzudecken sind.

Über den digitalen Wandel unserer Arbeitswelt wird viel geschrieben. Allein die Google-Suche ergibt rund 1,2 Mio. Ergebnisse. Außerdem erleben wir die Konsequenzen jeden Tag. Wir schreiben weniger Briefe und dafür mehr E-Mails, wir telefonieren nicht mehr ausschließlich, sondern chatten zunehmend, wir sitzen nicht mehr nur in Konferenzräumen, sondern auch in einem virtuellen Meet-up und die Projektdokumente landen nicht mehr nur im eigenen Aktenschrank, sondern auch in der gemeinsamen Cloud. Wir arbeiten täglich analog und digital. Wir agieren täglich in einer hybriden Arbeitswelt.

Die Corona-Pandemie hat den Digitalisierungstrend enorm beschleunigt. So hat die mit dem Lockdown verbundene Arbeitsverlagerung von den Büros in das Home-Office den Umsatz des Videokonferenzdienstes Zoom im zweiten Quartal 2020 um 355 % auf knapp 664 Mio. US-Dollar im Vergleich zum Vorjahr explodieren lassen. Hinter diesem Anstieg steht auch ein entsprechender Sprung der Nutzerzahlen (vgl. Hetzke, 2020). So wundert es nicht, dass nach einer Studie von Atreus das Thema Digitalisierung auf Platz 1 der Themen steht, die Führungskräfte gegenwärtig beschäftigen (vgl. Haufe-Online-Redaktion, 2021).

Doch was steckt hinter dieser Digitalisierung? Was verändert sich dadurch in der Arbeitswelt und welche Herausforderungen sind mit dem Arbeiten in einer hybriden Arbeitswelt für Führungskräfte verbunden? Wer das verstehen will, muss abtauchen in die Prozesse der digitalen Transformation und nachvollziehen, was passiert, wenn sich die Anteile vom analogen zum digitalem Arbeiten verschieben.

Die Anfänge des Digitalisierungstrends liegen viel länger zurück, als viele heute glauben. Als Geburtsstunde gilt der Bau des Rechenapparates Z1 im Jahr 1937 durch den Ingenieur Konrad Zuse. Der damit eingeläutete digitale Wandel beschreibt die Veränderung unseres Lebens durch die Nutzung digitaler Technologie also von Hard- und Software sowie Netzwerken, die entweder analoge Informationen in digitale Informationen umwandeln oder nur digitale Informationen verarbeiten. In diesem Sinne ist ein handgeschriebener Brief ein analoges Medium, während die E-Mail das digitale Gegenstück darstellt. Es gibt zahlreiche Beispiele für analoge und digitale Formen eines Produktes mit dem gleichen Nutzen. Denken Sie an das Radio, die Fotografie oder das Telefon.

Insofern leben wir schon lange in einer hybriden Welt, in der wir analoge und digitale Medien gleichzeitig nutzen. Der Fokus der Betrachtung liegt oftmals auf Veränderungsprozessen in den Bereichen Produktion und Kommunikation. Dies liegt auch auf der Hand, da das Ziel zumeist war, Kosten zu reduzieren, einen Vorgang zu vereinfachen oder neue Funktionalitäten zu etablieren. An dieser Stelle soll der Blickwinkel jedoch auf das Thema Führung gelenkt werden. Wir stellen fünf zentrale Fragen:

- Was verändert sich durch die zunehmende Digitalisierung?
- Welcher Effekt bei den Mitarbeiter*innen ist damit verbunden?
- Welche Glaubenssätze beeinflussen die Mitarbeiter*innen?
- Welche Aufgaben leiten sich dadurch für Sie als Führungskraft ab?
- Welches Kompetenzfeld müssen Sie zur Aufgabenerfüllung besetzen?

Die Antworten finden Sie jeweils am Ende der Abschnitte 2.1 bis 2.19 in einer tabellarischen Übersicht. Sie erlauben die Zuordnung zu unserem NEW C.A.R.E.-Modell für hybride Führung, das in Kapitel 4 im Detail beschrieben wird. Um die exemplarischen Glaubenssätze der Mitarbeiter*innen zu veranschaulichen, stehen sich am Ende eines jeden Abschnitts in diesem Kapitel Anna und David gegenüber. Anna steht für die Überzeugungen einer Mitarbeiterin aus der analogen Arbeitswelt und David für die Überzeugungen eines Mitarbeiters aus der digitalen Arbeitswelt. In hybriden Arbeitswelten stehen Führungskräfte beiden Überzeugungswelten zugleich gegenüber und in diesem Spannungsfeld müssen sie für einen Ausgleich zwischen den Welten sorgen.

2.1   Weniger persönliche Kontakte unter Mitarbeiter*innen

Die Mitarbeiter*innen benennen eine Reihe von Nachteilen, die mit der Zunahme des Arbeitens im Home-Office verbunden sind. Unter den meistgenannten Nachteilen in den verschiedenen Studien gehören Klagen der Mitarbeiter*innen über den Rückgang des persönlichen Kontakts zu ihren Kolleg*innen.

Die quantitative Kontaktreduzierung zieht einen qualitativen Effekt nach sich: Die Beschäftigten fühlen sich isoliert. Dies ist nachzuvollziehen, wenn man sich mit Theorien zu sozialen Gruppen beschäftigt. In der Soziologie werden drei Bedingungen benannt, die erfüllt sein müssen, damit sich gemeinsame Normen, kollektive Wertvorstellungen und eine gruppeneigene Rollenverteilung entwickeln können (vgl. Schäfers, 1999, S. 20 – 21):

1. Die Gruppenmitglieder stehen in unmittelbaren sozialen Beziehungen.
2. Jedes Gruppenmitglied ist sich der anderen Gruppenmitglieder bewusst.
3. Zwischen den Gruppenmitgliedern erfolgt eine soziale Interaktion.

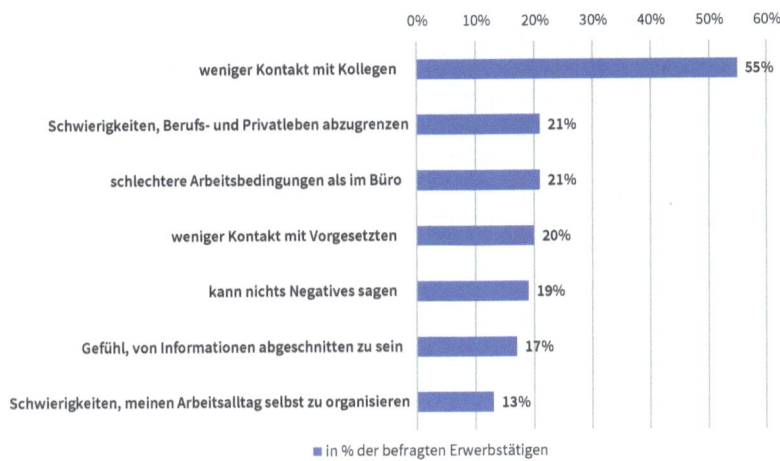

Abb. 10: Nachteile des Arbeitens im Home-Office (vgl. Bitkom, 2020)

Die für die Gruppenbildung notwendigen Bedingungen entfielen mit dem Corona-Virus vielfach über Nacht. Haben sich die Teammitglieder gestern noch in den Büroräumen täglich zusammengefunden, so sitzen sie heute allein in ihrem Home-Office. Die Schreibtischkolleg*in, die man gestern noch jeden Tag persönlich gesehen hat, sieht man im Home-Office nur noch bei virtuellen Teamsitzungen.

Bei verlorengegangenen Freundschaften wird umgangssprachlich davon gesprochen, dass man sich aus den Augen verloren hat. Gleiches passiert auch im Büro. Das Gruppengefühl geht verloren, die Gruppenmitglieder sind sich einander nicht mehr so bewusst. Das Gruppengefühl ist jedoch wesentlich für das Engagement der Mitarbeiter*innen und dies wiederum liegt im Interesse der Führungskraft und des Unternehmens. Die Identifikation mit der Gruppe und das Socializing sind Erfolgsfaktoren für eine gute Führung. Sie haben als Führungskraft also einiges zu tun!

Interessanterweise sehen manche Beschäftigte die Reduzierung der Kontaktanzahl auch als Vorteil der Arbeit im Home-Office, weil sie sich dadurch weniger durch ihre Kolleg*innen gestört fühlen. Mit einem Anteil von 28 % sind das rund die Hälfte derer, die den geringeren Kollegenkontakt beklagen (vgl. Bitkom, 2020). Ein Aspekt, der auf die Produktivität im Home-Office einzahlt.

Veränderung	Effekt	Aufgabengebiet	Kompetenzfeld
weniger persönlichen Kontakt mit Kolleg*innen	• Isolationsgefühl der MA	• Identifikation sichern	• Relationship

Tab. 1: Weniger persönliche Kontakte unter Mitarbeiter*innen

2.2   Weniger persönliche Kontakte zur Führungskraft

Viele kennen die Situation nur zu gut. Es ist gegen 18 Uhr abends, die meisten Kolleg*innen sind schon auf dem Weg nach Hause, man selbst sitzt noch an seinem Schreibtisch und brütet über ungelöste Aufgaben des Tages. Man hebt kurz den Kopf und wendet seinen Blick in Richtung Türe und da steht die Chef*in. Sie ist auf einem ihrer abendlichen Ausflüge durch die Büroetagen und schaut dann gerne mal hinein und beginnt ein ungezwungenes Gespräch.

Die einen empfinden es als Kontrollgang und die anderen als wahres Interesse an der Person außerhalb des normales Büroprotokolls. Dem Ganzen wurde von Tom Peters und Robert Waterman in ihrem Buch »Auf der Suche nach Spitzenleistungen« auch ein Name gegeben: Management by Wandering Around (vgl. Peters, Waterman, 1993).

Richtig gemacht, eröffnet es der Führungskraft die Chance, durch ein ungezwungenes Gespräch direkten Kontakt zu seinen Mitarbeiter*innen aufzubauen, Ideen mitzunehmen und sich als Vorbild zu präsentieren. So wird aus dem unnahbaren E-Mail-Schreiber aus der oberen Etage ein einschätzbarer Mensch aus Fleisch und Blut. Diese Form der Führung lebt von persönlicher Präsenz und vom Überraschungsmoment.

In einer digitalen Arbeitswelt bleibt dieser Zugang verwehrt, weil die zu besuchende Mitarbeiter*in bildlich gesprochen die Schlüsselgewalt hat. Sie entscheidet, ob sie der Führungskraft Zugang zu ihrem Home-Office gewährt, sprich den denkbaren Video-Call über MS Teams annimmt oder nicht. Und selbst wenn sie sich dafür entscheidet und auf die Annehmen-Taste drückt, steht auch keine Person in ihrer Tür. Sie sieht vielmehr nur ihre Chef*in im Videofenster wie bei jedem anderen Videomeeting auch.

Es wird also schwierig, persönliche Nähe zu Mitarbeiter*innen aufzubauen, was als vertrauensbildende Maßnahme einen entscheidenden Wert für das Verhältnis zwischen Führungskraft und Mitarbeiter*in hat. In einer digitalen Welt sind Sie daher als Führungskraft gefordert, andere Wege dafür zu finden. Sie müssen Ihre Kernkompetenz Relationship auf digitalen Wegen einsetzen, um zu verhindern, dass sich die off-site arbeitenden Mitarbeiter*innen nicht benachteiligt fühlen.

Veränderung	Effekt	Aufgabengebiet	Kompetenzfeld
weniger Kontakt zur Führungskraft	• Verlust von Nähe zur Führungskraft	• Vertrauen bilden	• Relationship

Tab. 2: Weniger persönliche Kontakte zur Führungskraft

2.3   Wegfallende gemeinsame Rituale

In einer analogen Welt gibt es eine Reihe von gemeinsamen Ritualen in Form von Pausenzeiten (Frühstückspause oder Mittagessen), dem kollektiven Gang zum Abteilungsmeeting oder auch die gemeinsame Fahrt zum Arbeitsplatz, die dem Miteinander unter Kolleg*innen sowohl eine Struktur im Tagesablauf geben als auch Raum für soziale Interaktion eröffnen, was wiederrum das Gruppengefühl stärkt.

Auch hier gilt es für Sie als Führungskraft nach Alternativen zu suchen, um die Identifikation mit der Gruppe zu sichern. Dies bekommt ein besonderes Gewicht in einer hybriden Arbeitswelt, wenn ein Teil der Gruppe dauerhaft im Büro und ein anderer Teil dauerhaft im Home-Office arbeitet. Neben dem Gefühl der Isolation besteht auch hier die Gefahr der Ausgrenzung der off-site arbeitenden Kolleg*innen und damit einer Teamspaltung.

Veränderung	Effekt	Aufgabengebiet	Kompetenzfeld
Wegfall gemeinsamer Rituale	• Verlust von Gruppengefühl • Verlust von Tagesstruktur	• Identifikation sichern	• Relationship

Tab. 3: Wegfallende gemeinsame Rituale

2.4   Ungleiche Arbeitsbedingungen

Die Konzepte für die Arbeitsplatzgestaltung von Mitarbeiter*innen haben sich über die Zeit schon immer verändert, unterschieden wird zwischen: Arbeiten in den Geschäftsräumen oder Betriebsstätten des Arbeitgebers (On-site-Arbeiten) und außerhalb dieser Räume (Off-site-Arbeiten). Bei den Konzepten für das On-site-Arbeiten hat sich folgende Entwicklung vollzogen. Zunächst hat man allein oder mit Kolleg*innen an einem Schreibtisch in einem Büroraum gesessen, dann in einem kleinen Cube im Großraumbüro und schließlich war ein eigener Arbeitsplatz nicht mehr vorgesehen, sondern man suchte oder buchte sich täglich einen anderen freien Platz zum Arbeiten im Großraumbüro.

Beim Off-site-Arbeiten sind zwei Formen zu unterscheiden: zum einen die sogenannte Telearbeit nach der Arbeitsstättenverordnung und das mobile Arbeiten. Die Telearbeit ist auf Dauer ausgerichtet und der Arbeitgeber ist nach der Arbeitsstättenverordnung verpflichtet, dem Arbeitnehmer einen vollwertigen Arbeitsplatz mit Computer, Möbeln und sonstigen Arbeitsmittel im Privatbereich einzurichten. Dies geschieht üblicherweise in den eigenen vier Wänden des Arbeitnehmers. Die wöchentliche Arbeitszeit für die Telearbeit ist festgelegt und es gelten dieselben Regelungen wie für den Arbeitsplatz im Büro nach der Arbeitsstättenverordnung, dem Arbeitsschutzgesetz und des Arbeitszeitgesetzes.

Beim mobilen Arbeiten sieht dies anders aus. Es ist vom Konzept her nur für eine begrenzte Zeit, also temporär vorgesehen, woraus sich eine deutlich geringere Verantwortung des Arbeitgebers für die Arbeitsplatzausstattung und den Arbeitsschutz ableiten. Er muss beispielsweise keinen Computer und Schreibtisch bereitstellen und haftet auch nicht für die Sicherheit des privaten Stuhls am Küchentisch. Beim mobilen Arbeiten kann die Mitarbeiter*in grundsätzlich überall arbeiten und ist so flexibel in der Wahl ihres Arbeitsplatzes. Sie muss nur ihre Erreichbarkeit sicherstellen. Beispielsweise im Café vor dem Kundentermin, im Zug auf der Reise oder eben auch in Corona-Zeiten während des Lockdowns zu Hause am Küchentisch. Ansonsten gelten aber in weiten Teilen die gleichen Regelungen wie bei der Telearbeit, insbesondere das Arbeitszeitgesetz. Mobiles Arbeiten bedeutet also nicht, 24 Stunden im Dauereinsatz zu arbeiten. Auch hier stehen jeder Mitarbeiter*in regelmäßige Pausen zu und nach maximal zehn Stunden ist Feierabend.

In vielen Unternehmen finden sich Regelungen zur Telearbeit und zum mobilen Arbeiten im Arbeitsvertrag, in den Betriebsvereinbarungen oder im Tarifvertrag. Darin sind auch die Details zum Datenschutz, zur Bereitstellung der Arbeitsmittel sowie eines möglichen Kostenersatzes und natürlich auch Haftungsfragen niedergeschrieben. Einen gesetzlichen Anspruch auf mobiles Arbeiten wird es vorerst nicht geben. Bundesarbeitsminister Hubertus Heil hatte dazu zwar im Oktober 2020 einen entsprechenden Gesetzentwurf vorgelegt. Am Ende konnte er sich damit in der Regierungskoalition nicht durchsetzen. Es bleibt abzuwarten, wie dies unter einer neuen Regierung gesehen wird.

Wer diesen gesetzlichen Hintergrund kennt, dem ist klar, dass in der öffentlichen Diskussion rund um das Home-Office in Corona-Zeiten begrifflich einiges durcheinander gegangen ist. Was viele als Home-Office bezeichnen, ist rechtlich gesehen nur mobiles Arbeiten. Das Arbeitsleben im privaten Provisorium basiert damit im Wesentlichen auf der Eigenverantwortung der Mitarbeiter*innen. Und hier beginnt das Problem in einer dauerhaft hybriden Arbeitswelt.

21 % der Beschäftigen beklagen die schlechteren Arbeitsbedingungen im Home-Office im Vergleich zum Büro (vgl. Bitkom, 2020). Wer selbst davon betroffen ist, weiß, was es heißt, in einem improvisierten Büro zu arbeiten. Es beginnt damit, jeden Tag seinen Platz zu finden, an dem gearbeitet wird, sei es am Küchentisch, der zu den Mahlzeiten zu räumen ist, oder am Wohnzimmertisch, der schlecht beleuchtet ist. Außerdem wird öfter der private Laptop genutzt, auf dem einiges der Firmensoftware nicht läuft, während man stundenlang auf den viel zu kleinen Bildschirm schaut. Unterbrochen wird dies von den Zeiten, in denen die Internetverbindung einmal wieder überlastet ist. Nicht zu vergessen ist, dass einem noch die Kinder auf dem Schoß sitzen, weil auch der Schulunterricht zu Hause stattfindet.

46 % der Befragten aus dem HR-Bereich bejahen in einer Studie die Frage, ob die Beschäftigten die Ausstattung im Home-Office bemängeln, und 25 % der Befragten haben auch Spannungen innerhalb der Belegschaft festgestellt, die durch die unter-

schiedlichen Möglichkeiten, Home-Office zu machen oder nicht, entstanden sind (vgl. Fraunhofer-Institut, 2020, S. 15).

Die Unternehmen respektive Sie als Führungskraft sind somit auch nach Corona in der Verantwortung, für adäquate Arbeitsbedingungen im Home-Office zu sorgen, um dort die Produktivität zu sichern und Konflikte aufgrund von gefühlter Benachteiligung der off-site arbeitenden Mitarbeiter*innen zu managen.

Veränderung	Effekt	Aufgabengebiet	Kompetenzfeld
ungleiche On- und Off-site-Arbeitsbedingungen	• unterschiedliche Produktivität • gefühlte Benachteiligung	• MA unterstützen • Konflikte managen	• Empowerment • Relationship

Tab. 4: Ungleiche Arbeitsbedingungen

2.5   Wegfallende einheitliche Arbeitsatmosphäre

Neben den aufgeführten harten Faktoren unterschiedlicher Arbeitsbedingungen im Büro und im Home-Office ist auch ein weicher Faktor beim Arbeiten im Home-Office zu beachten. Er besteht darin, dass die sozialen Beziehungen aufgeweicht werden, weil der Arbeitsplatz selbst an Visibilität verliert. Die Mitarbeiter*in im Home-Office erlebt ihre Firma nicht mehr. Alles das, was off-site durch die architektonische Umsetzung von CD/CI-Vorgaben an identitätsstiftender Arbeitsplatzatmosphäre geschaffen wurde, geht im heimischen Büro verloren.

Diejenigen, die Glück haben, sitzen in zumeist kleinen Arbeitszimmern oder aber an improvisierten Arbeitsplätzen im Wohnzimmer. Sie sehen ihr eigenes Privatleben, sollen sich aber »auf der Arbeit« fühlen. Auch das Zusammengehörigkeitsgefühl geht verloren, wenn man in Videokonferenzen auf verschiedenartige Hintergrundbilder schaut, die vom standardisierten Foto des Konferenzbetreibers bis zum Urlaubsfoto der Teilnehmer*innen reichen. Einige arbeiten auch ohne Hintergrundfoto und gewähren damit einen Einblick in ihr (manchmal störendes) Privatleben. Eine gemeinsame Arbeitsatmosphäre kommt so nicht auf.

Je mehr visuelle Ablenkung es bei einer steigenden Zahl von Videomeetings gibt, desto anstrengender wird es für die Teilnehmer*innen, konzentriert zu bleiben, und die Müdigkeit nimmt zu. Man spricht hier vom Phänomen des sogenannten »Zoom-Fatigue«. Eine Untersuchung von Microsoft im Juli 2020 hat ergeben, dass sich die Teilnahme an Videokonferenzen nicht nur anstrengender anfühlt, sondern das Gehirn tatsächlich mehr belastet (vgl. Hemmes, 2020). Ein schönes und einheitliches Hintergrundbild kann insofern das gemeinschaftliche Arbeitsgefühl fördern wie auch verhindern, von den Geschehnissen im Hintergrund abgelenkt zu werden. In diesem Kontext wird deutlich, was der »Together Mode« bei Microsoft Teams bewirken soll. Hierbei werden die Meeting-Teilnehmer*innen virtuell in einen Raum platziert, damit sie das Gefühl haben, nebeneinander zu sitzen, und nicht von den Hintergrundeindrücken gestört werden.

Dies löst aber nicht das Problem, wenn ein Teil der Mitarbeiter*innen in einer aufgeräumten Umgebung gemeinsam im Besprechungszimmer on-site und die anderen in improvisierten Heimarbeitsplatzen am Video-Chat teilnehmen. In einer hybriden Arbeitswelt müssen Führungskräfte dem Verlust einheitlicher Arbeitsatmosphäre entgegenwirken, weil zum einen die Identifikation mit dem Team leiden kann und die off-site arbeitenden Mitarbeiter*innen zum anderen mehr Schwierigkeiten haben, Berufs- und Privatleben zu trennen.

Veränderung	Effekt	Aufgabengebiet	Kompetenzfeld
Verlust einheitlicher Arbeitsatmosphäre	• Verlust von Gruppengefühl • Entgrenzung von Berufs- und Privatleben	• Identifikation sichern	• Relationship

Tab. 5: Wegfallende einheitliche Arbeitsatmosphäre

2.6   Differenziertes Stressempfinden

Die Bundesagentur für Arbeit zählt in ihrem Pendleratlas 13 Mio. Beschäftigte, die zwischen Arbeitsplatz und Zuhause pendeln. Man begegnet ihnen zum Beispiel, wenn man in München morgens zur Arbeit fährt und außer roten Rücklichtern keine Perspektive sieht, jemals anzukommen. Die Zeit- und Nervenersparnis, die mit dem Home-Office für diese Pendler verbunden ist, kann man sich gut vorstellen, wenn man weiß, wie lange die Menschen im Stau stehen.

Nach einer Studie sind es zum Beispiel in München 87 Stunden im Jahr, die ein Auto-fahrer durchschnittlich im Stau steht. Hochgerechnet sind das 3,5 Tage Lebenszeit, in denen dann auch der Stresspegel steigt (vgl. Karg, 2020). Weil es in anderen Metropo-len nicht anders aussieht, erklärt dies, warum 80 % der Befragten in einer Umfrage des Bitkom-Verbandes die Stressreduktion durch den Wegfall der Fahrzeiten ins Büro als einen Vorteil des Home-Office einordnen (vgl. Bitkom, 2020).

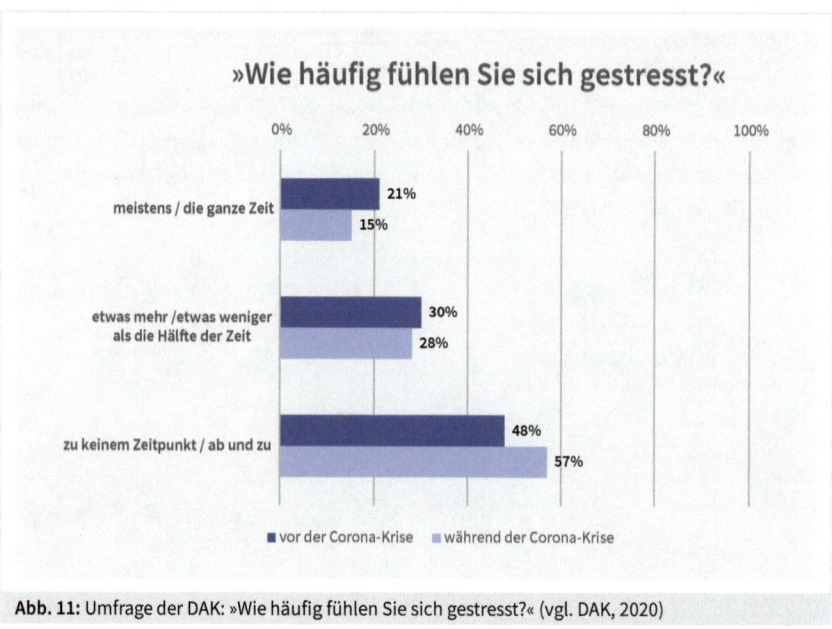

Abb. 11: Umfrage der DAK: »Wie häufig fühlen Sie sich gestresst?« (vgl. DAK, 2020)

Das gesunkene Stresslevel während der Corona-Krise, das man dem Arbeiten im Home-Of-fice zuschreiben kann, finden auch in einer Umfrage der DAK Krankenkasse ihren Niederschlag. Der Gewinn an Zeit und die Entschleunigung im Leben haben offensichtlich ihre Wirkung ent-faltet. Die Weltgesundheitsorganisation hat den Stress schon vor vielen Jahren zu den größ-ten Gefahren des 21. Jahrhunderts erklärt, weil der damit verbundene seelische Druck für 70 % aller Krankheiten mitverantwortlich ist (vgl. Ruess, Mai, 2007). Insofern hat das Arbeiten im Home-Office eine gesundheitsfördernde Wirkung bei den Mitarbeiter*innen.

In der Bitkom-Umfrage nennen 32% der Befragten die Möglichkeit, einen gesund-heitsbewussteren Lebensstil zu führen, als einen Vorteil vom Home-Office (vgl. Bit-kom, 2020). So können die Off-site-Beschäftigen mehr Sport treiben, weil sie ihre Zeit nicht mehr im Stau verbringen. Zusätzlich sind die Möglichkeiten, sich gesund zu er-nähren, am heimischen Herd größer, ist man doch nicht mehr auf die Kantine oder den Food Truck um die Ecke angewiesen.

Vordergründig betrachtet, könnten sich Führungskräfte darüber freuen, weil stress-freie und gesündere Mitarbeiter*innen produktiver sind. Wenn die Mitarbeiter*innen nicht wechselweise on- und off-site arbeiten, droht hier die Gefahr, dass die on-site arbeitenden Mitarbeiter*innen benachteiligt werden, was zu Konflikten führen kann. Außerdem wäre es sinnvoll, durch alternative Maßnahmen auch die Gesundheit und Produktivität der On-site-Beschäftigten zu fördern.

Veränderung	Effekt	Aufgabengebiet	Kompetenzfeld
weniger Stress	• produktivere MA • gesündere MA	• MA steuern • Konflikte managen	• Empowerment

Tab. 6: Differenziertes Stressempfinden

2.7   Zusätzliche Zeit für das Berufs- und Privatleben

Das Thema des Zeitgewinns durch Wegfall der Fahrt zur Arbeit ist auch Gegenstand einer Studie in der Versicherungsbranche. Dort haben 44% der Befragten angegeben, täglich mindestens 1,5 Stunden Zeit zu sparen, weil sie im Home-Office arbeiten (vgl. VW-Redaktion, 2020). Dies macht bei fünf Arbeitstagen 7,5 Stunden, also fast einen kompletten Arbeitstag pro Woche für diese Pendlergruppe. Ein beeindruckender Zeit-gewinn für die Off-site-Beschäftigten.

Aus einer Studie der Hans-Böckler-Stiftung aus der Zeit vor der Pandemie weiß man, dass die gewonnene Zeit geschlechterspezifisch unterschiedlich genutzt wird (vgl.

WSI, 2019a). Während Frauen den wesentlichen Teil in die sogenannte Sorgearbeit für Haushalt und Familie investieren, verwenden die Männern die Fahrtzeitersparnis überwiegend zur beruflichen Mehrarbeit. In einem Punkt ist das Studienergebnis deutlich: Für Regeneration in Form von Freizeitaktivitäten oder Schlaf wurde die gewonnene Zeit vor Corona in keinem Fall verwendet.

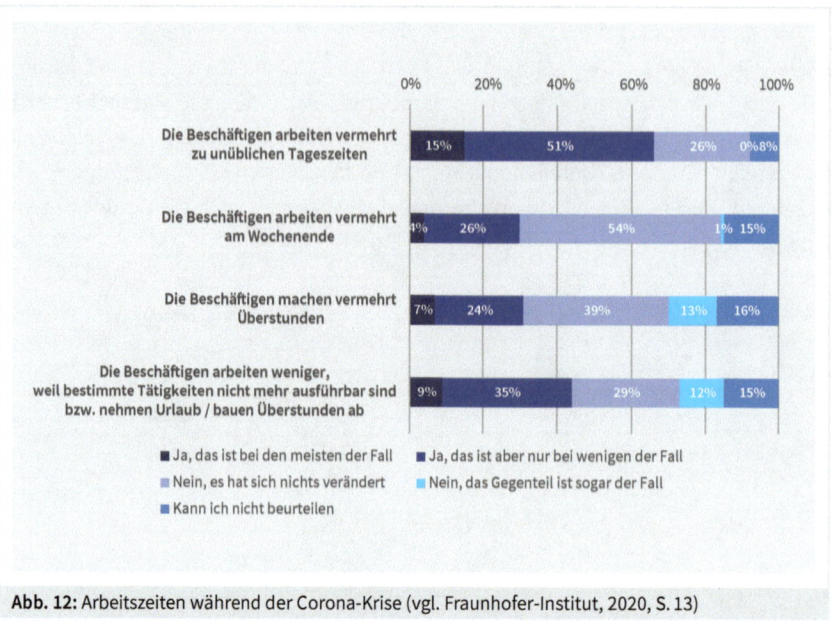

Abb. 12: Arbeitszeiten während der Corona-Krise (vgl. Fraunhofer-Institut, 2020, S. 13)

Während der Pandemie ist das Bild laut der Studie des Fraunhofer-Instituts nicht so eindeutig. Dies liegt auf der einen Seite wohl daran, dass viele Unternehmen ihre Tätigkeit bedingt durch behördliche Auflagen zurückfahren und auch einstellen mussten. Entsprechend gab es auch eine Reihe von Beschäftigten, die weniger arbeiten konnten oder mussten. Auf der anderen Seite gab es auch Beschäftigte, die vermehrt Überstunden gemacht haben. Hier hat der Ausnahmezustand offenkundig einen zusätzlichen Einsatz erfordert.

Auch wenn sich arbeitsrechtlich betrachtet die geschuldete Arbeitszeit im Home-Office nicht verlängert, bleibt es abzuwarten, wie sich das Arbeitszeitverhalten nach der Pandemie einpendeln wird und die durch den Wegfall der Fahrtzeit gewonnene Lebenszeit dann zwischen Sorgearbeit, Arbeitszeit und Freizeit aufgeteilt wird.

In jedem Fall ist dieses Thema von den Führungskräften aus zwei Gründen im Auge zu behalten: Erstens ist die Zahl der Überstunden zu minimieren, um ein dauerhaftes Risiko der Überlastung der Mitarbeiter*innen zu verhindern. Zweitens sind die Führungskräfte gefordert, gegenzusteuern und die Arbeitslasten zwischen den On- und

Off-site-Arbeitenden gerecht zu verteilen. Andernfalls droht ein zeitgetriebenes Spannungsfeld in der hybriden Arbeitswelt.

Veränderung	Effekt	Aufgabengebiet	Kompetenzfeld
mehr Zeit für Berufs- und Privatleben	• Mehrarbeit	• MA steuern	• Empowerment

Tab. 7: Zusätzliche Zeit für das Berufs- und Privatleben

2.8 Zunehmende zeitliche Flexibilität

Die Mitarbeiter*innen sehen nicht nur den Vorteil gewonnener Lebenszeit durch den Wegfall der Fahrtzeiten, sondern schätzen auch die zeitliche Flexibilität. 43 % der Beschäftigen bestätigen dies laut Bitkom-Umfrage als Vorteil des Home-Office.

Wer im Home-Office arbeitet, weiß genau, wie das läuft. Man kann zwischen zwei Video-Chats mit den Kolleg*innen schnell einkaufen gehen oder auch die Mittagspause etwas verlängern, um die Hausaufgaben der Kinder anzuschauen, und erledigt sein Tagespensum dann eben abends, wenn die Kinder im Bett sind, oder man verschiebt die Arbeit aufs Wochenende, weil man dann mehr Ruhe hat. Während der Corona-Krise hat daher, wie Abbildung 13 zeigt, im Home-Office das Arbeiten zu unüblichen Tageszeiten und am Wochenende zugenommen.

Sofern diese Flexibilität nicht durch formale Regelungen abgedeckt ist, nehmen sich die Beschäftigen hier persönliche Freiheiten. Beim mobilen Arbeiten wird nur der Arbeitsort geändert, nicht das Arbeitszeitmodell. Die Beschäftigten, die mobil arbeiten, sind verpflichtet, ihre Arbeitsleistung in gleichem Umfang und in gleicher Qualität zu erbringen wie die Kolleg*innen im Büro. Das praktizierte Arbeitszeitmodell »Free style Home-Office« funktionierte während der Corona-Pandemie nur, weil es sich um eine geduldete Ausnahmesituation handelte, die Unternehmen keine Durchgriffsmöglichkeiten hatten und es einfach keine Alternativen gab.

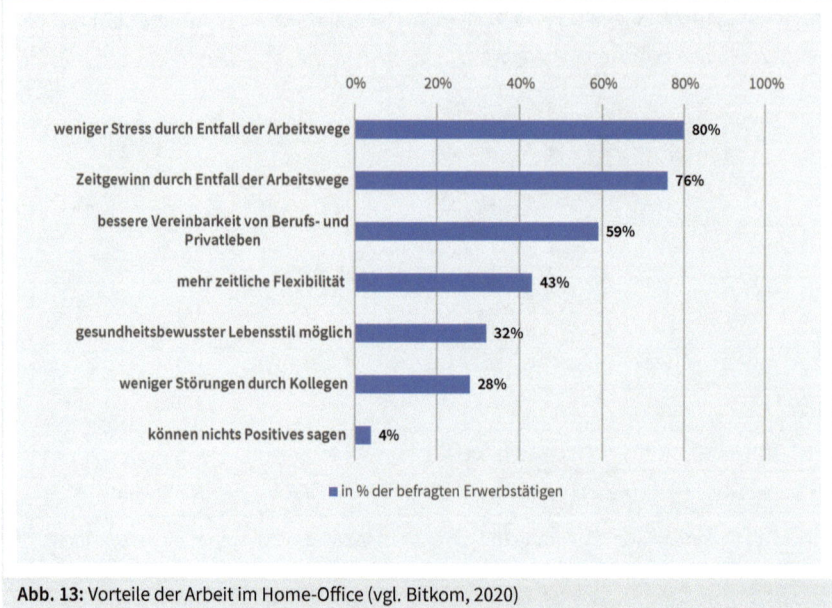

Abb. 13: Vorteile der Arbeit im Home-Office (vgl. Bitkom, 2020)

Die Erfahrungen legten den rechtlichen Handlungsbedarf für die Nach-Corona-Zeit offen. Mittelfristig werden wir sehen, ob die vorhandenen gesetzlichen Regelungen zur Telearbeit und zum mobilen Arbeiten geändert oder auch unternehmensindividuelle Lösungen entwickelt werden. Unabhängig von diesen Aspekten, bleibt aber ein führungsrelevanter Aspekt, der betrachtet werden sollte. Es geht um die Frage, wie die Beschäftigten mit den Freiheiten der Arbeitszeitgestaltung im Home-Office umgehen.

So besteht die Gefahr der zweifachen Entgrenzung von Berufs- und Privatleben im Home-Office. Zum einen kommt die Arbeit bildlich gesprochen nach Hause, Arbeits- und Privatwelt verschmelzen. Zum anderen werden die Grenzen zwischen Arbeit und Freizeit fließend, wenn man nicht mehr »auf der Arbeit sein muss«, um zu arbeiten. Das alte Credo »Erst die Arbeit, dann das Vergnügen« verliert seine ordnende Wirkung.

Die damit verbundene Flexibilisierung hat auch zwei genderspezifische Aspekte, die beim traditionellen Rollenverständnis zum Tragen kommen. Zum einen eröffnet das Home-Office insbesondere Frauen mehr Spielraum bei der Gestaltung des Arbeitstages und bietet damit eine Chance, Berufs- und Privatleben besser unter einen Hut zu bringen. Sylvia Coutinho, die Brasilien-Chefin der Großbank UBS, beschreibt dies in sehr drastischen Worten: »*Die Digitalisierung ist für Frauen so etwas, wie es die Pille in den Sechzigerjahren war: Sie eröffnet alle möglichen Freiheiten*« (vgl. Hans-Böckler-Stiftung, 2017, S. 121). Zum anderen ist die Remote-Arbeit auch mit einem Risiko verbunden, weil Mütter im Home-Office größere Schwierigkeiten haben, das Berufs- und Privatleben voneinander zu trennen, als Männer (vgl. Bundesministerium für Arbeit und Soziales, 2021, S. 21).

Die Denkhaltung »Ich kümmere mich darum, wenn ich nach Hause komme« wird ersetzt durch »Ich erledige das mal eben zwischendurch«. Die Gefahr für die Mitarbeiter*innen besteht darin, dass das Privatleben erodiert, weil sich das berufliche Anspruchsdenken seinen Platz am heimischen Schreibtisch verschafft. Dies kann zum einen dazu führen, dass die Beschäftigten on-site mehr arbeiten als die Off-site-Beschäftigten. Zum anderen wächst die Gefahr der gesundheitlichen Mehrbelastung, weil die Beschäftigen gefühlt den ganzen Tag »beruflich online« sind und damit die notwendigen Regenerationsphasen entfallen. Diesen gesundheitlichen Gefahren der Entgrenzung muss durch die Führungskräfte anhand einer effektiven Mitarbeitersteuerung entgegengewirkt werden.

Veränderung	Effekt	Aufgabengebiet	Kompetenzfeld
mehr zeitliche Flexibilität	• Entgrenzung von Berufs- und Privatleben	• MA steuern	• Empowerment

Tab. 8: Zunehmende zeitliche Flexibilität

2.9   Persönliche Erreichbarkeit

Um 17 Uhr sind viele Arbeitnehmer, wie man umgangssprachlich im Büro sagt, »durch die Tür«. Sie lassen die Arbeit bildlich hinter sich und wechseln vom Berufs- ins Privatleben. Für viele Beschäftige hatte dies in der Vergangenheit den Vorteil, sich dem unmittelbaren persönlichen Zugriff durch den Vorgesetzten, die Kolleg*innen oder den Kund*innen zu entziehen.

Doch die Digitalisierung hat auch hier einiges verändert. Blieb die Arbeit früher auf dem Schreibtisch liegen, verfolgt sie einen heute über das Smartphone überall hin und das zu jeder Zeit. Nimmt man sein Büro mit nach Hause oder in den Urlaub, entfällt die sichtbare Abwesenheit als Indikator für Unerreichbarkeit.

Viele kämpfen mit der damit verbundenen Erwartung, die E-Mails oder die Voice-Nachrichten sofort beantworten zu müssen. Gab es früher die arbeitsrechtliche Präsenzpflicht im Büro, so gibt es heute die gefühlte Erreichbarkeitspflicht, überall und jederzeit. Auch damit verschwinden die Grenzen zwischen Berufs- und Privatleben. Sich abzumelden, wird schwieriger, und die Belastung steigt mit entsprechenden Risiken für die persönliche Gesundheit. Diese Einschätzung spiegelt sich auch in den Befragungen der Beschäftigten wider. 21 % der Beschäftigen haben Schwierigkeiten bei der Abgrenzung von Berufs- und Privatleben (vgl. Bitkom, 2020). Die gefühlte Erreichbarkeitspflicht ist ein Aspekt davon.

Die Gewerkschaften und Betriebsräte wirken diesem Trend durch Betriebsvereinbarungen entgegen, in denen der E-Mail-Versand über den Unternehmensserver nach den regulären Arbeitszeiten unterbunden wird (vgl. Hergert, 2018). Das sogenannte »Right to Disconnect« soll die Gesundheit der Angestellten schützen und die Zufriedenheit in den privaten Beziehungen sichern. Die Automobilkonzerne VW und Daimler haben solche Regelungen bereits eingeführt.

In der hybriden Arbeitswelt müssen die Führungskräfte sowohl das Gefühl der Präsenzpflicht im Büro als auch das Gefühl der jederzeitigen Erreichbarkeitspflicht im Home-Office reflektieren, wenn sie die Mitarbeiter*innen in ihrem Tagesgeschäft wirkungsvoll unterstützen möchten.

Veränderung	Effekt	Aufgabengebiet	Kompetenzfeld
Wegfall der Präsenzpflicht	• gefühlte Erreichbarkeitspflicht	• MA unterstützen	• Empowerment

Tab. 9: Persönliche Erreichbarkeit

2.10 Schnellere und zunehmend verbale Kommunikation

Die Digitalisierung hat nicht nur die Ansprüche an die Erreichbarkeit, sondern auch die Geschwindigkeit der Kommunikation erhöht. Hatte man früher einen Vorgang drei Tage »vom Tisch«, wenn der Brief auf dem Postweg unterwegs war, so entfallen heute diese Zustellzeiten. Dementsprechend muss man sich auch schneller wieder damit befassen. So erwarten 42 % der Kund*innen, die sich über die sozialen Netzwerke beschweren, eine Antwort innerhalb von 60 Minuten und 57 % erwarten die gleichen Reaktionszeiten, unabhängig von Tageszeit und Wochentag (vgl. Firsching, 2012).

In dem Umfang, in dem uns die Technik eine schnellere Kommunikation möglich gemacht hat, sind offenkundig auch die Erwartungen an die Geschwindigkeit der Kommunikation gewachsen. Wer kennt das nicht von sich selbst? Man hat über WhatsApp eine Nachricht verschickt und sieht, dass der Empfänger die Nachricht auch gelesen hat. Sofort schwirren die Gedanken durch den Kopf, warum nicht direkt geantwortet wird. Wir sind eine ungeduldige Gesellschaft und Geschwindigkeit ist gleichermaßen ein Qualitäts- wie auch Stressfaktor geworden.

Es haben sich aber nicht nur unsere Erwartungen an die Kommunikationsgeschwindigkeit verändert, sondern wir kommunizieren gleichzeitig auch immer mehr, wie sich aus Statistiken von Microsoft ablesen lässt (vgl. Hartwich, 2021). Danach ist die Zahl der weltweit geschäftlich über Outlook versandten E-Mails in der Pandemie-Zeit um 40,6 Mrd. Stück angewachsen und die Zeit, die wir in Meetings verbringen, ist um das 2,5 – fache gestiegen. Auch die Meetingzeiten selbst haben sich um 10 Minuten im Vergleich zum Vorjahr auf jetzt durchschnittlich 45 Minuten verlängert. Hinzu kommt, dass die Kommunikation immer häufiger ad hoc stattfindet und dadurch an Geschwindigkeit gewinnt. 62 % der Aufrufe und Meetings werden spontan durchgeführt. Deshalb können sich Mitarbeiter*innen immer weniger inhaltlich und gedanklich auf das kommende Gespräch vorbereiten.

Entschleunigung lautet daher das neue Credo. Führung ist hier als Regulativ gefordert, insbesondere wenn in hybriden Arbeitswelten unterschiedliche Maßstäbe angelegt werden. Das Bild der langsamen analogen Mitarbeiter*innen und der schnellen digitalen darf sich nicht etablieren.

Je schneller die Botschaften vermittelt werden, desto wichtiger ist auch die Klarheit in der Kommunikation. Schnell auf den Punkt zu kommen, wird auch zu einem Qualitätsfaktor. Mitarbeiter*innen sollten nicht gezwungen sein, die Botschaften entschlüsseln zu müssen. Dies kostet Zeit und ist auch eine Quelle von Missverständnissen.

Veränderung	Effekt	Aufgabengebiet	Kompetenzfeld
schnellere Kommuni-kation	• Arbeitsbelastung steigt	• Klarheit herstellen • MA unterstützen	• Communication • Empowerment

Tab. 10: Schnellere und zunehmend verbale Kommunikation

2.11   Kommunikatives Multitasking

»Piep, piep, piep« – eine schnelle Abfolge von Pieptönen. So hört sich ein Besetztzeichen am Telefon an, ein klarer Hinweis dafür, dass der Angerufene zurzeit schon mit jemandem spricht und jetzt nicht erreichbar ist. Früher gehörte dieser Ton zu unserem Alltag, heute ist er die Ausnahme. Wir sind immer erreichbar, auch wenn wir telefonieren oder im Video-Call sind. Multitasking ist der neue Standard.

Ich selbst habe zwei Telefonnummern, eine für berufliche und die andere für private Zwecke, halte Eingangspostfächer für fünf E-Mail-Adressen im Blick, bin bei Videokonferenzen auf Zoom und in MS Teams unterwegs, poste auf Facebook und Instagram und bin Teil eines Projektteams auf Slack, schreibe private Nachrichten auf WhatsApp und Threema. Ah ja, Briefe bekomme ich auch noch, auch wenn ich selbst kaum mehr welche schreibe. Und nicht zu vergessen, ich rede auch noch persönlich mit anderen Menschen und höre ihnen zu. Ich manage insgesamt 16 Kommunikationskanäle, was mich an meine Grenzen bringt.

In dieser medialen Kanalvielfalt im beruflichen Alltag und dem damit verbundenen »digitalem Dauerrauschen« ist es die größte Herausforderung, seine Zeitsouveränität zu behalten (vgl. Homfeld, 2015). Gleichzeitig fällt es schwer, präsent zu sein, wenn man online ist. Das kann man jeden Tag in seinem Umfeld beobachten. Sicher kennen Sie die Teilnehmer*innen in einem Präsenzmeeting, die mit gesenktem Haupt unter dem Konferenztisch ihre E-Mails checken, die Konferenzteilnehmer*innen auf Zoom, die gleichzeitig dem Referenten folgen, mit anderen Teilnehmer*innen chatten und parallel ein Dokument bearbeiten oder die sogenannten »Smombies«, eine Abkürzung für Smartphone-Zombies, die als Fußgänger mit Blick auf ihr Handy blind durch den

Straßenverkehr irren. Allen ist gemein, dass sie kommunikatives Multitasking versuchen und dabei im Dialog am Ende doch nicht mehr präsent sind.

Das Entscheidende bei dieser Entwicklung in der zwischenmenschlichen Kommunikation ist nicht, dass Multitasking bei vielen Menschen Stress verursacht und die Produktivität senkt, sondern der etablierte Anspruch auf kommunikatives Multitasking, der sich bei einem selbst festsetzt und auch von anderen gefordert wird. Es ist »normal«, sich mit jemandem zu unterhalten und parallel auf WhatsApp zu chatten. Es ist auch »normal«, dass man eine Antwort per Chat erwarten kann, auch wenn sein Gesprächspartner im Meeting ist. Wer nicht so agiert, verliert möglicherweise erst den informativen Anschluss und später auch die soziale Akzeptanz.

In der Arbeitswelt kristallisieren sich so die »sukzessiven Analogen« heraus, die es bevorzugen, die Dinge nacheinander zu erledigen, und die »simultanen Digitalen«, die in parallelen Universen kommunizieren. Hier entsteht ein Spannungsfeld im Anspruchsdenken, dass von Führungskräften zu steuern ist.

Veränderung	Effekt	Aufgabengebiet	Kompetenzfeld
kommunikatives Multitasking	• Arbeitsbelastung steigt	• MA unterstützen • Konflikte managen	• Empowerment • Relationship

Tab. 11: Kommunikatives Multitasking

2.12   Weniger nonverbale Kommunikation

In dem Umfang, in dem wir uns in der digitalen Arbeitswelt nicht mehr persönlich gegenüberstehen, sondern nur noch schriftlich und per Voice-Box kommunizieren oder uns am Bildschirm als Profilfoto im Briefmarkenformat sehen, geht die Wirkung der nonverbalen Kommunikation ganz oder teilweise zurück. Dies gilt zum Beispiel für unsere unzähligen Gesten, Stimmlagen oder Körperhaltungen, die wir nutzen, um unsere Botschaften zu senden.

Fällt die nonverbale Kommunikation weg, wird die Kommunikation schwieriger. Wollen wir diesen nonverbalen Informationsverlust kompensieren, ist es einleuchtend, dass die Qualität und/oder die Quantität der verbalen Kommunikation steigen muss, um die vergleichbaren Inhalte zu transportieren.

Damit sind in der Praxis aber zwei Probleme verbunden. Zum einen sind uns nicht alle nonverbalen Botschaften bewusst, die wir senden, und zum anderen, sind auch nicht alle Menschen »geborene Wortkünstler«, die auf Abruf besser verbal kommunizieren können. Dies kann zu einer Gruppenbildung führen: die guten und die weniger guten verbalen Kommunikatoren.

Wer diesem Gedankengang folgt, dem wir schnell bewusst, dass Kommunikation in der digitalen Welt schwieriger wird und Missverständnisse vorprogrammiert sind. Daraus leitet sich wieder ein Spannungsfeld zwischen den beiden Arbeitswelten ab. Als Führungskraft sind Sie gefordert, stärker vermittelnd tätig zu werden und selbst noch besser zu kommunizieren, um Botschaften anderer, aber auch Ihre eigenen Botschaften an den Mann und die Frau zu bringen.

Vor diesem Hintergrund ist es umso wichtiger, mit den neuen Kommunikationskanälen auch umgehen zu können, um alle damit verbundenen Potenziale auch optimal zu nutzen. Nach einer Umfrage des Fraunhofer-Instituts sprechen sich daher auch 42 % der HR-Vertreter aus den befragten Unternehmen für eine umfängliche Medien- und Kommunikationskompetenz aller Mitarbeiter*innen und Führungskräfte aus (vgl. Fraunhofer-Institut, 2020, S. 21).

Veränderung	Effekt	Aufgabengebiet	Kompetenzfeld
weniger nonverbale Kommunikation	• wachsender Kommunikationsbedarf • mehr Missverständnisse	• Klarheit herstellen • Verständnis sichern • Konflikte managen • MA entwickeln	• Communication • Relationship • Empowerment

Tab. 12: Weniger nonverbale Kommunikation

2.13   Gefühlter Informationsverlust

Dem Digitalisierungstrend wird gemeinhin zugeschrieben, dass wir leichter Zugang zu Informationen bekommen und über mehr Informationen verfügen. Und ja, es wird privat mehr gechattet, es werden Sprachnachrichten ausgetauscht und es werden mehr Fotos verschickt. So stieg allein die Zahl der weltweiten WhatsApp-Nachrichten von 2014 bis 2019 auf 100 Mrd. Stück pro Tag, was einer Steigerung von 100 % entspricht (vgl. Singh, 2020).

Auch im betrieblichen Bereich ist ein Anstieg der E-Mails zu beobachten. Gleichwohl haben nach einer Studie des Bitkom-Verbandes 17 % der Beschäftigten im Home-Office das negative Gefühl, von Informationen abgeschnitten zu sein (vgl. Bitkom, 2020). Es droht die Gefahr einer Zwei-Klassen-Gesellschaft im Unternehmen. Zum einen diejenigen, die on-site einmal eben zur Kolleg*in gehen und ein Thema klären oder einen kurzen privaten Austausch auf dem Flur pflegen. Zum anderen diejenigen, die dafür erstmal einen Termin in Outlook aufsetzen und auf Bestätigung warten müssen. Interessanterweise lässt sich beobachten, dass ein kurzer Telefonanruf bei vielen nicht als opportune Alternativlösung angesehen wird.

Der gefühlte Informationsverlust dürfte sich durch den Rückgang der informellen Kommunikation zwischen den Beschäftigten erklären. Es geht um den Wegfall des »kleinen Dienstweges« und der Möglichkeit, außerhalb betrieblicher Strukturen persönlich miteinander zu sprechen. Der formlose und spontane Austausch über betriebliche Belange sowie der Wechsel zwischen privater und beruflicher Ebene geben der informellen Kommunikation einen besonderen Wert, der neben der reinen Information auch den Vorteil hat, das Zusammengehörigkeitsgefühl zu stärken.

Auch hier sind Sie als Führungskraft gefordert, über Transparenz für einen guten informellen Informationsfluss zu sorgen, sonst wird Information möglicherweise zu einem Machtmittel und zu einem kostbaren Gut, von dem sich die Mitarbeiter*innen im Home-Office abgeschnitten fühlen.

Veränderung	Effekt	Aufgabengebiet	Kompetenzfeld
gefühlter Informationsverlust	• Aufweichen der sozialen Beziehung • Produktivitätsrückgang	• Identifikation sichern • Transparenz schaffen	• Relationship • Communication

Tab. 13: Gefühlter Informationsverlust

2.14   Unsichtbare Arbeit

Eine weitere Veränderung in der Arbeitswelt bezieht sich auf die Sichtbarkeit der Arbeit. Verlagern sich Arbeitsprozesse ins Netz, wird die Arbeit für einen selbst und die anderen zunehmend unsichtbar (vgl. Janda, Guhlemann, 2019). Keine Aktenstapel mehr auf dem Schreibtisch, keine Warteschlange mehr vor dem Büro und keine gestresste Kolleg*in, die zwischen zwei Meetings über den Gang läuft. Man sitzt vielmehr allein vor seinem Computer am heimischen Arbeitsplatz und kann allenfalls sich selbst bei der Arbeit wahrnehmen.

Jeder Fremdvergleich fehlt und jedes Zusammengehörigkeitsgefühl, »gemeinsam etwas zu schaffen«, entfällt und damit auch der Abgleich zur eigene Arbeitslast und die Lastenverteilung im Büro sowie der kollegiale Gedanke, seiner überlasteten Kolleg*in unter die Arme greifen zu wollen. Das fehlende Gemeinschaftsgefühl hat auch Einfluss auf den Umfang der praktizierten kollegialen Unterstützung.

Es muss also Transparenz geschaffen werden, um die anstehenden Aufgaben mit der eigenen Kapazität abgleichen zu können. Statt der Anzahl der offenen Aktenvorgänge auf dem Tisch als sichtbarer Gradmesser, muss ein anderer Indikator gefunden werden. Zum einen, um sich selbst vor dem Irrglauben zu bewahren, eine nicht zu bewältigende Arbeitslast vor sich zu haben, was zu einem Frustrationsgefühl und zur psychischen Überlastung führen kann. Zum anderen, um es der Führungskraft zu ermöglichen, den individuellen Beschäftigungsgrad einschätzen zu können. Und zu guter Letzt, um sich unter Kolleg*innen zu helfen, wenn die Arbeitslast zu hoch wird.

Führungskräfte sind hier in mehrfacher Hinsicht gefordert, diesen Effekten entgegenzusteuern und das Spannungsfeld zwischen den Mitarbeiter*innen zu verringern und das Wohlbefinden des Einzelnen zu stärken.

Veränderung	Effekt	Aufgabengebiet	Kompetenzfeld
Arbeit wird unsichtbar	• zunehmende individuelle Frustration • Fehlsteuerung von Ressourcen • reduzierte kollegiale Unterstützung	• Transparenz schaffen • Konflikte managen • Strukturen schaffen	• Communication • Relationship

Tab. 14: Unsichtbare Arbeit

2.15   Unsichtbare Hierarchien

In der analogen Welt findet die Hierarchie, also die Rangordnung von Führungskräften und Mitarbeiter*innen in vielfacher Art und Weise ihren Ausdruck. Das Einzelbüro auf der obersten Etage, ein Vorzimmer mit Sekretärin, ein eigener Parkplatz und auch der Sitzplatz im Meeting spiegeln die Rangordnung wider. Auch wenn die Symbole der Hierarchie nicht mit neuen Arbeitsweisen vereinbar sind, so werden sie bei vielen Unternehmen noch gepflegt.

In einer digitalen Arbeitswelt sieht das im wahrsten Sinne des Wortes anders aus. Hier reduzieren sich alle Akteure auf ein quadratisches Format auf dem Bildschirm und man kann nicht wählen, neben wem man virtuell Platz nimmt. Wenn dann noch alle unterschiedliche Hintergrundbilder eingespielt haben, ist auch die Größe des Büros nicht mehr sichtbar. Hier agieren wahrlich alle auf »Augenhöhe«. Wer aber an alten Symbolen der Macht festhalten möchte, dem bleibt nur, zu spät zu kommen oder andere im Redefluss abrupt zu unterbrechen.

Diese offensichtliche virtuelle Gleichstellung kann für die Betroffenen Vor- und Nachteile haben. Führungskräfte, die es nicht gewohnt sind, sich ohne Hilfsmittel aus der analogen Welt zu positionieren, verlieren an Standing. Es wird für alle schwieriger das Ranking der Beteiligten und damit die Bedeutung ihrer Wortbeiträge zu erfassen. Die Orientierung fällt schwerer und leicht kann auch eine Rollenkonfusion entstehen. Ein Vorteil ist, dass andere, persönliche Fähigkeiten gefragt sind, um gute Führung zu zeigen. Die hergestellte Augenhöhe führt zu mehr Sichtbarkeit und Akzeptanz bei denjenigen, die bislang in der zweiten Reihe standen.

Sie sind als Führungskraft in der digitalen Welt mehr gefordert, durch Ihre Argumente und durch Ihr Handeln zu überzeugen, als sich auf Ihren sichtbaren Status zu stützen. Dies stellt sicher für viele Führungskräfte eine große Herausforderung dar, im Sinne der Entwicklung ihres eigenen Führungsverständnisses als auch für die praktische Umsetzung bei ihren Mitarbeiter*innen.

Veränderung	Effekt	Aufgabengebiet	Kompetenzfeld
Hierarchie wird unsichtbar	• Führung weniger qua Status • Arbeiten auf Augenhöhe	• Purpose vermitteln • Vorbild sein	• Communication • Awareness

Tab. 15: Unsichtbare Hierarchien

2.16   Weniger Kontrollmöglichkeiten

Wer die Entwicklung des Arbeitens im Home-Office in Deutschland verfolgt hat, weiß, dass es von Beginn an viele Vorbehalte der Arbeitgeberseite gegeben hat. Wie die in Abbildung 14 dargestellten Ergebnisse der DAK-Umfrage zeigen, war den Vorgesetzten die Anwesenheit ihrer Mitarbeiter*innen sehr wichtig und es herrschte auch ein gewisses Misstrauen gegenüber den Mitarbeiter*innen, ob diese im Home-Office wirklich arbeiten und die räumliche Distanz nicht nutzen, um sich der Kontrolle durch ihre Vorgesetzten zu entziehen.

Diese haltungsorientierten Widerstände beinhalten auch Aspekte des Führungsverständnisses und der gelebten Unternehmenskultur. Es geht um Kontrolle als Fundament der Führung und ein fehlendes Vertrauen der Vorgesetzten in ihre Mitarbeiter*innen. Mit dem Wegfall der Anwesenheitspflicht der Mitarbeiter*innen während der Corona-Pandemie wurde den Führungskräften ad hoc ein wesentliches Kontrollinstrument genommen.

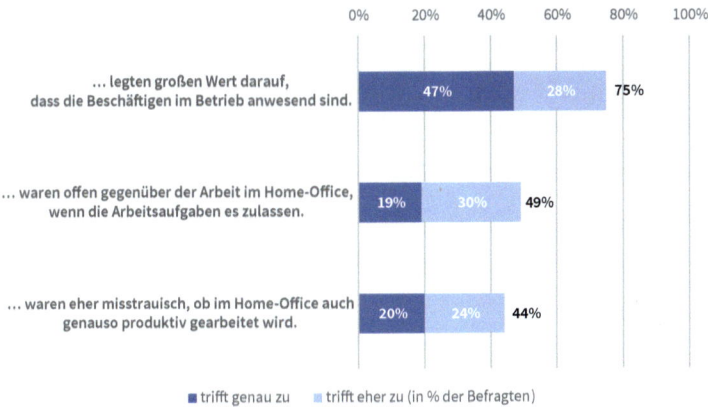

Abb. 14: Haltung der Vorgesetzten zum Home-Office vor Corona (vgl. DAK, 2020)

Das überraschende Learning im Kontext dieses verordneten Kontrollentzugs war laut der Studie des Fraunhofer-Instituts, dass viele Führungskräfte positive Erfahrungen damit machten. So stimmten 47 % der HR-Verantwortlichen »voll und ganz zu«, dass die Führungskräfte ihre Vorbehalte gegen Arbeit auf Distanz deutlich abgebaut haben (vgl. Fraunhofer-Institut, 2020, S. 13). Dies dürfte einen Wandel des persönlichen Führungsleitbildes von einem kontrollorientierten zu einem vertrauensbasierten Führungsverständnis unterstützen.

Gleichwohl bleibt es abzuwarten, welche Techniken die verbleibenden Skeptiker entwickeln werden, um das persönliche Kontrolldefizit durch ein technisches Kontrollinstrument zu ersetzen. Wer um die Möglichkeiten weiß, welche Daten zum Beispiel ein Fitnesstracker über seine sportlichen Aktivitäten, die Datenbox der Kfz-Versicherung über das eigenen Fahrverhalten oder Google für das persönliche Nutzerprofil sammelt, der kann sich leicht vorstellen, dass auch kreative Wege entwickelt werden, die Produktivität der Mitarbeiter*innen per »Fernüberwachung« im Home-Office zu kontrollieren. Mit der Zeit wird hier die ein oder andere Innovation für heftige Diskussionen zwischen Gewerkschaftsvertretern und Arbeitgebern führen. Dass es keine Kontrolle in einer digitalen Home-Office-Arbeitswelt geben wird, darf bezweifelt werden.

Nicht vergessen werden sollte, dass auch die Mitarbeiter*innen lernen müssen, mit weniger Kontrolle seitens der Führungskräfte umzugehen. Für einige stellt diese Kontrolle ein bequemes Sicherheitsnetz dar, weshalb sie Probleme mit der steigenden Selbstverantwortung haben. So geben 13 % der Beschäftigten an, dass sie Schwierigkeiten mit der eigenverantwortlichen Organisation ihres Arbeitsalltages im Home-Office haben (vgl. Bitkom, 2020). Hier sind die Führungskräfte gefordert, ihre Mitarbeiter*innen auf diese Form des selbstverantwortlichen Arbeitens vorzubereiten und weiterzuentwickeln.

Veränderung	Effekt	Aufgabengebiet	Kompetenzfeld
weniger Kontrollmöglichkeiten	• mehr Eigenverantwortung der MA • ungleiche Arbeitslastverteilung • gefühlter Kontrollverlust bei Führungskräften	• Vertrauen bilden • MA entwickeln • MA steuern • Führungsleitbild schärfen	• Relationship • Empowerment • Awareness

Tab. 16: Weniger Kontrollmöglichkeiten

2.17   Zunahme polyglotter Kommunikation

Die Digitalisierung ist mit der Globalisierung eng verbunden. Unternehmen können ihre Aktivitäten heute viel einfacher in unterschiedlichen Ländern steuern. Die Auslandsniederlassung ist nur noch einen Klick entfernt, das Kundenmeeting kann vom Vertrieb ohne lange Reisezeiten angesetzt werden und die Einkaufsmengen in Land A können mit den Produktionskapazitäten in Land B real time und online abgestimmt werden.

Bei einem Globalplayer mit einer Matrixorganisation heißt dies möglicherweise aber auch, dass die Führungskraft in der Zentrale sitzt, während ihr Team oder einzelne Mitarbeiter*innen in einem anderen Land arbeiten. Die Zahl der Mitarbeiter*innen, die aus unterschiedlichen Kulturkreisen stammen, nimmt zwangsläufig zu. Wenn man zum Beispiel weiß, dass DHL 570.000 Mitarbeiter*innen beschäftigt und in 220 Ländern aktiv ist, dann hat man eine Idee davon, wie »divers« der Konzern aufgestellt ist (vgl. Deutsche Post DHL Group, 2021). Es gilt also, unterschiedliche Kulturen, ethnische Ursprünge und Sprachen zusammenzuführen und die Diversität im Unternehmen bestmöglich zu nutzen.

Führungskräfte, die ein diverses internationales Team führen, sind gefordert, hier vermittelnd tätig zu sein und Verständnis füreinander zu schaffen. Die sprachlichen Hürden zu überwinden, ist dabei noch die kleinste Herausforderung. Zumeist wird eine Unternehmenssprache vorgegeben, in vielen Fällen ist das Englisch als ein Kompromiss wie bei Airbus, Renault oder SAP (vgl. Neeley, 2012).

Stellen wir uns vor, dass in einem globalen Team mit 30 Mitarbeiter*innen sehr komplizierte technische Sachverhalte in Englisch besprochen und weitreichende Entscheidungen getroffen werden, obwohl vielleicht nur drei bis vier auch Englisch als Muttersprache beherrschen. Ein weiteres Dutzend Mitarbeiter*innen spricht dann möglicherweise noch sehr gutes Englisch, weil es vielleicht schon länger im Ausland gearbeitet hat und der Rest im Team schweigt und staunt oder versucht, sich mit Grundkenntnissen durch das Thema zu retten.

Die Folge ist, dass einzelne Themen in der Gruppe nicht verstanden, nicht hinterfragt oder nicht eingebracht werden. Das sprachliche Niveau ist schlecht, es kommt zu Informationsverlusten und das Entscheidungsniveau nimmt zwangsläufig ab. Umgekehrt führt dies auch zur Frustration, weil die Betroffenen sich abgehängt fühlen und ihre Karrierechancen schwinden sehen. Um dem entgegenzuwirken, ist es von Vorteil, wenn die Führungskräfte mehrsprachig agieren können, um für ein gutes Kommunikationsniveau zu sorgen.

Veränderung	Effekt	Aufgabengebiet	Kompetenzfeld
MA sprechen unterschiedliche Muttersprachen	• Verständigung wird schwieriger	• Verständnis schaffen	• Communication

Tab. 17: Zunahme polyglotter Kommunikation

2.18   Verbreitung multikultureller Teams

Selbst wenn man sich sprachlich versteht, bleiben die kulturellen Unterschiede im Team bestehen. So halten sich beispielsweise US-Amerikaner in ihrem Kritikverhalten eher zurück und sind damit den Gepflogenheiten im asiatischen Raum ähnlicher, als es der deutschen unverblümten Art entspricht. Stoßen beide Welten aufeinander, steigt das Konfliktpotenzial.

Eine Führungskraft mit einem multikulturellen Team sollte idealerweise die verschiedenen Kulturen ihrer Mitarbeiter*innen kennen. Hier ist die Rolle des Kulturbotschafters gefragt. Die Kernaufgabe ist es, Verständnis zu schaffen, und Kommunikationsgeschick, Sensibilität und Fingerspitzengefühl sind notwendige Kompetenzen. Hinzu kommt, dass die Vielfalt an Perspektiven im Team auch produktiv genutzt werden sollte, weil sich Horizonte erweitern und Arbeitsergebnisse deutlich verbessern können.

Um dies zu ermöglichen, sind Sie als Führungskraft gefordert, Ihre Mitarbeiter*innen dabei zu unterstützen, ihre individuellen Kompetenzen auch einbringen zu können. Wichtig ist dabei, dass Sie sich als Führungskraft selbst reflektieren und die Einflüsse Ihrer kulturellen Heimat einzuordnen wissen.

Sie sollten als Führungskraft die multikulturellen Zusammensetzung Ihres Teams aber nicht nur passiv managen, sondern auch aktiv fördern. Zahlreiche Studien haben gezeigt, dass heterogene Teams eine bessere Performance als homogene Teams aufweisen. Berücksichtigen Sie das in Ihrer Einstellungspolitik und bei der Zusammensetzung von Projektteams.

Veränderung	Effekt	Aufgabengebiet	Kompetenzfeld
länderübergreifendes Arbeiten nimmt zu	• kulturelle Vielfalt steigt	• Verständnis schaffen • MA auswählen • MA unterstützen • Persönlichkeit entwickeln	• Communication • Empowerment • Awareness

Tab. 18: Verbreitung multikultureller Teams

2.19   Zunahme von zeitzonenübergreifendem Arbeiten

Das länderübergreifende Arbeiten hat zwangsläufig auch zur Folge, dass bei entsprechender Größe des Unternehmensnetzwerkes auch über Zeitzonen hinweg gearbeitet wird. Dies kann die Produktivität erhöhen, weil Prozesse schneller bearbeitet werden können, es ist aber auch mit einer Reihe von Herausforderungen verbunden (vgl. Tunnat, o. J.).

Beispielsweise kann im Rahmen eines Meetings, das in London am späten Abend durchgeführt wurde, eine bestimmte Präsentationsstruktur für die Vorstandssitzung am Folgetag festgelegt werden. Die Kolleg*innen in Los Angeles können die Vorstandspräsentation fertigstellen, während die Kolleg*innen in London schlafen. So wird die Präsentation schneller fertig, als wenn die Londoner Mitarbeiter*innen sie erst am Folgetag hätten fertigstellen können.

Dieser Zeitgewinn lässt sich allerdings nur realisieren, wenn die Aufgaben, die in unterschiedlichen Zeitzonen erledigt werden, auch koordiniert abgearbeitet werden. Außerdem gilt es zu verhindern, dass die global verteilten Mitarbeiter*innen überlastet werden, wenn sie nachts an einem Meeting teilnehmen.

Sie sind als Führungskraft hier doppelt gefordert. Zum einen müssen Sie die Mitarbeiter*innen entsprechend steuern. Ihr Kompetenzfeld Empowerment ist hier gefordert. Zum anderen müssen Sie auch auf Ihre eigene Resilienz achten. Dauerhaft Nachtschichten einzulegen, um an den wichtigen Meetings der Kolleg*innen in den anderen Zeitzonen teilnehmen zu können, ist langfristig keine gute Lösung. Im Rahmen der Selbstführung ist das Kompetenzfeld Awareness gefragt.

Veränderung	Effekt	Aufgabengebiet	Kompetenzfeld
zunehmendes zeitzonenübergreifendes Arbeiten	• zeitliche Flexibilität nimmt zu • Überlastungsgefahr	• MA steuern • Resilienz stärken	• Empowerment • Awareness

Tab. 19: Zunahme von zeitzonenübergreifendem Arbeiten

3   Das Mindset in der hybriden Arbeitswelt

In diesem Kapitel beschäftigen wir uns mit den Einstellungen und der Haltung von Führungskräften, die eine wesentliche Voraussetzung für das erfolgreiche Führen in der hybriden Arbeitswelt sind. Dabei werfen wir auch immer einen Blick auf den daraus resultierenden Umgang mit den Mitarbeiter*innen.

Um den Anforderungen der hybriden Arbeitswelt an die Führungsaufgabe gerecht zu werden, ist die Reflexion des eigenen Mindsets von großer Bedeutung. Mit Mindset meinen wir die Denk- und Gefühlsmuster, die Sie ausmachen, wie wir bereits in Kapitel 1.4 definiert haben. Wie stehen Sie zum Beispiel zu den sich entwickelnden Formen von selbstorganisierter Zusammenarbeit in Teams? Und welche Rolle wollen Sie in der Transformation der Arbeitswelt in Ihrem Bereich spielen? Sind Sie eher der aktive Treiber oder der Angetriebene? Welche Befürchtungen, Vorbehalte und Ängste kommen hoch, wenn Sie an die Veränderungen denken? In Ihrer Geisteshaltung und Ihrem Führungsverhalten zeigt sich, wie Sie diese Fragen für sich beantworten.

Werfen wir zunächst einen Blick auf die eigene Denk- und Gefühlswelt aus Sicht der Wissenschaft.

Der Frage, wie das Denken unser Handeln beeinflusst, ging die Psychologin Carol Dweck, Stanford-Professorin, intensiv auf den Grund. Sie forschte unter anderem zu Themen wie der persönlichen Lernfähigkeit, der Motivation und Persönlichkeit. Eine wesentliche Aussage ihrer Forschungsarbeit ist, dass die permanente Bereitschaft, dazuzulernen und sich weiterzuentwickeln, mehr Erfolg im Leben bringt. Carol Dweck entwickelte die Theorie des Fixed und Growth Mindsets (vgl. im Folgenden: Dweck, 2016).

Darin beschreibt sie das **Fixed Mindset** als ein Selbstbild, das sich stark im Außen orientiert. Menschen mit diesem Mindset denken, dass Fähigkeiten und Eigenschaften manifestiert sind und die persönliche Intelligenz vorgegeben ist. Damit beschränken sie sich selbst in ihrer Weiterentwicklung. Im Verhalten zeigt sich bei Menschen mit einem Fixed Mindset, dass sie Anstrengungen vermeiden und schnell aufgeben, wenn etwas nicht gleich gelingt. Kritik empfinden sie als Angriff gegen ihre Person und verteidigen sich mit Rechtfertigung bzw. suchen die Schuld bei anderen. Als Bedrohung für das eigene Selbstbild werden die Erfolge empfunden, die ihre Mitmenschen erreichen.

Das **Growth Mindset** dagegen ist auf persönliches Wachstum und Weiterentwicklung eingestellt. Die Einstellung dieser Menschen lautet, man kann lebenslang dazulernen und mit Einsatz und Tun weiterwachsen. Fehler sind demzufolge Lernchancen und konstruktives Feedback hilft, das eigene Verhalten kontinuierlich zu verbessern. Die Erfolge von anderen werden als Inspirationsquelle für das eigene Fortkommen betrachtet.

In der nachfolgenden Übersicht sind die Unterschiede der beiden Mindsets detailliert gegenübergestellt, die die verschiedenen Herangehensweisen an Herausforderungen und Veränderungen beschreiben.

Fixed Mindset	Growth Mindset
Ich bin so	Ich kann mich weiterentwickeln
Ich muss gut sein	Mein Potenzial entwickelt sich durch Einsatz und Tun
Ergebnisse zählen	Wirkungen erkennen
Aussagen über den Wert einer Person	Feedback ist eine Lernchance
Rückzug	Wachstum und Aktivität
Ich kann es nicht	Ich kann es noch nicht

Tab. 20: Fixed vs. Growth Mindset (vgl. Greßer, Freisler, 2017, S. 79)

Dweck führt auch aus, dass besonders im Umgang mit Erfolg und Misserfolg das Mindset wesentlich ist (vgl. Dweck, 2016). Mit einem Growth Mindset betrachtet man Misserfolge als Feedback und die Chance zu lernen, weil aus der Haltung »Ich kann es noch nicht« agiert wird. Erfolg stellt sich dann ein, wenn man die Wirkungen erkennt, statt sich auf die Ergebnisse zu fixieren wie im Fixed Mindset.

Wenn Sie also daran glauben, dass Sie selbst ebenso wie jeder andere Mensch auch sich ein Leben lang weiterentwickeln kann, wird allein schon dadurch Ihre Bereitschaft zum Lernen deutlich erhöht. Mit dieser Einstellung ist auch das Überwinden der eigenen Komfortzone um ein Vielfaches leichter und hilft Ihnen, Herausforderungen konstruktiv und lösungsorientiert anzugehen.

Der Weg aus der Komfortzone erfordert allerdings die Überwindung des inneren Schweinehundes, der eigenen Angst vor Herausforderungen und den Mut, den Status quo in Frage zu stellen. In der nachfolgenden Abbildung zeigt das Modell »Stufen des Lernens« den Entwicklungsprozess hin zu persönlichem Wachstum.

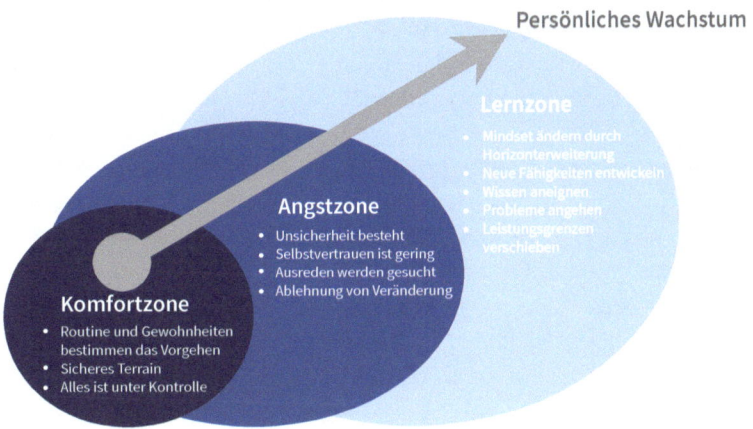

Abb. 15: Von der Komfort- in die Lernzone

Den Schritt aus sicherem Terrain zu wagen, führt uns immer in einen Zustand der Unsicherheit. Die Versuchung ist groß, wieder in den vermeintlichen Schutz der Komfortzone zurückzukehren und in alte Routinen zu verfallen. Hier hilft uns ein Growth Mindset dabei, dies nicht zu tun und die festgelegten Automatismen zu verändern. Denn die Einstellung zu lebenslangem Lernen führt dazu, dass wir aus Überzeugung Wissen und neue Fähigkeiten erwerben wollen. Genau das passiert in der Lernzone. Sie ist die Basis für persönliches Wachstum.

Je nach Lebensbereich tendieren wir mal mehr zum Verhalten im Fixed und mal mehr zum Verhalten im Growth Mindset. Dennoch neigen wir grundsätzlich zu der einen oder anderen Richtung, je nach Prägung aus frühester Kindheit. Die über viele Jahre hinweg gemachten Erfahrungen und Glaubenssätze sind im Unterbewusstsein manifestiert, die unser Denken, Fühlen und Handeln beeinflussen.

Damit sich aber nicht ständig eine bremsende Wirkung einstellt, wenn es um die Bewältigung von Herausforderungen und Veränderungen geht, ist die schrittweise Weiterentwicklung hin zu einem offenen Growth Mindset wichtig. Kein einfacher Weg, dennoch lohnend! Warum? Sie werden flexibler, können besser mit Ungewissheiten umgehen und akzeptieren, dass Veränderungen zu unserer Arbeitswelt dazu gehören.

»Eine hohe Adaptabilität und Lernbereitschaft werden noch wichtiger für den persönlichen Erfolg. Lebenslanges Lernen wird zu einer übergreifenden Basiskompetenz, die als ›Enabler‹ für den Erwerb anderer Kompetenzen erforderlich ist. Dabei gilt, das Lernen gelernt sowie kontinuierlich geübt werden und damit in Form fortlaufender Veränderungen und Herausforderungen in den Arbeitsalltag integriert werden muss.« (vgl. Weiß, 2017)

Die sich verändernde Arbeitswelt beeinflusst auch Ihre Rolle als Führungskraft in der hybriden Arbeitsweise. Sie benötigen eine agilere, dynamischere Denk- und Handlungsweise. In diesem Kontext kommt in letzter Zeit der Begriff des **agilen Mindsets** als zukunftsorientierte Denkhaltung ins Spiel.

Svenja Hofert bezeichnet das Growth Mindset als die Basis für dieses agile Mindset, das uns in der veränderten Arbeitswelt von morgen hilft, auch agil zu handeln (vgl. Hofert, 2018). Doch was genau ist ein agiles Mindset und wie unterscheidet es sich von den traditionellen Denkmustern, die heute noch auf den Führungsetagen zu finden sind? In der nachfolgenden Übersicht haben wir einige typische Dimensionen im Führungsalltag aus dem Blickwinkel eines traditionellen sowie eines agilen Mindset gegenübergestellt.

Traditionelles Mindset (basiert auf Fixed Mindset)	Dimension der Führung	Agiles Mindset (basiert auf Growth Mindset)
»Ich sorge für die Abgrenzung und Verantwortung in meinem Bereich durch die Definition von Zuständigkeiten.«	Umgang mit Verantwortung	»Meine Mitarbeiter*innen und ich nehmen verschiedene Rollen wahr und wir vernetzen unsere Kompetenzen miteinander.«
»Aufgrund meiner Position als Führungskraft treffe ich alle Entscheidungen, schließlich bin ich ja auch für die Konsequenzen verantwortlich.«	Entscheidungen treffen	»Wir treffen viele Entscheidungen gemeinsam oder das Team entscheidet selbst.«
»Ich steuere die Aufgaben und bewerte die Ergebnisse.«	Ergebnisse erzielen	»Wir priorisieren die Aufgaben und bewerten die Ergebnisse gemeinsam.«
»Ich entscheide über die Relevanz der Informationen und gebe sie selektiv weiter.«	Umgang mit Informationen	»Ich schaffe den Rahmen für Transparenz und Verfügbarkeiten von Informationen für mein Team.«
»Fehler müssen bestraft werden, damit sie nicht wieder passieren.«	Umgang mit Fehlern	»Aus Fehlern können wir lernen.«
»Veränderungen gilt es möglichst zu vermeiden, sie sorgen für Unsicherheit und Chaos.«	Umgang mit Veränderungen	»Mit Veränderungen gehe ich situativ und konstruktiv um.«

Tab. 21: Traditionelles vs. agiles Mindset

Dieser Vergleich macht die Unterschiede zwischen einem traditionellen und einem agilen Mindset deutlich und liefert auch die Antwort, warum uns das agile Mindset in unserer VUCA-Welt weiterbringen wird. Mit einem agilen Mindset in der Führungsrolle akzeptieren wir, dass wir die Welt nicht kontrollieren können, ständig alles hinterfragen müssen und Veränderungen zum Arbeitsleben gehören. Es prägt Ihren Blick auf sich selbst und Ihre Mitarbeiter*innen, wie die folgende Abbildung im Detail verdeutlicht.

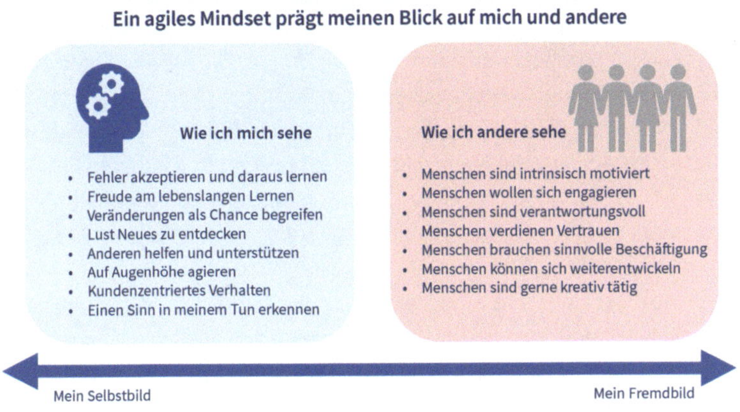

Ein agiles Mindset prägt meinen Blick auf mich und andere

Wie ich mich sehe

- Fehler akzeptieren und daraus lernen
- Freude am lebenslangen Lernen
- Veränderungen als Chance begreifen
- Lust Neues zu entdecken
- Anderen helfen und unterstützen
- Auf Augenhöhe agieren
- Kundenzentriertes Verhalten
- Einen Sinn in meinem Tun erkennen

Wie ich andere sehe

- Menschen sind intrinsisch motiviert
- Menschen wollen sich engagieren
- Menschen sind verantwortungsvoll
- Menschen verdienen Vertrauen
- Menschen brauchen sinnvolle Beschäftigung
- Menschen können sich weiterentwickeln
- Menschen sind gerne kreativ tätig

Mein Selbstbild   Mein Fremdbild

Abb. 16: Agiles Mindset

Das agile Mindset beruht also auf den Soft Skills und Werten im Umgang mit anderen, die einem Menschen zugrunde liegen. Da geht es zum Beispiel um die Bereitschaft, sich ständig selbst zu reflektieren, die Fähigkeit, andere Perspektiven einzunehmen, eigene Überzeugungen zu revidieren, mit anderen zu netzwerken, Erfahrungen und Wissen zu teilen oder Widersprüche zu ertragen. Im Bereich der Werte spielen Vertrauen, Offenheit für Neues, Kommunikation auf Augenhöhe, Transparenz und Selbstverantwortung eine wesentliche Rolle.

Fazit

Das agile Mindset ist ein entscheidender Wettbewerbsvorteil für alle Menschen in der Arbeitswelt der Zukunft. Die Digitalisierung schreitet in rasanten Schritten voran. Wer nicht mitlernt und sich darauf einstellt, wird nicht mehr Schritt halten können. Deshalb sind wir alle gut beraten, uns darauf einzustellen. Sind Sie eine Führungskraft, die die neue, hybride Arbeitswelt aktiv mitgestalten will, dann ist es sowieso ein Muss für Sie, diesen Wandel Ihres Mindsets zu vollziehen. Denn Sie werden nur dann wirksam, wenn Sie in der Lage sind, im Umgang mit Ihren Mitarbeiter*innen ein möglichst hohes Maß an agilem Denken und Verhalten an den Tag zu legen. Die gute Nachricht dabei ist, dass Sie Ihr Führungsverhalten von traditionell zu agil weiterentwickeln können. Schauen wir uns jetzt einmal an, wie Sie die alten, ausgetretenen Trampelpfade verlassen können.

Schritt für Schritt ein agiles Mindset entwickeln

Die Entwicklung hin zu einem agileren Mindset vollzieht sich nicht durch eine einmalige Schulung oder das Lesen von Ratgebern. Es ist ein ständiger »Learning by Doing«-Prozess, den Sie dadurch zum Laufen bringen, indem Sie sich immer wieder Aufgaben und Herausforderungen schaffen, die Sie zum agileren Handeln anregen. Das könnte zum Beispiel sein, sich mutiger in Unbekanntes zu wagen oder die eigene Spiel- und

Experimentierfreude anzukurbeln. Werden Sie flexibler im Denken und schaffen Sie mehr Raum für Kreativität. In Gesprächen mit Ihren Mitarbeiter*innen können Sie Ihre Empathiefähigkeit trainieren. Und natürlich gehört auch die regelmäßige Selbstreflexion und der Abgleich durch Feedback aus dem Team dazu, um das Mindset agiler zu entwickeln. Also raus aus den gewohnten routinierten Bahnen! Dafür ist es wichtig, sich kleine Schritte oder Ziele zu setzen, die auch zu schnell sichtbaren Erfolgen führen. So wagen Sie sich immer mehr aus Ihrer Komfortzone heraus und Ihr Selbstvertrauen nimmt zu.

In der nachfolgenden Abbildung zeigen wir Ihnen einen Drei-Schritt-Prozess auf, der Sie in Ihrem Veränderungsvorhaben unterstützt. Im ersten Schritt definieren Sie die Gewohnheit oder Routine, die Sie verändern möchten. Im zweiten Schritt beleuchten Sie Ihre Motivation für diese Veränderung. Im dritten Schritt definieren Sie Ihre Zielvorstellung und ersetzen die alte Verhaltensweise durch die von Ihnen gewünschte neue. Wichtig ist, an dieser neuen Verhaltensweise kontinuierlich mindestens 66 Tage hintereinander festzuhalten und sie einzuüben, bis sie automatisch ausgeführt wird. Das zeigte die Studie der Psychologin Phillippa Lally, University College in London (vgl. Lally, 2009).

Abb. 17: Verhaltensänderung in drei Schritten

Welche Rolle unser Gehirn dabei spielt
Die Grundlage für die Veränderung des Denkens bildet dabei unser Gehirn. Aus der Gehirnforschung wissen wir, dass pro Sekunde in unserem Gehirn bis zu 11.000.000 Reize verarbeitet werden. Diese Reize werden uns über unsere fünf Sinnesorgane, also Riechen, Hören, Sehen, Schmecken und Fühlen, zugetragen. Davon kommen allerdings nur bis zu 2 % im Bewusstsein an. Das ist auch gut so, denn sonst wären wir völlig überfordert mit der Flut der auf uns einwirkenden Reize. Für die Entscheidung, welche Informa-

tionen bei uns bewusst ankommen, haben wir einen Wahrnehmungsfilter. Man könnte sagen, dies ist der Türsteher im Gehirn. Stellen Sie sich vor, Sie bereiten sich konzentriert auf ein Mitarbeitergespräch vor. Dazu erstellen Sie an Ihrem Schreibtisch eine Stichwortliste der Punkte, die Sie besprechen möchten. Draußen regnet es, Straßenlärm dringt durchs offene Fenster, auf dem Flur unterhalten sich Personen und Kaffeeduft strömt durch die offene Tür. Von all dem nehmen Sie gar nichts war. Denn Sie arbeiten mit Tunnelblick, voll konzentriert auf Ihre Liste. Natürlich wirken auch die anderen Reize auf Sie ein, jedoch nur in Ihrem Unterbewusstsein. Ihr Wahrnehmungsfilter lässt sie nicht in Ihr Bewusstsein durch, denn im Moment sind sie nicht wichtig für Sie.

Unser Wahrnehmungsfilter hilft uns also dabei, zu selektieren, welche Informationen zu uns ins Bewusstsein durchdringen und welche nicht. Es ist sozusagen nur ein kleiner Ausschnitt, wie der Lichtkegel einer Taschenlampe, von dem, was um uns herum passiert. Er entscheidet, was für uns relevant ist und was nicht. Geprägt wird der selektive Wahrnehmungsfilter von Erfahrungen, unserer Erziehung, dem Kulturkreis, dem wir angehören, und auch von der Unternehmenskultur, in der wir arbeiten.

Wenn wir also darüber sprechen, unser Mindset agiler zu machen, dann müssen wir unseren Filter elastischer machen. Das bedeutet, durch kleine Veränderungen in unserem täglichen Umgang mit uns selbst und anderen neue Erfahrungen zu sammeln, die unseren selektiven Wahrnehmungsfilter erweitern. Das Lernen von Neuem bewirkt, dass diese neuen Informationen bewusst in unserem Gehirn ankommen.

Alles beginnt mit der Selbstreflexion

Wir sind überzeugt, dass ein agiles Mindset von Vorteil ist, wenn es um die Umsetzung hybrider Führung geht. Der Glaube an die Entwicklungsfähigkeit von Menschen und die permanente Bereitschaft, sich als Führungskraft auf die schnell verändernden Anforderungen der Mitarbeiter*innen und die Arbeitsbedingungen einzustellen, erfordert ein dynamisches, wachstumsorientiertes Denken und Handeln.

Es lohnt sich also, Ihr eigenes Mindset zu hinterfragen, damit Sie wissen, wie weit Sie schon in der Entwicklung einer agilen Haltung sind. Dazu finden Sie in der Literatur viele Selbsttests. Diese Selbstreflexion ist der erste Schritt für eine Standortbestimmung in unserer Roadmap für Führungskräfte (vgl. Abb. 9).

Sie hilft Ihnen dabei, sich selbst gut zu verstehen bzw. sich und die eigenen Verhaltensmuster besser zu kennen. Sie können sich fragen, welche der beiden Arbeitsweisen, analog oder digital, in der hybriden Welt Ihnen mehr liegen. Handeln Sie eher im traditionellen oder (schon) im agilen Mindset? Wenn Sie hier regelmäßig eine ehrliche und tiefgründige Einschätzung Ihrer Person vornehmen, erhalten Sie nicht nur Klarheit über Ihre eigene Person und Ihre Verhaltensmuster, sondern auch über Ihren Umgang mit anderen Menschen. Selbstreflexion ist die Basis für proaktives Handeln gerade in stressigen Zeiten. Sie unterstützt dabei, souveräner, ressourcenorientierter und klarer mit den komplexen Anforderungen in der hybriden Arbeitswelt umzugehen. Außerdem werden Sie durch die Reflexion Ihrer eigenen Persönlichkeit darauf aufbauend definieren, in welchen Bereichen Sie sich weiterentwickeln müssen, um in der hybriden Arbeitswelt sich selbst und andere anforderungsgemäß zu führen.

Neben Ihrer eigenen Selbstreflexion als Führungskraft sind Sie auch Wegbereiter und Unterstützer der Weiterentwicklung Ihrer Mitarbeiter*innen. Das tun Sie durch Vorleben von Reflexion. Es erfordert aber auch Ihre konstruktive Begleitung Ihrer Mitarbeiter*innen, damit sie sich trauen, aus der persönlichen Komfortzone durch die Angstzone in die Lernzone zu gelangen. Die Schaffung von psychologischer Sicherheit im Team, die Erzielung kleiner Quick-wins, also sichtbaren kurzfristigen Umsetzungserfolgen, der konstruktive Umgang mit Fehlern, Ermutigung und richtiges Feedback gehören hier zum wesentlichen Führungsverhalten.

> **!** **Fazit**
>
> Der Wandel hin zu mehr Flexibilität und Schnelligkeit im Denken und Handeln wird maßgeblich von der eigenen Bereitschaft abhängen, sein eigenes Mindset stets weiterzuentwickeln. Es gilt die Einstellung, dass lebenslanges Lernen notwendig ist.

Darüber hinaus wird auch Ihr Handeln als Führungskraft in der hybriden Arbeitswelt mehr Beweglichkeit erfordern. Wie das konkret in Ihrem Führungsverhalten aussehen kann, zeigen wir in den nachfolgenden Kapiteln 3.1 bis 3.8 auf. Als Basis unserer Betrachtungen nutzen wir die fünf Aufgaben wirksamer Führung nach Malik (vgl. Malik, 2019) in der nachfolgenden Übersicht.

Führungsaufgaben nach Malik	Führung in der hybriden Arbeitswelt	Siehe Kapitel
Ziele setzen	• Zielvereinbarung und Beurteilung	3.5
Organisieren und koordinieren	• Verantwortung teilen • Wissens- und Informationsteilung • Fehler- und Konfliktkultur • Steuerung der Ergebnisse	3.1 3.4 3.6 3.3
Entscheiden	• Entscheidungen treffen	3.2
Erfolgskontrolle	• Zielvereinbarung und Beurteilung	3.5
Mitarbeiter fördern und entwickeln	• Veränderungskompetenz steigern • Job Happiness umsetzen	3.7 3.8

Tab. 22: Die fünf Aufgaben wirksamer Führung nach Malik (2019)

3.1 Verantwortung teilen

Der Wunsch von Führungskräften: »Ich wünsche mir, dass meine Mitarbeiter*innen mehr Verantwortung übernehmen« ist sehr nachvollziehbar. Es ist doch mittlerweile nachweislich ein Produktivitätswachstum zu verzeichnen, wenn Menschen eigenverantwortlich arbeiten. Frederic Laloux schildert in seinem Buch »Reinventing Organizations« anschaulich diese Wirkung bei den Beschäftigten des Unternehmens FAVI (vgl. Laloux, 2015, S. 73 ff.).

Verantwortungsübernahme definieren wir hier als die Übernahme von Aufgaben und Verpflichtungen in einem Team, das Einstehen für die daraus resultierenden Folgen sowie die Bereitschaft, Rechenschaft darüber abzulegen.

Sollen Mitarbeiter*innen tatsächlich mehr Verantwortung übernehmen, braucht es mehrere Komponenten: die Organisation, die das ermöglicht, das Vertrauen der Führungskraft und das Selbstvertrauen in die eigenen Fähigkeiten.

1. Die **Organisation** sollte Verantwortung übertragen. Das gelingt durch die Abschaffung oder Reduzierung von Hierarchien und von Kontrollmechanismen. Außerdem braucht es einen Wechsel von der festgeschriebenen Stellenbeschreibung und Position der Führungskraft hin zu einem Spektrum verschiedener Führungsrollen, die sich je nach Bedarf ändern können, zeitlich begrenzt sind und sich mit den Kompetenzen der Mitarbeiter*innen ergänzen.

2. **Führungskräfte** müssen Ihren Mitarbeiter*innen Vertrauen schenken. Vertrauen ist eine der tragenden Säulen für erfolgreiche hybride Führung. Das Vertrauen zeigt sich, indem Führungskräfte unter anderem an die Zuverlässigkeit und Kompetenzen der Mitarbeiter*innen glauben. Der Umgang mit den Mitarbeiter*innen ist grundsätzlich von der Haltung geprägt, dass sie ihr Bestes geben wollen. Und auch in den Beziehungen zu den Mitarbeiter*innen verhalten sich Führungskräfte dann vertrauensbildend, wenn sie eine soziale Gleichabständigkeit zu allen Teammitgliedern pflegen. Zudem wirkt es vertrauensbildend, wenn Sie selbst konsistent und glaubwürdig handeln. Für viele steckt hier eine der größten Herausforderungen. War doch bisher Führung durch Kontrolle stark ausgeprägt. Das Loslassen fällt nicht immer leicht, doch gerade, wenn Mitarbeiter*innen auf Distanz im Home-Office oder andernorts arbeiten, ist Führung durch Kontrolle kaum mehr möglich.

   Wie vertrauenswürdig gelten Sie als Führungskraft bei Ihren Mitarbeiter*innen? Zwei wesentliche Faktoren sind für Vertrauenswürdigkeit entscheidend: der eigene Charakter und die Kompetenzen, über die Sie verfügen. Zum Charakter gehören Eigenschaften wie Ehrlichkeit, Fairness, Authentizität, aber auch die Fürsorge als Führungskraft, der Grad der Offenheit und die Schaffung von Transparenz. Im Bereich der Kompetenzen sind Ihre eigenen Fähigkeiten, also Ihr Wissen, Ihre Erfahrungen und Ihr Können als Führungskraft maßgeblich. Wichtig für die

Glaubwürdigkeit sind darüber hinaus die Ergebnisse, die Sie erzielen, Ihre eigene Arbeitsleistung und Ihre persönliche Reputation (vgl. Barrett, 2016).

3. Die dritte Komponente, die erfüllt sein muss, damit Mitarbeiter*innen Verantwortung übernehmen, ist das **eigene Selbstvertrauen**. Das Selbstvertrauen korreliert eng damit, was ich von mir selbst glaube, also die eigene Glaubwürdigkeit zu mir als Person: Inwieweit werden die Dinge eingehalten, die ich mit mir selbst vereinbare, wie ist mein Denken über mich, wie ist der Umgang mit mir selbst, welche Stärken und Fähigkeiten nutze ich, welche persönlichen Erfolge habe ich erzielt? Je glaubwürdiger mein eigener Umgang mit mir selbst, desto stärker ist mein Selbstvertrauen. Das wiederum steigert auch mein eigenes Leistungsvermögen und die Bereitschaft, Verantwortung zu übernehmen (vgl. Covey, 2018).

> **!** **Fazit**
>
> Als Führungskraft in der hybriden Arbeitswelt übertragen Sie die Verantwortung für Aufgaben, Ergebnisse und das Geschehen im Team je nach Situation und Kontext temporär oder dauerhaft auf die Mitarbeiter*innen. Dabei geben Sie kontinuierlich in kleinen Schritten Verantwortung an die Einzelnen ab und ermutigen sie, Entscheidungen selbst zu treffen. Schaffen Sie im Team Möglichkeiten für regelmäßige Retrospektiven, so dass Ihr Team das Vorgehen reflektieren und aus Fehlern lernen kann. Schenken Sie Anerkennung für die übernommene Verantwortung und vernetzen Sie Ihre eigenen Kompetenzen mit denen Ihrer Mitarbeiter*innen.

Veränderung	Effekt	Aufgabe als Führungskraft	Kompetenz
Abbau von Hierarchieebenen in der Organisation	mehr Eigenverantwortung in den Teams	MA entwickeln	Empowerment

Tab. 23: Abbau von Hierarchieebenen in der Organisation

3.2 Entscheidungen treffen

Je mehr Entscheidungen über die Köpfe der Mitarbeiter*innen hinweg getroffen werden, desto weniger verantwortlich fühlen sie sich auch. Damit stellt sich für sie auch kein Gefühl ein, wirklich mitgestalten zu können, und es ist für sie unklar, welchen Beitrag sie eigentlich für das Unternehmen leisten.

Viele Mitarbeiter*innen haben in ihrem langjährigen Arbeitsprozess gelernt, dass Mitgestaltung und sich Einbringen nicht wirklich gewollt war oder kritisiert wurde. Entscheidungsbefugnisse waren eher gering. Schließlich waren ja die Führungskräfte diejenigen, die die Entscheidungen getroffen und die Richtung vorgegeben haben. So ist eine erlernte Hilflosigkeit entstanden, die nicht per Knopfdruck wieder aufgelöst werden kann. Es erfordert ein Neulernen und die Erfahrung, dass Einflussnahme und

Mitgestaltung möglich und auch wirklich gewollt ist. Hier ist eine Begleitung durch Führungskräfte notwendig, damit Mitarbeiter*innen Schritt für Schritt in die eigene Selbstwirksamkeit kommen und stärker unternehmerisch handeln.

Auch Sie in Ihrer Führungsaufgabe brauchen ein neues Verhalten, um das Team schrittweise mehr in die Entscheidungsprozesse einzubinden. Sie sollten sich dafür mehr von der klassischen hierarchischen zu einer stärker selbstorganisierten Entscheidungsfindung bewegen, wie in der nachfolgenden Abbildung mit den sieben Stufen der Entscheidungsfindung beschrieben (nach Appelo, 2011).

Sieben Stufen der Delegation bei der Entscheidungsfindung

Führungskraft entscheidet		
	Level 1: Tell	Führungskraft trifft Entscheidung und teilt dies dem Team mit.
	Level 2: Sell	Führungskraft trifft Entscheidung und begründet dies im Team.
	Level 3: Consult	Führungskraft trifft Entscheidung und lässt sich vom Team beraten.
	Level 4: Agree	Führungskraft und Team treffen gemeinsam die Entscheidung.
	Level 5: Advice	Führungskraft berät das Team bei der Entscheidungsfindung.
	Level 6: Inquire	Team entscheidet selbst und informiert dann die Führungskraft.
Team entscheidet	**Level 7:** Delegate	Team entscheidet autonom.

Abb. 18: Delegationsstufen bei der Entscheidungsfindung (in Anlehnung an Appelo, 2011, S. 127 – 128)

Um diesen Prozess der schrittweisen Ermächtigung zu unterstützen, braucht es Führungskräfte, die selbst loslassen wollen, dem Team etwas zutrauen, ohne es zu überfordern, und auch aushalten können, dass nicht jede Entscheidung, die das Team trifft, sich mit dem eigenen Vorgehen deckt. Es ist also ein Lernprozess für die Führungskraft und jede einzelne Mitarbeiter*in des Teams.

Ihre Aufgabe besteht darin, die Entscheidungsbefugnisse mit dem Team zu klären und festzulegen, wie damit umgegangen werden soll, wenn Fehler passieren oder getroffene Entscheidungen sich als falsch herausstellen. Außerdem unterstützen Sie das Team bei der Festlegung, auf welche Art und Weise im Team Entscheidungen getroffen und welche Abstimmungsmodi genutzt werden. Widerstehen Sie dem Reflex, am Ende doch Entscheidungen selbst zu treffen. Nur so kann Ihr Team lernen, selbst zu entscheiden.

!   **Fazit**

Im Führungsverständnis der hybriden Arbeitswelt werden operative Entscheidungen nicht mehr ausschließlich von oben vorgegeben, sondern das Team trifft sie gemeinsam mit oder ohne Führungskraft. Deshalb ist die Führungsaufgabe hier, das Team dabei anzuleiten, Schritt für Schritt in den Prozess der selbstständigen Entscheidungsfindung hineinzuwachsen. Die Führungskraft unterstützt durch die Schaffung eines systemischen Rahmens.

Veränderung	Effekt	Aufgabe als Führungskraft	Kompetenz
stärkere Verlagerung von Entscheidungen ins Team	mehr Entscheidungsbefugnis im Team	MA unterstützen	Empowerment

Tab. 24: Entscheidungen treffen

3.3   Ergebnisse steuern

Bisher war es weit verbreitet, dass Führungskräfte die zu erledigenden Aufgaben ihren Mitarbeiter*innen übertragen und die entsprechenden Ressourcen und Ergebnisse der Zielerreichung planen. Delegation von Aufgaben und die entsprechende Kontrolle der Erledigung dieser Aufgaben stand dabei im Fokus der Führungsaufgabe.

In der hybriden Arbeitswelt wird dies so nicht mehr möglich sein und es ist auch nicht zielführend. Die Bereitschaft der Führungskräfte zur Mitbeteiligung und Mitverantwortung der Mitarbeiter*innen an den Arbeitsprozessen und den Ergebnissen ist zwingend notwendig, um den Menschen an den unterschiedlichen Arbeitsstandorten Orientierung und Identifikation zu bieten. Führungskräfte haben damit auch eine weitere Möglichkeit, die Befähigung zu mehr Eigenverantwortung zu entwickeln, was häufig zu einer Motivationssteigerung führt.

Dies erfolgt zum Beispiel durch gemeinsame Priorisierung und Bewertung der zu erledigenden Aufgaben und der zu erreichenden Ziele. Ihre Rolle dabei ist es, dafür zu sorgen, dass die dazugehörenden Abstimmungsprozesse in den Teams stattfinden und für alle transparent sind. Ein strukturiertes Zielmanagementsystem, das sich dabei gut eignet, um Ziele im Team definieren zu lassen, ist das agile Framework **Objectives und Key Results (OKR)**. Objectives steht für motivierende Ziele und Key Results für Ergebnisse und Erfolgstreiber. Diese Methode unterstützt dabei, die Unternehmensziele mit den Zielen der Teams oder von einzelnen Mitarbeiter*innen pro Quartal zu verbinden. Das Team stimmt quartalsweise über den Zielerreichungsgrad ab. Damit kann kurzfristig auf geänderte Faktoren in der Zielerreichung Einfluss genommen werden. Durch die direkte Mitgestaltung der Ziele im Rahmen des Unternehmenskontextes wird zusätzlich auch die Motivation der Mitarbeiter*innen gesteigert. Die Mitarbeiter*innen sind also von Anfang an aktiv in den Zielerreichungsprozess eingebunden (vgl. Summerer, Maisberger, München, 2020).

Fazit   !

Mit Ihrem Führungsverhalten, zur Mitbeteiligung im Bereich der Ergebnissteuerung einzuladen, bieten Sie Raum für mehr Engagement und Mitwirkung Ihrer Mitarbeiter*innen an der Erreichung der Teamergebnisse. Sie unterstützen dabei, dass das Team eine entsprechende Methode zur Steuerung entwickelt und diese für alle transparent, sichtbar und nachvollziehbar ist.

Veränderung	Effekt	Aufgabe als Führungskraft	Kompetenz
geteilte Ergebnisverantwortung	Eigenverantwortung und Motivation im Team	MA steuern	Empowerment

Tab. 25: Ergebnisse steuern

Interview mit Christian Müller

Christian Müller
Teamleiter und Next Worker mit Faible für Mitbestimmung und gemeinsames Gestalten
Deutsche Energie-Agentur GmbH Dena
https://www.linkedin.com/in/christian-m%C3%BCller-1a6a67117/

Weshalb hast Du Dich entschlossen, den OKR-Prozess in Deinem Team einzuführen?
Christian Müller: Das Team, das ich zusammen mit zwei weiteren Teamleitenden begleite, besteht aus 14 Mitarbeitern. Davon sind ungefähr die Hälfte fest angestellt und die anderen freiberuflich tätig. Wir arbeiten schon seit einiger Zeit in hybriden Konstellationen zusammen. Wir hatten immer wieder die Herausforderung, zu erkennen, wo wir gerade in unserer Zielerreichung stehen. Außerdem agieren wir als Team in zwei Welten. Zum einen gibt es da die eher klassische hierarchische Organisation und zum anderen die stark agil geprägte Freelancer-Welt. Deshalb waren wir auf der Suche nach einer geeigneten Methode, die dem Team mehr Sicherheit in dem Marktumfeld, in dem wir uns bewegen, gibt. Wir brauchten Orientierung und Richtwerte, um zu erkennen, ob wir auf dem richtigen Weg sind. Bisher arbeiteten wir in Sprints, hatten aber aufgrund der hohen Dynamik in unserem Geschäftsfeld das Gefühl, dass wir uns von Sprint zu Sprint immer wieder neu orientieren mussten. Einmal im Jahr haben wir dann auf unsere Zielerreichung geschaut und unsere Zusammenarbeit reflektiert. Das hat

uns nicht mehr zufriedengestellt, denn einmal im Jahr die Ziele zu analysieren, ist einfach zu wenig. Und so habe ich zusammen mit einer Kollegin dem Team den Vorschlag gemacht, mit OKRs zu arbeiten. Ich begründete dies damit, dass wir dann zielorientierter unterwegs sind und im Rahmen des OKR-Prozesses immer einen Ort haben, wo wir über das »Wie« unserer Zusammenarbeit sprechen können. Ich empfinde gerade die regelmäßigen, festen Termine, die wir mit der OKR-Methode haben, als sehr gewinnbringende Elemente, um über die Zusammenarbeit zu sprechen.

Allerdings hat die Einführung dieser Methode auch mich vor eine neue Herausforderung gestellt. Ich musste mein Denken verändern. Denn bei der Definition der Ziele (Objectives) musste ich erstmal für mich herausfinden, was denn Ziele sind, die auch mich wirklich motivieren. Das heißt, am Anfang stand die Selbstreflexion für mich als Führenden und jeden meiner Teammitglieder. Wir beschäftigten uns ausführlich mit der Frage: »Was treibt mich eigentlich an und wie motiviere ich mich?« Das ist ein zusätzlicher Mehrwert von OKRs. Wir schauen nicht nur auf den Zielerreichungsgrad, sondern verständigen uns auch darauf, was unsere Ziele sind. Die gemeinsamen Ziele sind so definiert, dass jeder von uns sagt: »Das ist der Grund, warum ich mich jeden Arbeitstag engagiere. Da will ich wirksam werden und einen Beitrag leisten.« Das ist weit mehr als nur zu sagen: »Da kann ich mit leben.« Einen weiteren Vorteil von OKRs ist für mich, dass man nicht in einem starren Prozess wie zum Beispiel bei SCRUM arbeiten muss, sondern im Rahmen von einigen Leitplanken dieser Methode im Vorgehen sehr frei agieren kann.

Wie hat denn Dein Team darauf reagiert, als Du mit dem Vorschlag kamst, nach OKRs zu arbeiten?
Christian Müller: Aufgrund unserer hybriden Arbeitsstruktur im Team mussten wir uns schon immer wieder selbst neu organisieren. Wir haben schon viele Formen in der Zusammenarbeit und Ergebnissteuerung ausprobiert und auch wieder verworfen. Das gehört zur hybriden Arbeitsweise dazu. Grundsätzlich habe ich in meinem Team viel Veränderungsbereitschaft und hohe Eigenmotivation. Dennoch gab es eine gewisse Skepsis nach dem Motto »Ist das die nächste Sau, die durchs Dorf getrieben wird?« Aber das legt sich relativ schnell, weil auch aus dem Team heraus der Wunsch kam, fokussierter zu arbeiten. Deshalb habe ich die OKR-Methode als Angebot formuliert und gefragt, ob es für die Bedürfnisse meines Teams geeignet sein könnte.

Wie bist Du im Prozess der Einführung dieser Methode konkret vorgegangen?
Christian Müller: Zunächst haben wir über Einzelinterviews abgefragt, wo jede/jeder Einzelne steht und welche Bedürfnisse sie/er hat. »Wo drückt der Schuh, was fällt leicht?« Und dabei kam im Ergebnis immer wieder heraus, dass es im Team eine Grundbereitschaft gibt, am Thema Ziele zu arbeiten. In unserem

Strategiemeeting haben wir dann gemeinsam auf die Ergebnisse der Interviews geschaut und jeder sah, dass sich der Wunsch nach mehr Orientierung bei den Zielen wie ein roter Faden durchzog. Daraufhin habe ich dann mein Angebot platziert, die OKR-Methode zu testen, weil wir damit den Bedürfnissen des Teams Rechnung tragen können. Zur Einführung half uns ein externer Berater, der dem Team die OKR-Methode im Detail vorstellte. Wir haben uns dann einen halben Tag Zeit genommen, um ganz konkret an unseren OKRs zu arbeiten. Das führte dazu, dass die Methode gar nicht mehr in Frage gestellt wurde, sondern sehr konkret an den Zielformulierungen gearbeitet wurde. Im Mittelpunkt unserer Aufmerksamkeit stand es, die Objectives gut und stimmig zu formulieren und bei den Key Results immer die richtige Kennziffer und den Grad der Wirksamkeit zu definieren. Schlussendlich war die größte Herausforderung für unser Team, die Ziele passend zu formulieren und den Grad der Wirksamkeit zu definieren. Als Mindeststandard gab es für mein Team nur die Vorgabe, ein gemeinsames Format der Dokumentation zu nutzen, um zweiwöchentlich den Fortschritt in der Zielerreichung zu dokumentieren. Hierbei ging es um die Schaffung von Transparenz für alle und ein Minimum an Auskunftsfähigkeit zur Frage, wo wir in der Zielerreichung stehen. Jetzt bilden wir unsere OKRs in einem komplexeren Kanban Board ab. Die Pflege der Daten erfordert natürlich viel Disziplin und Kontinuität.

Welche Widerstände kann es aus Deiner Sicht bei der Einführung dieser Methode geben?
Christian Müller: Aus meiner Sicht ist es eine Methode, die für Teams geeignet ist, die zunächst erstmal nicht so viel Veränderungsbereitschaft zeigen. Wenn ein Team OKRs ausprobiert, kann ein Sogeffekt entstehen und durch das Ausprobieren in der Praxis wird dann häufig auch der Nutzen sichtbar. Viel Widerstand entsteht häufig durch das Wording, das im Zusammenhang mit Agilität im Umlauf ist, ohne die Methoden dahinter wirklich zu kennen. Da wird gerne mal etwas abgelehnt, weil es dann heißt: »Ach ja, das ist ja dieser Start-up-Kram.«

Grundsätzlich gilt aber, dass das Team einen Mehrwert für diese Methode erkennen muss, um es auch wirklich nachhaltig und dauerhaft zu nutzen.

Wichtig ist es immer, den auftretenden Widerstand ernst zu nehmen und zu beleuchten, was genau dahintersteckt. Ich bin davon überzeugt, dass jedes Team die Lösung in sich trägt und auch die richtige Vorgehensweise finden kann. Meine Rolle dabei ist eher, den Rahmen zu schaffen, damit eine solche Auseinandersetzung in der Zusammenarbeit auch stattfindet und über auftretende Widerstände offen gesprochen wird. Und dann kann ich das Team ins Tun bringen. Bewegung setzt Gedanken frei und löst Blockaden auf.

Wie gehst Du persönlich mit Widerstand um?
Christian Müller: Grundsätzlich versuche ich, Widerstand positiv zu begegnen. Es ist ja auch eine Chance, den Verlauf von Veränderungen zu prüfen. Allerdings gelingt es mir nicht immer, diese positive Einstellung voll und ganz zu halten. Ich versuche immer, erstmal ein Gesprächsangebot zu machen und genau zuzuhören, um auch mitzubekommen, ob dahinter ein personenbezogener Konflikt stehen könnte. Und dann ist es die Kunst, eine gute Balance zu finden, wann ich eingreife, wann ich auch mal was laufen lasse und wo ich unterstütze. Aber am meisten gehört der Mut dazu, Unbequemes auch anzusprechen.

Was läuft jetzt besser im Team? Was waren Deine Key-Learnings und die Deines Teams in der Anwendung von OKRs?
Christian Müller: Der größte Mehrwert durch die Methode ist, dass jeder Einzelne und das Gesamtteam jederzeit wissen, wo wir bei der Erreichung unserer Ziele stehen. Außerdem kann auch jede Person sehen, wo wir untereinander stehen. Dadurch sind einige blinde Flecken sichtbar geworden. Zum Beispiel wurde deutlich, wie wir über Veränderungen denken und wie wir in der Zusammenarbeit mit unseren Kunden umgehen. Wir sind sehr lange mit der Brille unterwegs gewesen: »So wie es jetzt läuft ist es nicht gut. Das reicht nicht. Ihr, die Kunden, müsst Euch verändern. Macht doch mal, erkennt doch mal.« Jetzt durch die Anwendung von OKRs haben wir uns stärker gefragt, wo wir eigentlich stehen. Was wollen wir und wie wollen wir auch unsere Kunden begleiten? So haben wir gelernt, unsere Kunden besser da abzuholen, wo sie stehen.

Ein weiteres Learning war, dass wir jetzt ein hohes Bewusstsein für Ziele entwickelt haben. Das heißt, jedes Subteam schaut einmal pro Woche auf die Zielentwicklung. Einmal im Monat und im Quartal schauen wir als Gesamtteam auf unsere Ziele. Dabei erkennen wir sofort, ob wir an Aktivitäten oder tatsächlich an Ergebnissen arbeiten. Und OKRs zeigen deutlich, was der Outcome ist. In der Konsequenz heißt das, man verzettelt sich nicht mehr in Aktivitäten. Die Ergebnisse zählen. Das ist auch ein Lernprozess für alle im Team.

Im Team hat sich auch das Bewusstsein für die Zusammenarbeit verändert. Ich muss nicht mehr darüber diskutieren, warum wir regelmäßig unsere Zusammenarbeit reflektieren. Es gehört eben dazu, weil die Objectives immer alle betreffen und deshalb auch die Qualität der Zusammenarbeit wichtig ist. Außerdem haben wir auch für die Zusammenarbeit Objektives und Key Results vereinbart.

3.4   Informationen und Wissensteilung managen

Eine weitere wesentliche Komponente der Arbeitswelt ist der Umgang mit organisationalen Informationen und Wissen, die in einem Unternehmen durch die Mitarbeiter*innen vorhanden sind. Wenn wir hier davon sprechen, geht es uns um die Unterrichtung von Sachverhalten, die zur Erledigung von Aufgaben benötigt werden. Unter Wissen verstehen wir hier die Kenntnisse und Fähigkeiten eines Menschen, um seine Arbeitsaufgaben auszufüllen und Probleme zu lösen.

Über Informationen und Wissen verfügen (ist) war Macht

Informationsvorsprung vor anderen sicherte bisher die Machtstellung der Führungskraft und von ganzen Fachbereichen in einer stark hierarchischen Organisation. Denn Führungskräfte, die aufgrund ihrer Position oder guter informeller Beziehungen vor anderen an wesentliche und exklusive Informationen kamen, wurden im internen Machtgefüge der Organisation als bedeutsam wahrgenommen. Mitarbeiter*innen erhielten Informationen selektiv. Wie und wann die Informationen an sie weitergegeben wurden, entschied oft die direkte Führungskraft selbst oder es war von der Verteilung über die jeweiligen Hierarchieebenen abhängig.

Ein anderes Phänomen ist der noch weit verbreitete Glaubenssatz, dass Wissen zu haben, Macht bedeutet. In hierarchischen Unternehmen haben Menschen viele Gründe, Wissen nicht zu teilen. Das kann die hohe Arbeitslast und demzufolge die fehlende Zeit aus Sicht des Einzelnen sein, oft sind aber auch die fehlenden Werkzeuge zur Dokumentation nicht vorhanden. Und ein nicht seltener Grund ist auch der Glaube, wenn ich mein Wissen teile, laufe ich Gefahr, mich entbehrlich zu machen. Befeuert wird das Ganze, wenn Unternehmen dazu neigen, das Horten von Wissen zu belohnen, und keine Anreize für das Teilen von Wissen bieten. Geheimniskrämerei und Konkurrenz stehen damit Tür und Tor offen. Es gibt Sie noch, die Mitarbeiter*innen oder Führungskräfte, die ihr ganzes Wissen nur für sich in handgeschriebenen Notizbüchern oder geschützten Dateien dokumentieren. Sie gelten als Know-how-Träger und Senior Fachexpert*innen, die alle bewundern, sind im Unternehmen anerkannt, nahezu unersetzlich und beziehen ihren persönlichen Stellenwert daraus.

In der hybriden Arbeitswelt wird dieses Verhalten nicht mehr funktionieren. Die Erfahrungen der Menschen, die in einem Unternehmen arbeiten, machen den eigentlichen Geschäftswert aus. Eine Kultur gemäß dem Motto »Wissen teilen macht erfolgreich«, stellt sicher, dass Mitarbeiter*innen in Echtzeit und vollständig auf die notwendigen Informationen und das Wissen der Organisation zugreifen können, wann immer Bedarf besteht. Vorbei ist die Zeit der Wissenshelden, an deren Schreibtischen die Kolleg*innen in langen Schlangen stehen, um ihre Fragen zu klären. Transparenz und Kooperation wird von allen gelebt.

Auch die Bereitschaft zum Lernen unter der Belegschaft des Unternehmens muss hier, in der hybriden Arbeitswelt, stark vorhanden sein. Das impliziert, dass Mitarbeiter*innen eine »Holschuld« haben, sich die Informationen zu beschaffen, um sich auf den aktuellen Stand zu bringen, und das Lernen als kontinuierlichen Prozess akzeptieren. Es ist eine Grundhaltung. Sie nutzen dafür persönliche Netzwerke, um gemeinsam mit anderen zu lernen.

Warum ist das in der hybriden Arbeitswelt wichtig?
Stellen Sie sich vor, Sie führen ein hybrides Team, in dem drei Mitarbeiter*innen mit Ihnen heute im Büro anwesend sind, alle anderen arbeiten remote außerorts. Bisher haben Sie einen gemeinsamen Teamaustausch im Büro genutzt, bei dem alle räumlich anwesend waren, um alle wesentlichen Informationen an die Mitarbeiter*innen weiterzugeben. Wenn es zwischendurch Fragen gab oder jemand fachlichen Input benötigte, war der Weg zu Ihnen oder den Kollegen*innen kurz. Schließlich saßen ja alle nah beieinander oder es wurde schnell zum Telefonhörer gegriffen. In der hybriden Arbeitssituation Ihres Teams ist dies nicht mehr ohne weiteres möglich. Zum einen können die Anwesenheiten und Arbeitszeiten stärker variieren, zum anderen ist es aus dem Home-Office schwieriger, mal eben schnell die Kolleg*innen zu fragen, um an die benötigten Informationen zu kommen. Sie stehen nun vor der Herausforderung, neue Wege zu entwickeln, um einen regelmäßigen Zugang zu Informationen und Wissen für alle und zeitunabhängig sicherzustellen.

Mit der plötzlichen Home-Office-Situation durch die Corona-Pandemie wurde uns das allen schlagartig deutlich. Eine funktionierende Zusammenarbeit in der Organisation und den Teams ist nur dann möglich, wenn alle jederzeit und ortsunabhängig Zugriff auf die Informationen und das Wissen haben bzw. es bereitwillig teilen. Wissen wird sich dadurch vergrößern und auch den Unternehmenserfolg multiplizieren.

Wofür müssen Sie dabei als Führungskraft künftig sorgen?
Dazu machen wir einen kurzen Ausflug in das Feld des Neuroleaderships und betrachten die wesentlichen neurobiologischen Grundbedürfnisse eines Menschen. Das liefert uns Antworten, wie Sie die Bereitschaft Ihrer Mitarbeiter*innen zum Teilen von Wissen anregen und die Lernbereitschaft steigern können. Der Mitbegründer des Neuroleaderships David Rock verband die Ansätze der Neurowissenschaften mit der Mitarbeiterführung. »*Neuroleadership bezeichnet die Anwendung neurowissenschaftlicher Erkenntnisse und Methoden für die Mitarbeiterführung und die Gestaltung einer entsprechenden Arbeitsumwelt.*« (vgl. Ghadiri, 2018).

Daraus resultierend hat David Rock in einer mehr als dreijährigen Befragung von Neurowissenschaftlern 2008 ein Modell entwickelt, das unter dem englischen Akronym SCARF bekannt ist und ein wesentlicher Kern des Neuroleaderships ist. SCARF steht für die Begriffe:

- **S**tatus (Status)
  die persönliche Stellung und der soziale Status gegenüber anderen
- **C**ertainty (Sicherheit)
  die Vorhersagbarkeit der Zukunft
- **A**utonomy (Autonomie)
  Beeinflussung und Möglichkeiten der Mitgestaltung des Umfelds
- **R**elatedness (Beziehungen zu anderen)
  die Zugehörigkeit zu Gruppen
- **F**airness (Gerechtigkeit)
  Gerechtigkeit zum Beispiel in einem fairen Wissensaustausch

Das Modell beschreibt, dass diese fünf Grundbedürfnisse in der Zusammenarbeit zu einer persönlichen Aufwertung und Belohnung führen, wenn sie verstärkt werden. Das wiederum erhöht die eigene Lern- und Kollaborationsbereitschaft. Werden sie eher abgewertet, empfinden Menschen Stress, fühlen sich bedroht und gehen in Widerstand (vgl. Rock, 2011).

Das SCARF-Modell

Abb. 19: Das SCARF-Modell (vgl. Rock, 2011)

Beachten Sie diesen Wirkmechanismus in Ihrem Führungsverhalten. Indem Sie für den Erhalt bzw. die Steigerung dieser fünf Faktoren sorgen, schaffen Sie einen guten Nährboden für die Motivation Ihrer Mitarbeiter*innen, in einen regen Informations- und Wissensaustausch zu treten.

Deshalb ist Ihre persönliche Haltung »Wissen teilen ist Macht« wichtig. Durch aktives Vorleben dieser Haltung und der Schaffung von Anreizen, so dass Wissen gerne geteilt wird, können Sie auch in Ihrem Team ein Umdenken bewirken. Zeigen Sie jedem einzelnen Teammitglied auf, welchen persönlichen Nutzen er oder sie davon hat, Wissen zu teilen. Ein persönlicher Nutzen könnte zum Beispiel sein, dass dadurch ein persönlicher Beitrag zu einer erfolgreicheren Organisation geleistet wird. Aber auch Ihre Anerkennung und Wertschätzung führen dazu, dass Informationen und Wissen weitergegeben werden. Heben Sie die dadurch entstandene Verbesserung der Zusammenarbeit hervor oder berichten Sie im Team, welche Informationen von anderen Ihnen besonders bei einer Problemlösung geholfen haben, da Sie dadurch das Rad nicht neu erfinden muss-ten. Sparen Sie nicht mit Feedback in beide Richtungen. Wenn Sie wahrnehmen, dass Ihre Mitarbeiter*innen mehr Austausch pflegen, zeigen Sie Ihre Anerkennung. Beobach-ten Sie, dass Wissen nur zögerlich geteilt wird, geben Sie auch dazu eine Rückmeldung und bieten Sie Ihre Unterstützung bei der Umsetzung von mehr Wissenstransfer an.

Eine weitere Verantwortung Ihrerseits ist, hierfür den organisatorischen Rahmen zu schaffen, der den Zugriff aller auf transparente und stets verfügbare Informationen er-möglicht. Dabei entwickeln Sie gemeinsam mit Ihrem Team eine Roadmap, in der Sie festlegen, welche Tools zur einheitlichen Dokumentation genutzt werden und nach welchen Kriterien dokumentiert wird.

Auch in der Förderung des Wissensaustauschs durch Formate, die es allen ermögli-chen, angstfrei und selbstorganisiert ihr Wissen zu teilen, liegt Ihre Verantwortung. Dabei hat sich in immer mehr deutschen Unternehmen wie Bosch, Bayer, Daimler oder Deutsche Bank die Methode des WOL-Konzeptes (WOL = Working Out Loud) nach John Stepper bewährt (vgl. Stepper, 2020). Hierbei geht es um ein Format, um in kleinen Peergruppen selbstgesteuert miteinander und voneinander in einem Zeitraum von zwölf Wochen zu lernen. Die Anleitung zu diesen WOL-Zirkeln stellt John Stepper auf seiner Website www.Workingoutloud.com kostenlos zur Verfügung. Durch das Lernen in kleinen Gruppen wächst das Vertrauen und die Beziehungsebene wird gestärkt, was sich positiv auf die Zusammenarbeit und das Miteinander auswirkt. Außerdem multiplizieren die Teilnehmer*innen ihr Wissen, vergrößern und intensivieren ihr Netzwerk und haben mehr Zugang zu anderen Menschen, die ihnen helfen können. Unsere Erfahrung ist, dass diese WOL-Circle auch gut geeignet sind, um effizienter in der Zusammenarbeit zu werden und das Gefühl der Wirksamkeit jedes Einzelnen zu stärken. Gerade in sehr hierarchischen Unternehmensstrukturen ist dieser Ansatz ein wirksames Mittel, um verkrustete Strukturen aufzubrechen, eine Netzwerkkultur zu fördern und so auch erfolgreich zur Weiterentwicklung des Unternehmens beizutragen.

Der Zugang zu Informationen und Wissen ist auch über die Nutzung der sozialen Medien und Netzwerke zu erreichen. Führungskräfte selbst müssen hier deutlich stärker in Netzwerken agieren. Die Fähigkeit, soziale Netzwerke zu knüpfen, ist nicht jedem in die Wiege gelegt. Dennoch kann jede Führungskraft die Bühnen ihres Auftritts wählen und bestimmen, durch welche Beiträge sie Wissen teilt. Gerade Social Media bietet hier sowohl für extrovertierte als auch introvertierte Menschen die geeigneten Kanäle. Damit wird der Blick über den Teller-rand geschärft und die eigene Sichtbarkeit erhöht. Netzwerke sind eine beachtliche Quelle wertvoller Informationen. Deshalb sollten Sie als Führungskraft Networking vorleben und Raum dafür innerhalb und außerhalb der Organisation geben bzw. dazu ermutigen.

Fazit   !

Der Zugang aller zu den notwendigen organisationalen Informationen in der hybriden Arbeitswelt ist eine wesentliche Bedingung für die reibungslose Zusammenarbeit der Teammitglieder. Deshalb sind Sie als Führungskraft gefordert, die Rahmenbedingungen zu schaffen, damit
der Zugang zeit- und ortsunabhängig möglich ist. Auch das bereitwillige Teilen von Wissen der
Mitarbeiter*innen untereinander ist erforderlich, um als Team gemeinsam Probleme zu lösen
und Innovationen voranzutreiben. Als Führungskraft haben Sie dabei, neben Ihrer Vorbildrolle, mit gutem Beispiel voranzugehen, auch die Aufgabe, einen konstruktiven Prozess der
Wissensteilung im Team zu begleiten.

Veränderung	Effekt	Aufgabe als Füh-rungskraft	Kompetenz
Informationen und Wissen werden geteilt	Wissen und Informa-tionen sind im Inter-net und Netzwerken verfügbar	Transparenz schaffen	Communication

Tab. 26: Informationen und Wissensteilung managen

3.5   Zielvereinbarung und Beurteilung neu denken

Ein wesentliches und weit verbreitetes Führungsinstrument ist derzeit das Zielver-
einbarungs- und Beurteilungsgespräch. Hierbei nutzt die Führungskraft das Ein-
zelgespräch mit den Mitarbeiter*innen, um die individuellen Leistungsziele in der
Fachaufgabe über einen bestimmten Zeitraum (meistens im Abstand von einem Jahr)
zu vereinbaren. Im Beurteilungsgespräch wird dann bewertet, inwieweit das Verhalten der jeweiligen Mitarbeiter*in zum Erreichen der vorher definierten Ziele stimmig
ist. Jeder erhält so ein differenziertes Feedback zu seiner Leistung und seinem Verhalten. Zumindest sollte es so sein. Wir erleben leider in der Praxis noch, dass Feedback-
gespräche mit Mitarbeiter*innen nur sporadisch oder statt im Dialog eher als Monolog
der Führungskraft geführt werden.

Das Ziel dieser Gespräche ist also, Anerkennung für das Verhalten und die situative
Leistung auszusprechen und konstruktive Kritik mit dem Wunsch zur Weiterentwicklung der feedbackerhaltenen Person zu äußern. Die daraus resultierenden Maßnahmen bilden wiederum die Basis für neue individuelle Zielvereinbarungen des
kommenden Beurteilungszeitraumes.

Doch wird dieses Prozedere in der hybriden Arbeitswelt noch erfolgreich sein, um Mitarbeiter*innen bei der Verhaltensentwicklung vollumfänglich zu unterstützen? Wir
bezweifeln dies. Ein geeignetes Setting dafür ist unseres Erachtens mehr die Etablierung eines kontinuierlichen konstruktiven Feedbackprozesses, in den nicht nur Sie als

Führungskraft, sondern auch die Mitarbeiter*innen aus Ihrem Team mit eingebunden sind. Doch wie kann Ihnen das gut gelingen? Sicher ist es nicht möglich, so einen kontinuierlichen Feedbackprozess zu verordnen. Damit ein permanenter Abgleich zwischen dem eigenen Selbst- und dem Fremdbild anderer erfolgen kann, braucht es einheitliche Werte in Ihrem Team, die zeigen, wie sich alle – inklusive Ihnen – im Umgang mit anderen verhalten wollen. Diese wertebasierte Orientierung dient neben der notwendigen Offenheit für Feedback und wachsendem Vertrauen im Team als Basis, dass Feedback wirklich auch angewendet wird. Das Resultat daraus ist dann letztendlich die Förderung der Zusammenarbeit und das zunehmende Verständnis untereinander.

Wir machen mit folgenden Etablierungsschritten eines Feedbackprozesses gute Erfahrungen in unserer Begleitung von Führungskräften und deren Teams:

Schritt 1: Fangen Sie bei sich selbst an!
Zunächst brauchen Sie eine positive Haltung zum Feedback. Ihnen sollte klar sein, welchen Nutzen Sie selbst aus Rückmeldungen zu Ihrem Verhalten von anderen ziehen können. Ein Mehrwert für Sie könnte beispielsweise sein, zu erfahren, welche Wirkung Ihr Verhalten auf andere hat, und Ihnen Hinweise auf Angewohnheiten geben, die Sie unbewusst praktizieren. So gleichen Sie Ihr Selbstbild, Ihre Stärkeneinschätzung und blinde Flecken durch das Fremdbild anderer ab, wissen, was Ihnen gut gelingt, und identifizieren Ihre möglichen Entwicklungsfelder. Da Feedback meist kein Selbstläufer ist, fordern Sie es aktiv und regelmäßig von Mitarbeiter*innen, Kolleg*innen, Vorgesetzten oder anderen wichtigen Schlüsselpersonen ein.

Lernen Sie, richtig Feedback zu geben, damit es nicht als Bevormundung oder Angriff wirkt. Hier ist Ihre Haltung wichtig, aus der heraus Sie das Feedback geben: Akzeptanz, Liebe und Verbundenheit. Mit einer achtsamen, fürsorglichen Gesprächsführung des Feedback-Gebens helfen Sie dem anderen, sich selbst ehrlicher zu sehen. Beginnen Sie deshalb diese Feedbacks mit einer kurzen persönlichen Einstimmung oder einem Ritual, das Ihnen hilft, in diese positive Haltung zu kommen.

Es gibt in der Literatur viele Ratgeber, die zeigen, wie Sie Feedback angemessen geben. Wir empfehlen die praxiserprobte **Drei-W-Regel**, die in der folgenden Abbildung dargestellt ist.

Feedback geben nach der Drei-W-Regel

1. Wahrnehmung	2. Wirkung	3. Wunsch
Schilderung der Beobachtungen, keine Bewertung, möglichst objektive Beschreibung der Fakten	Erläuterung der Auswirkungen des Verhaltens auf die eigene Person oder andere, auf die Leistung	Wunsch/Erwartungen äußern; zukunftsgerichtet, lösungsorientiert, Vereinbarungen treffen
»Mir ist aufgefallen, dass Du in den letzten drei Teamrunden mindestens 10 Minuten zu spät gewesen bist.«	*»Das finde ich sehr schade, da ich Deine Beiträge in den Teamrunden als sehr konstruktiv empfinde und Deinen positiven Einfluss auf die Kolleg*innen schätze.«*	*»Ich bitte Dich, zukünftig Deine Termine so einzurichten, dass Du von Anfang an dabei bist. Können wir uns darauf einigen?«*

Abb. 20: Feedback nach der Drei-W-Regel

Schritt 2: Machen Sie Ihr Team mit den Feedbackregeln vertraut und üben Sie das Feedback-Geben

Auch Ihr Team hat einen positiven Nutzen, wenn ein regelmäßiger Feedbackprozess gelebt wird. Das gegenseitige Verständnis wird gestärkt, die persönliche Leistung jedes Einzelnen kontinuierlich verbessert und das Vertrauen in die Zusammenarbeit wächst. Damit Feedback als konstruktiv und auf Augenhöhe gegeben wird, braucht es Übung im Umgang damit. Hier können Sie Ihrem Team das notwendige Methodenhandwerkszeug (vgl. Abb. 20) an die Hand und Raum zum Einüben geben.

Schritt 3: Schaffen Sie regelmäßige Zeitfenster für offene kollektive Feedbackrunden

Dieser Schritt erfordert mehr Reife im Team und wird sicherlich am Anfang noch sehr vorsichtig und zaghaft verlaufen. Doch wenn Ihr Team die Wachstumsmöglichkeiten und die Bedeutung einer guten Zusammenarbeit für die Zielerreichung erkennt, wird es anfangen, diesen Feedbackprozess als Bereicherung wertzuschätzen. In Ihrer Rolle als Prozessbegleiter sollten Sie Moderator dieser Feedbackrunden sein und auch aktiv vom Team Feedback einfordern. Im Workhack 30 (Kapitel 5.4.3) finden Sie einen Vorschlag zur Praxisumsetzung.

Fazit

In der hybriden Arbeitswelt ist die periodische, individuelle Zielvereinbarung und Leistungsbeurteilung des einzelnen Teammitglieds durch die Führungskraft weniger im Fokus. Es ist für die stärker ausgerichtete selbstverantwortliche Zusammenarbeit des Teams vorteilhaft, einen kontinuierlichen Feedbackprozess zu etablieren. Somit tauschen sich alle Mitarbeiter*innen des Teams über die gemeinsamen Ziele und den individuellen persönlichen Beitrag jeder Person dafür aus. Im Fokus steht die Qualität der erreichten Ergebnisse, die Zusammenarbeit im Team und das Verhalten für- und miteinander.

Veränderung	Effekt	Aufgabe als Füh-rungskraft	Kompetenz
Zusammenarbeit auf Distanz erfordert Selbstorganisation des Teams	Teamziele und regel-mäßiges Feedback bieten den Orientie-rungsrahmen	MA unterstützen	Empowerment

Tab. 27: Zielvereinbarung und Mitarbeiterbeurteilung neu denken

3.6   Fehler und Konflikte als Chance nutzen

Der Umgang mit Fehlern und Konflikten ist ein weiterer Bereich, der künftig im Umgang mit hybriden Teams ein anderes Führungsverhalten erfordert. Werfen wir zunächst einen Blick auf die Fehlerkultur.

In den meisten Unternehmenskulturen herrscht noch immer ein destruktiver Umgang mit Fehlern vor. Fehler werden ungern gesehen und auch entsprechend sanktioniert. Durch feste Regeln sollen Fehler möglichst vermieden werden. Führungskräfte sind dafür zuständig, die Einhaltung dieser Regeln zu kontrollieren und bei Verstoß abzustrafen. Deshalb werden Fehler gerne verschwiegen, denn die Angst vor Ausgrenzung ist vorherrschend. Es hagelt Kritik und der oder die Schuldige wird gerne an den Pranger gestellt. Man glaubt, dass damit künftig Fehler vermieden werden und sich Leistung und Arbeitsergebnisse so steigern lassen. Doch in der Praxis bewährt sich dieser Umgang mit Fehlern nicht. Denn mit der Angst im Kopf, Fehler zu machen, steigt die Arbeitsleistung nicht. Menschen verhalten sich eher angepasst und zurückhaltend, was eher dazu führt, dass Kreativität, Experimentierfreude, Engagement und Produktivität sinken.

Spätestens mit dem Übergang in eine hybride Arbeitswelt ist die seit Jahren proklamierte Schaffung einer positiven Fehlerkultur in Unternehmen absolut notwendig. Was bedeutet positive Fehlerkultur? Hierbei geht es nicht darum, Fehler zu ignorieren, zu beschönigen oder geringere Arbeitsqualität abzuliefern. Es geht darum, dass Führungskräfte, statt wegzuschauen, einen konstruktiven Umgang mit Fehlern pflegen. Sie tragen Sorge dafür, dass Prozesse etabliert werden, die ein Lernen aus Fehlern ermöglichen. Denn in Fehlern steckt die Chance, Verbesserungspotenziale zu identifizieren und sie zu nutzen.

In Ihrer Führungsrolle konzentrieren Sie sich darauf, eine umfangreiche Fehleranalyse zu betreiben. Hierbei geht es nicht darum, wer den Fehler gemacht hat, sondern um die Fragestellung, wodurch der Fehler auftreten konnte, wie wahrscheinlich er wieder passieren wird, was daraus gelernt werden kann und was wir dafür tun können, um diesen Fehler künftig zu verhindern.

Doch was so einfach klingt, gestaltet sich in der Praxis eher schwierig. Oftmals wird eine positive Fehlerkultur ausgerufen, wirklich gelebt wird sie aber in vielen Unternehmen nicht.

Woran liegt das? Auch hier spielen wieder das Mindset und der eigene Umgang mit dem Scheitern eine entscheidende Rolle. Denken Sie eher, Fehler gilt es zu vermeiden, oder halten Sie Fehler für eine Lernchance? Fehler zu machen gilt weit verbreitet als Zeichen der Schwäche. In unserer leistungsorientierten Gesellschaft führt das Scheitern zu einem Angriff auf das eigene Selbstwertgefühl. Und deshalb ist es auch so schwer zu ertragen, Fehler zu machen (vgl. Hallinan, 2009).

»Gerade in individualistisch orientierten Gesellschaften stellt Scheitern eine Bedrohung des Selbstwertes dar. Je mehr Leistung zum Kriterium für die soziale Rolle und das Selbstbild wird, desto gravierender ist ein Versagen«, sagt Olaf Morgenroth, Professor für Gesundheitspsychologie an der Medical School Hamburg mit dem Forschungsschwerpunkt »Umgang mit Fehlern und Misserfolgen« (vgl. Schlaepfer, Welz, 2017, S. 46).

Neben Ihrer persönlichen Einstellung spielt außerdem Ihr Verhalten gegenüber Ihren Mitarbeiter*innen im Umgang mit Fehlern eine wesentliche Rolle für die Gestaltung einer positiven Fehlerkultur im Unternehmen. Wenn Mitarbeiter*innen Angst haben müssen, Fehler zu machen, weil dies von Vorgesetzten sanktioniert und bestraft wird, ist kein konstruktiver Umgang mit Fehlern erlebbar. Studien zeigen, je negativer emotionale Reaktionen von Führungskräften ausfallen, desto negativer der Einfluss auf die Mitarbeiter*innen (vgl. Lewis, 2000). Reagieren Führungskräfte auf Fehler mit Verärgerung, Drohungen oder Wutausbrüchen, tendieren Mitarbeiter*innen zu geringer Risikobereitschaft und engagieren sich weniger.

»Wenn in Unternehmen ein positiver sozialer Humor vorherrscht, also die Fähigkeit besteht, über Dinge zu lachen, auch wenn sie misslungen sind, und darüber zu reden sowie nach besseren Lösungen zu suchen, gehen Menschen im Interesse des Unternehmens auch mal ein Risiko ein, statt einer Kultur des Absicherns zu pflegen«, sagt Dr. Tabea Scheel, wissenschaftliche Mitarbeiterin am LMU Center for Leadership and People der Ludwig-Maximilians-Universität München und Humorforscherin (Kutzscher, 2018).

Machen Sie sich klar, dass Ihr konstruktiver Umgang mit Fehlern Chancen zum Lernen eröffnet und Sie und Ihr Team daran wachsen werden. Das kreative Potenzial zur Lösungsfindung steigt und persönliche Weiterentwicklung wird ermöglicht. Aus dieser Perspektive geht es um die Entwicklung einer Lernkultur in Ihrem Team.

Konfliktmanagement in der hybriden Arbeitswelt

Neben einem anderen Umgang mit Fehlern ist auch das Konfliktmanagement in der hybriden Arbeitswelt von zentraler Bedeutung. Wir beziehen uns hier auf die Beziehungs-, Rollen- und Verteilungskonflikte, die in Teams vorherrschen können.

Bisher sollten feste Regeln und Vereinbarungen dafür sorgen, dass Konflikte in Teams möglichst wenig Raum hatten und Reibungsverluste durch unterschiedliche Persönlichkeiten, Arbeitsweisen und Meinungen minimiert werden. Die Führungskraft war die Kontrollinstanz und achtete auf die Einhaltung dieser Regeln. Nichtbeachtung durch die Mitarbeiter*innen wurde ebenso sanktioniert oder es wurde weggeschaut und geschwiegen. So schwelten oft Konflikte lange vor sich hin, bis irgendwann das Fass zum Überlaufen kam. Die sozialen Reibungsverluste, die durch schwelende oder ungelöste Konflikte entstehen, können durch ein konstruktives Konfliktmanagement stärker vermieden werden. Konkret bedeutet dies, dass Sie in Ihrem hybrid arbeitenden Team eine große Aufmerksamkeit auf Konflikte legen sollten. Ihre Aufgabe dabei ist es, feste Rituale zu etablieren, die dem Team ein regelmäßiges konstruktives Reflektieren ermöglichen, um so Konflikte frühzeitig zu bereinigen. Sie übernehmen die Rolle des Moderators und Ermutigers, Unangenehmes angstfrei anzusprechen. Mit Ihrer Haltung, dass konstruktive Konfliktlösung Potenzial für Verbesserungen und neue Chancen bietet, mehr Kreativität freisetzt und die Stimmung im Team verbessert, tragen Sie zu mehr psychologischer Sicherheit für Ihre Mitarbeiter*innen bei.

Helfen Sie als Führungskraft Ihrem Team, persönliche Konfliktfähigkeit zu entwickeln. Hier eignet sich das Setting einer regelmäßigen Retrospektive (vgl. Workhack 21 in Kapitel 5.3.3). Vereinbaren Sie mit Ihrem Team gemeinsame Vereinbarungen, um in der hybriden Zusammenarbeit Konflikte frühzeitig zu thematisieren. Solche »working agreements« können zum Beispiel sein, dass …

- jeder Eigenverantwortung übernimmt, schwierige Themen anzusprechen,
- bei wichtigen Entscheidungen jeder seine Meinung sagen muss, bevor die Entscheidung getroffen wird,
- Konflikte frühzeitig angesprochen werden,
- in jedem Meeting eine Stimmungsabfrage zur Zusammenarbeit stattfindet,
- regelmäßig Retrospektiven durchgeführt werden, um die Zusammenarbeit zu reflektieren.

!   **Fazit**

Während es bisher weit verbreitet war, Fehler und Konflikte durch Regelwerke und Sanktionen in den Griff zu bekommen, wird das Führungsverhalten in der hybriden Arbeitswelt durch einen sehr konstruktiven Umgang mit dieser Thematik entscheidend sein. Es braucht die Entwicklung einer Lernkultur. Führungskräfte haben dabei die Rolle des Moderators inne. Sie unterstützen und schaffen geeignete Rahmenbedingungen für konstruktives Lernen und lösungsorientierte Prozesse zur Konfliktklärung. Die Ergebnisse sind transparent und für alle sichtbar.

Veränderung	Effekt	Aufgabe als Führungskraft	Kompetenz
Fehler und Konflikte zeigen Veränderungspotenzial auf	Fehler sind eine Lernchance; durch Konflikte werden Reibungsverluste in der Zusammenarbeit sichtbar	Konflikte managen	Relationship

Tab. 28: Fehler und Konflikte als Chance nutzen

3.7   Veränderungskompetenz steigern

Wir haben uns bereits ausführlich mit der Dynamik der Veränderungen der VUCA-Welt beschäftigt (vgl. Kapitel 1.2). Effizienz und Optimierung treten stärker zugunsten von Innovationen und Wachstum zurück. Die Art und Weise der Zusammenarbeit verändert sich in der Organisation. Es geht langfristig darum, die Entwicklungsfähigkeit der Organisation zu erhalten und den Unternehmenserfolg zu steigern, um am Markt zu überleben. Daraus ergibt sich auch die Notwendigkeit zur Entwicklung eines anderen Führungsverhaltens im Umgang mit Veränderungen.

Bisher wurde versucht, die Komplexität der Arbeit durch gezielte Planung von Veränderungen stufenweise umzusetzen. Alles wurde auf einen einfachen Ursache-Wirkung-Prozess reduziert. Die Führungskraft steuerte dabei den Umsetzungsprozess durch Kontrolle und Feedback anhand der Vorgaben. Am Ende entstand ein neues Gleichgewicht der Standardisierung und die Veränderung war abgeschlossen.

Heute, im 21. Jahrhundert der Arbeitswelt, reicht das nicht mehr. Zum einen ist die Welt deutlich komplexer und unberechenbarer geworden, zum anderen finden Veränderungen dauernd statt und überlappen sich. Permanente Veränderung und Unsicherheit gehören zum Alltag der neuen Arbeitswelt. Das müssen wir akzeptieren. Die hybride Arbeitsweise von Teams trägt ebenfalls zur Erhöhung der Komplexität bei. Führung mit Kontrolle und Ansagen greift hier nicht mehr. Stattdessen benötigen Sie neben der notwendigen positiven Einstellung zu Veränderungen im Rahmen eines agilen Mindsets ein Bewusstsein, dass Sie durch Ihr Handeln entsprechende Wechselwirkungen auf Ihr Team auslösen. Regen Sie Reflexionsprozesse an, denken Ihre Mitarbeiter*innen nach. Stellen Sie die richtigen Fragen, statt Lösungen vorzugeben, entwickelt Ihr Team die Lösungen selbstständiger. Verfallen Sie wieder in Ihre alte Führungsrolle des Anweisens, kehrt Ihr Team wieder in ein angepasstes Verhalten zurück. Das heißt, Ihre Handlungen sind Impulsgeber für die Veränderungsbereitschaft in Ihrem Team.

Die Führungskraft als Changebegleiter in der hybriden Arbeitswelt
Veränderungsbereitschaft lässt sich natürlich nicht anordnen. Es braucht dazu auch die Bereitschaft jeder einzelnen Person. Als Führungskraft können Sie allerdings durch die Nutzung einiger Verhaltensmechanismen einen Rahmen bieten, der zu Veränderung einlädt.

Wenn wir uns selbst betrachten, verfolgen wir am motiviertesten die Veränderungen, die wir selbst initiiert haben und die wir wirklich wollen. Dahinter stehen unterschiedliche Motive und Bedürfnisse, die wir uns mit diesem Veränderungsvorhaben erfüllen. Auch jedes Teammitglied hat persönliche Motivatoren für Veränderungen, wenn diese als sinnvoll empfunden und mit einem persönlichen Nutzen verbunden sind. Deshalb lohnt es sich auch, die intrinsischen Motivatoren bzw. Demotivatoren Ihrer Mitarbeiter*innen zu kennen und im Blick zu haben. Intrinsische Motivatoren können zum Beispiel Freiheit, Zugehörigkeit, Status oder Neugier und Wissbegierde sein.

Ein weiterer Mechanismus, den Sie nutzen können, ist die Gemengelage des Verhaltens in Ihrem Team, wenn es um die Einführung neuer Ideen geht. Betrachten wir die nachfolgende Abbildung der Innovationskurve von Everett Rogers (vgl. Rogers, 2003), dann wird deutlich, dass Neuerungen von bestimmten Menschentypen, den Innovatoren und Early Adopters, besonders unterstützt werden. Wirkliche Durchsetzungskraft von Veränderungen entsteht aber erst, wenn Sie auch die Pragmatiker und später die Konservativen für die Veränderungen gewinnen. Wenig Akzeptanz für Innovationen gibt es bei den Skeptikern. Sie stehen Neuerungen immer kritisch gegenüber und akzeptieren diese erst, wenn es eine deutliche Mehrheit dafür gibt oder die Innovation Mainstream geworden ist.

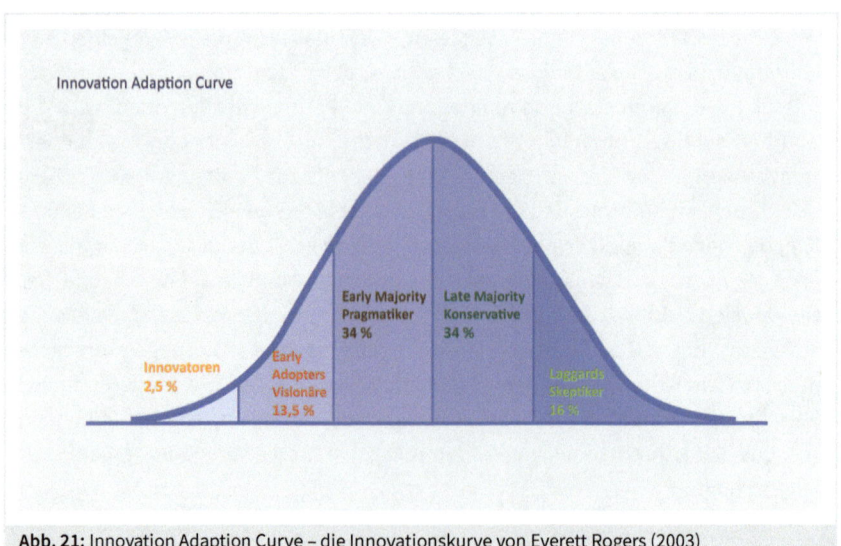

Abb. 21: Innovation Adaption Curve – die Innovationskurve von Everett Rogers (2003)

Als Führungskraft in der hybriden Arbeitswelt heißt das, die Energie der Menschen in Ihrem Team zu nutzen, die Lust darauf haben, etwas Neues auszuprobieren. Sie sind neugierig und lieben Innovationen. Als Multiplikatoren sprechen sie gerne über die Neuerungen und haben damit einen positiven Einfluss auf die noch Unentschlossenen und Zögerlichen. Konzentrieren Sie sich in Ihrer Führungsrolle mehr auf diese Teammitglieder, statt auf die Skeptiker, indem Sie Raum für Kreativität und Innovationen schaffen.

Sorgen Sie für einen regelmäßigen Austausch von Ideen und lassen Sie diese auch kontrovers diskutieren. Machen Sie immer wieder Retrospektiven, in denen die Mitarbeiter*innen die Zusammenarbeit und die Arbeitsweise reflektieren. Daraus entstehen oft Ideen, was zum Besseren verändert werden kann, und Sie ermutigen so Ihr Team selbst, Neues zu entwickeln.

Fazit   !

War bisher die Optimierung und Effizienz von Prozessen in den Unternehmen die Changemanagementaufgabe der Führungskraft, so liegt in der hybriden Arbeitswelt der Fokus auf Wachstum und Innovation. Dazu ermutigt die Führungskraft als Changebegleiter zur aktiven Veränderungsbereitschaft und schafft Raum für Kreativität zur Entwicklung neuer Ideen und Verhaltensweisen, um die Zusammenarbeit im Team kontinuierlich an die Erfordernisse anzupassen.

Veränderung	Effekt	Aufgabe als Führungskraft	Kompetenz
Innovation und Wachstum	innovative Ideenentwicklung und aktive Veränderungsbereitschaft der MA sind erforderlich	MA entwickeln MA unterstützen	Empowerment

Tab. 29: Veränderungskompetenz steigern

3.8   Job Happiness umsetzen

Die hybride Arbeitswelt verlangt uns allen viel mehr Selbstmanagement ab. Denn das stärkere zeit- und ortsunabhängige Arbeiten führt dazu, dass wir unseren Tagesablauf und die Organisation unserer Arbeit selbst steuern müssen. Wir sind viel mehr in der Eigenverantwortung, unsere Leistungsfähigkeit zu erhalten, als wir das bisher waren. Wie kann das gelingen? Die Antwort, die wir uns darauf selbst geben können, lautet, das eigene Glücklichsein zu lernen und eine positive Lebenseinstellung zu entwickeln. Was erst einmal so »nice to have« klingt, hat einen ganz pragmatischen Hintergrund. Wenn wir uns mehr auf unsere innere Orientierung konzentrieren, fokussieren wir uns auf die Erfüllung unserer Lebensziele und die Talente, die uns ausmachen. Damit machen wir uns unabhängiger von der permanenten Beeinflussung durch das tägliche Geschehen im Außen. Im Ergebnis sind wir zielorientierter und unser Selbstbewusstsein wird stärker. Wir sind produktiver, agieren zufriedener und nehmen unser Glück aktiv in die Hand in einer Welt voller Unsicherheiten und permanenter Veränderung.

Die Unternehmen sollten in der hybriden Arbeitswelt die Mitarbeiter*innen als ganzheitliche Menschen, statt als Ressource der Arbeit betrachten. Das bedeutet, dass dem Wohlbefinden der Mitarbeiter*innen mehr Stellenwert eingeräumt wird. Dafür braucht es entsprechende Maßnahmen. Die bedürfnisorientierte Ausgestaltung des Workplaces, der Arbeitszeiten und der Aufgaben des Einzelnen, der wertschätzende Umgang im Team und die menschenorientierte Führungs- und Unternehmenskultur befördern dies und wirken sich letztlich positiv auf Leistungsbereitschaft und das Engagement der Mitarbeiter*innen aus. Das Vorhandensein von Lern- und Entwicklungsmöglichkeiten und die Nutzung der persönlichen Stärken im Job haben ebenfalls einen positiven Einfluss darauf und sollten deshalb stärker Berücksichtigung finden.

> **!** **Fazit**
>
> Wenn die Mitarbeiter*in als ganzheitlicher Mensch im Unternehmenskontext glücklicher wird, wird sie gerne mehr leisten. Dafür ist es wichtig, dass jede Mitarbeiter*in die eigene Energie aufbaut und auch andere dabei unterstützt. Als Führungskraft können Sie konkrete Maßnahmen etablieren, um Job Happiness im Unternehmen zu verankern. Mit herausragender Führung schaffen Sie, dass jede Ihrer Mitarbeiter*innen mehr Spaß im Job hat, diesen als bedeutsam und sinnvoll empfindet und dabei ihre eigenen Stärken einsetzen kann. Was es dafür in der Praxis braucht, darüber sprachen wir mit unserer nächsten Interviewpartnerin.

Veränderung	Effekt	Aufgabe als Führungskraft	Kompetenz
zunehmendes orts- und zeitunabhängiges Arbeiten	Selbststeuerung und Job Happiness des Einzelnen wird wichtig	MA entwickeln	Empowerment

Tab. 30: Job Happiness umsetzen

Interview mit Sarah Torkornoo

Sarah Torkornoo
Entrepreneurin und Host des Podcasts »Happiness in Business«
www.happiness-in-business.com

Was verstehst Du unter »Happiness in Business«?
Sarah Torkornoo: Betrachtet man die Bedürfnisse, nach denen Beschäftigte heute streben, dann sind das Kriterien wie sinngebende Arbeit, Selbstverwirklichung oder die Vereinbarung von Beruf und Privatleben. Deshalb sollten sich auch Unternehmen auf die Schaffung eines wertschätzenden Miteinanders fokussieren. Aus meiner Sicht achten Unternehmen zu sehr auf Zahlenziele und zu wenig auf individuelle menschliche Ziele. Denn mittlerweile ist auch wissenschaftlich nachgewiesen, dass glückliche Mitarbeiter wesentlich produktiver, erfolgreicher in ihrem Tun und kreativer sind. Natürlich ist auch jeder Einzelne für sein persönliches Glücksempfinden verantwortlich. Es heißt, ehrlich mit sich selbst zu sein, sich zu reflektieren und in sich hineinzuhorchen, um sein eigenes Glück zu hinterfragen damit man mittel- und langfristig zufrieden ist. Für mich gehören zu Happiness in Business deshalb auch die Themen Mindset, emotional agility, Resilienz, Dankbarkeit, Großzügigkeit und New Work dazu. Es ist das Handwerkszeug, Menschen dazu zu befähigen, ihr persönliches glückliches Leben zu entwickeln. Dabei geht es nicht darum, ein utopisches Hochgefühl zu entwickeln, sondern ein Leben zu designen, was mit den eigenen Werten, Motivatoren, Zielen übereinstimmt und einen tiefgründig glücklich macht.

Warum ist das wichtig?
Sarah Torkornoo: Unternehmen müssen zukünftig noch mehr das kreative Potenzial der Mitarbeiter fördern. Nur so können neue Innovationen entstehen. Das heißt aber auch, dass Menschen lernen müssen, mit Unsicherheit umzugehen und Fehler als Lernchance zu begreifen. In der Praxis wollen wir immer eine positive Fehlerkultur haben, aber im Grunde genommen keine wirkliche Fehlertoleranz. Und das beginnt schon im Umgang mit uns selbst. Wir streben nach Perfektion und haben Angst vorm Scheitern. Gerade auch Führungskräfte haben gelernt, Fehler zu vermeiden, haben deshalb eine geringe Fehlertoleranz und lassen oftmals kaum Emotionen zu, sich selbst und anderen gegenüber. Dabei wäre das so hilfreich, um menschliches Verhalten besser zu verstehen. Wir sind ja eher emotionsgesteuert. Und dies sollte mehr Platz in der Unternehmenskultur haben. Wenn mich beispielsweise jemand als cholerischen Chef bezeichnen würde, weil ich schnell aufbrausend reagiere, dann ist dies das Verhalten, das andere an mir beobachten können. Doch was ist die dahinterstehende Emotion? Oft wissen wir das gar nicht. Ist das Wut? Basiert das auf Scham oder Neid? Wenn wir das nicht verstehen oder analysieren, dann bleibe ich eben für andere der »cho-

lerische Chef«. Wenn ich mir aber die Mühe mache, meine Emotionen dahinter zu verstehen und zu benennen, dann kann ich mein Verhalten evaluieren und nach-vollziehen, was mich getriggert hat. Im nächsten Schritt kann ich das Gespräch suchen, mich bei meinem Mitarbeiter dafür entschuldigen, dass mein Verhalten nicht ok war, und um Verständnis für meine Emotion dahinter bitten. Wenn ich je-des Mal mein Verhalten analysiere, kann ich auch anfangen, Muster zu verändern. Wichtig zu wissen ist, dass die Emotion, die dahintersteckt – egal welche sie ist – völlig in Ordnung und menschlich ist. Anschreien als Verhalten jedoch nicht.

Es ist meines Erachtens wichtig, dass wir lernen, unser eigenes Glücksgefühl zu managen. Dabei kann ich meine Wahrnehmung reflektieren, meine Lebensziele entwickeln, die Beziehungen zu anderen pflegen und regelmäßig die eigenen Energiereserven auftanken. Das führt letztendlich zu einem glücklicheren Dasein und setzt kreative Potenziale und mehr Engagement frei.

Unternehmen können durch die Schaffung einer Happiness-orientierten Unter-nehmenskultur das Streben der Beschäftigten nach Erfüllung und Zufriedenheit im Arbeitsleben unterstützen. Das wirkt sich letztendlich auch auf die betriebs-wirtschaftlichen Ergebnisse aus.

Welche Verantwortung siehst Du bei den Führungskräften in der Arbeitswelt von morgen, um mehr von »Happiness in Business« zu etablieren?
Sarah Torkornoo: Führungskräfte haben die Verantwortung, hier beispielhaft vo-ranzuschreiten und emotionale Intelligenz oder Achtsamkeit vorzuleben, um so auch die Mitarbeiter dazu zu ermutigen. Ich glaube Führungskräfte sollten auch mehr Mut an den Tag legen, um unbequeme Dinge anzusprechen. Denn Happi-ness in Business ist nicht immer nur mit Positivem behaftet, sondern vielmehr geht es um eine gefühls- und werteorientierte Herangehensweise.

Führung darf künftig kein Schritt mehr auf der Karriereleiter sein, sondern soll-te eher in der Eignung der Person durch die entsprechende Sozialkompetenz bestehen. Ich kenne viele Menschen, die eine Führungsaufgabe übernommen haben, weil das die einzige Möglichkeit war, auf der Karriereleiter beruflich vor-anzukommen. Leider war ihre Motivation nur das Anstreben eines Titels für eine Position, der sie nicht gewachsen waren. Damit sind sie nicht nur für ihre Umge-bung eine Zumutung, sondern oft auch selbst überfordert und unglücklich.

Eine weitere Facette, die ich in Unternehmen beobachte, ist, dass Mitarbeitern an-geordnet wird, ab sofort mehr selbstorganisiert und eigenverantwortlich zu arbei-ten. Nur leider wurden den Mitarbeitern nicht die Skills mitgegeben, das zu können. Besonders die Generation der Babyboomer haben gelernt, sich über Leistung zu definieren. Das heißt, neben dem Vorleben müssen Führungskräfte ihre Mitarbeiter auch an die Hand nehmen und befähigen, selbstbestimmt zu lernen und sich weiterzuentwickeln in ihren Rollen, die sie im Team innehaben. Sie sollten den Veränderungsprozess Ihrer Mitarbeiter begleiten und sie ermutigen, sich aus der eigenen Komfortzone herauszubewegen. Das bedeutet, dass jeder Einzelne sich damit auseinandersetzen muss, welche Werte ihn antreiben, über welche Stärken und Talente er verfügt und welche Ziele er im Leben verfolgt. Außerdem ist die Bereitschaft zur Reflexion wichtig, um sich mit den eigenen blockierenden Glaubenssätzen und Emotionen in Veränderungen auseinanderzusetzen.

Denkst Du, dass die Komponente Mensch in den Unternehmen angekommen ist?
Sarah Torkornoo: Ich glaube, Deutschland ist da noch relativ weit hinten. Wir sind bekannt dafür, hier einfach nur unseren Job zu machen. Alles, was wir als Mensch noch in uns tragen, soll bitte an der Tür zurückbleiben. Es herrscht die Devise, wenn wir mehr Umsatz generieren wollen, müssen wir einfach noch mehr und härter arbeiten. Mittelfristig kann das noch so weiter gehen, aber langfristig werden die Unternehmen Probleme bekommen, wenn sie nicht agiler werden, denn die Zukunft der Arbeit wird meines Erachtens vor allem die innere Arbeit bedeuten.

Erste kleine Bestrebungen, andere Strukturen zu entwickeln, sind in deutschen Unternehmen schon zu erkennen, doch wichtig ist vor allem auch, dass die Beschäftigten anfangen, sich selbst mehr eigenverantwortlich zu organisieren. Letztendlich sollte jeder Mitarbeiter ein Intrapreneur werden. Dazu müssen die Leute lernen, autonomer zu agieren, während Führungskräfte lernen müssen, Kontrolle abzugeben. Auf die Softfacts zu achten, heißt, dass Menschen glücklicher mit ihrem Job sind und deshalb auch ihr volles Engagement bringen. Das Vorleben der Führungskräfte bis zur oberen Führungsebene ist wichtig, um langfristig eine »Happiness in Business Kultur« zu etablieren. Wenn Innovation und Kreativität in Unternehmen gefördert werden soll, führt der Weg über Achtsamkeit, Selfcare sowie einen werte- und stärkenorientierten Einsatz der Mitarbeiter.

4 NEW C.A.R.E. – Das Modell für hybride Führung

Die Arbeitgeber haben sich während der Corona-Pandemie das Vertrauen ihrer Beschäftigten verdient, die den Unternehmen unter dem Strich eine gute Arbeit bei der Bewältigung der Krisensituation attestierten. Dies ist das Ergebnis einer Umfrage der Adecco Group unter 8.000 Angestellten in acht Ländern, unter anderem in den USA, Japan und Deutschland (vgl. im Folgenden: Adecco, 2020, S. 17). Mit dem gewonnenen Vertrauen sind jedoch weitere Erwartungen der Beschäftigten verbunden. Sie sehen ihren Arbeitgeber in der Pflicht, das New Normal zu gestalten. 80 % sind der Überzeugung, dass ihr Arbeitgeber dafür verantwortlich sei, eine bessere Arbeitswelt nach Covid-19 zu gewährleisten.

Zu dem Gestaltungsauftrag gehört insbesondere auch, dass Sie als Führungskraft die für hybride Arbeitswelten typischen Spannungsfelder ausgleichen und auch Ihren eigenen Führungsstil sowie Ihr Rollenbild auf die Wirksamkeit hin überprüfen und gegebenenfalls anpassen. Unsere Workhacks in Kapitel 5 helfen Ihnen auch dabei.

Die Wissenschaft hat eine Vielzahl von »Drehbüchern« in Form von Führungsstilen und Rollenbildern hervorgebracht, die Ihnen als Orientierungshilfe dienen können. Denken Sie zum Beispiel an die Rolle des Vorbildes bei der transformationalen Führung oder des Dienstleisters im Rahmen des »Servant Leadership«. Ihr Repertoire an Führungsrollen wird wachsen müssen. Wenn wir im Rahmen des Buches auf den ein oder anderen Führungsstil Bezug nehmen, geschieht dies jedoch nicht in der Absicht, diesen Führungsstil als die »ultimative Lösung« propagieren zu wollen, sondern weil wir zum Beispiel auf einen speziellen Gedanken hinweisen oder eine besondere Herausforderung verdeutlichen möchten. Wir sehen es als Ihre Aufgabe, Ihren Führungsstil im Rahmen Ihres Führungsleitbildes zu definieren. Zwei Dinge gibt es für Sie zu bedenken: Erstens ist es entscheidend, dass Sie Ihren persönlichen Führungsstil entwickeln und leben. Wenn Sie nicht authentisch agieren, werden Sie weder erfolgreich noch glücklich sein. Zweitens sollten Sie berücksichtigen, dass ein Ad-hoc-Wechsel des Führungsstils die Leistung des Teams erheblich verschlechtern kann. Dies gilt insbesondere für Teams in hybriden Arbeitswelten, die in einem autoritären Kontext sozialisiert wurden und für die Eigenverantwortung ein Fremdwort ist (vgl. Gebhardt, Hofmann, Roehl, 2015, S. 14 – 15). Auch hier gilt die Empfehlung der vielen kleinen Schritte.

Diese Überforderung kann Sie als Führungskraft auch selbst treffen. Zum einen, weil Sie als Vertreter*in einer Führungskräftegeneration selbst in bestimmter Art und Weise sozialisiert sind. Es besteht die Gefahr, dass Sie als Führungskraft gefordert sind, den Wandel zum New Normal nach außen zu propagieren, obwohl Sie selbst innerlich davon nicht überzeugt sind. In diesem Moment verlieren Sie Ihre Authentizität und

Handlungsfähigkeit. Überprüfen Sie also auch Ihr Mindset und richten Sie es gegebenenfalls neu aus. Zum anderen besteht das Risiko, dass Ihr Mannschaftsschiff auseinanderbricht. Wenn Sie nur diejenigen Teammitglieder unterstützen, die dem neuen Führungsstil folgen, droht die Gefahr, diejenigen zu verlieren, die sich überfordert oder benachteiligt fühlen.

Wir verstehen Ihren Führungsauftrag als Ihre Verantwortung, Teams in das New Normal der hybriden Arbeitswelten zu führen, in denen Mitarbeiter*innen und Führungskräfte gemeinsam on-site und off-site arbeiten. Sie werden erfolgreich sein, wenn es Ihnen gelingt unterschiedliche Mindsets zu synchronisieren und Brücken zwischen analogen und digitalen Arbeitswelten zu bauen.

Im Rahmen dieser Führung ist es ebenfalls Ihre Verantwortung, das Ziel vorzugeben sowie die Mitarbeiter*innen zu befähigen, den Weg dorthin selbstständig zu erreichen und gleichzeitig aber auch die systemischen Grenzen zu ziehen, die einzuhalten sind, um das Ziel zu erreichen. Sie sollten sich allerdings darüber bewusst sein, dass die Grenzen von früher heute keine Gültigkeit mehr haben und daher neu gezogen werden müssen, um Ihre Führungsaufgabe effektiv erfüllen zu können. Im Folgenden erläutern wir vier Veränderungen in der Arbeitswelt, die eine neue Grenzziehung erfordern.

Erstens sind unternehmerische Aktivitäten nicht mehr, wie in der Vergangenheit, durch klare zeitliche und räumliche Grenzen gekennzeichnet. In unserer globalen und vernetzten Arbeitswelt lassen sich Unternehmen eher als offene Wertschöpfungsketten beschreiben, ohne starre unternehmensexterne Grenzen. So entstehen unternehmensübergreifende Netzwerke, die unterschiedliche Kompetenzen bündeln und den beteiligten Kooperationspartnern Win-win-Situationen ermöglichen. In diesen komplizierten Organisationsformen ist Führungsverantwortung stärker gesplittet und zwangsläufig mehrdeutig (vgl. Gebhardt, Hofmann, Roehl, 2015, S. 12).

Zweitens nimmt auch der Trend zu einer lateralen Arbeitsorganisation innerhalb der Unternehmen zu, d. h. verschiedene Einheiten in einem Unternehmen arbeiten projektbezogen zusammen, ohne dass die Teammitglieder an eine disziplinarische Führungskraft berichten. Im Rahmen dieser Matrixorganisation wird mehr projektbezogen und befristet sowie rein fachlich geführt (vgl. Geschwill, Nieswandt, 2016, S. 202).

Drittens verlieren die kompetenzbasierten Grenzen zwischen Führungs- und Mitarbeiterebene an Bedeutung. Das typische Rollenbild, nach dem die Führungskraft über eine umfangreichere fachliche Expertise verfügt als die von ihr geführten Mitarbeiter*innen, wird zunehmend in Frage gestellt (vgl. Gebhardt, Hofmann, Roehl, 2015, S. 12 u. 26). Dies kann die Folgebereitschaft reduzieren. Viele Führungskräfte müssen heute ihren Führungsanspruch zum ersten Mal gegenüber ihren Mitarbeiter*innen rechtfertigen und sich beweisen. Ihre Legitimation zur Führung ist befristet und speist sich mehr aus ihren sozialen, denn aus ihren fachlichen Kompetenzen. Eine Führungskraft definiert sich zukünftig mehr durch ihre positive Einstellung gegenüber Veränderung sowie ihre Motivation, die Zukunft gestalten zu wollen, als durch ihre Fachkompetenzen oder formale Position in hierarchischen Strukturen, die ihr Führungsrecht dokumentiert.

Viertens ist die hybride Arbeitswelt auch durch eine Entgrenzung von Privat- und Berufsleben gekennzeichnet (vgl. Gebhardt, Hofmann, Roehl, 2015, S. 31). In dieser Welt sind Mitarbeiter*innen frei in der Wahl des Arbeitsortes und fühlen sich faktisch frei in der Wahl der Arbeitszeiten. Führungskräfte stehen dabei vor der Herausforderung, dass ihnen ohne Präsenzpflicht in der Firma die unmittelbare Kontrolle ihrer Mitarbeiter*innen als ein wesentliches Steuerungsinstrument entzogen wird. Die Mitarbeiter*innen wiederum sind bei ihrer Arbeitsorganisation mehr auf sich allein gestellt und Eigenverantwortung ist gefragt. Wer damit überfordert ist, sieht sich zwei möglichen Gefahren gegenüber: entweder einer nachlassenden Produktivität oder einer persönlichen Überlastung durch Mehrarbeit mangels (Selbst-)Führung.

Als Essenz unserer bisherigen Ausführungen über die Trends und Spannungsfelder in der hybriden Arbeitswelt lassen sich die besonderen Herausforderungen für Führungskräfte wie folgt zusammenfassen:

1. Kommunikation in unserer digital vernetzten Arbeitswelt wird facettenreicher, schwieriger und noch wichtiger für ein gemeinsames Verständnis über die angestrebten Ziele und Wege.
2. Führung soll Orientierung in einem sich schnell wandelnden Umfeld geben. Wenn sich das Umfeld, wie in hybriden Arbeitswelten, maßgeblich verändert, müssen sich auch Führungskräfte neu orientierten und damit auch ihre Führungsrolle und den Führungsanspruch neu definieren. Ein Mindset-Wandel ist erforderlich, damit sie ihrer Verantwortung auch unter den neuen Bedingungen gerecht werden.
3. Beziehungen in hybriden Arbeitswelten werden in unserer Netzwerkökonomie individueller, vielschichtiger, fragiler und relevanter. Die Herausforderung ist, die persönliche Individualität im unternehmerischen Kontext zu ermöglichen und gleichwohl das Team, unabhängig von Präsenz oder Distanz, in ein gemeinsame Richtung zu lenken. Hierfür sind die individuellen Mindsets der Teammitglieder zu synchronisieren.
4. Mitarbeiter*innen benötigen in der von Entgrenzung und Unsicherheit gekennzeichneten Arbeitswelt ein Umfeld, das ihnen die notwendige (psychologische) Sicherheit vermittelt. Durch einen vereinbarten und akzeptierten Handlungsrahmen sowie die Befähigung und Ermächtigung zum eigenverantwortlichen Umgang mit Unsicherheiten kann dies gelingen.

Um diesen Anforderungen gerecht zu werden, rücken besondere Kompetenzen und Aufgaben in den Fokus der täglichen Führungsarbeit, die wir in unserem NEW C.A.R.E.-Modell für hybride Führung dargestellt haben.

Hierbei handelt es sich keineswegs um Kompetenzen und Aufgaben, die nicht auch bei der Führung von Teams in der Linie, in der Matrix, im Projekt oder bei rein analog bzw. digital arbeitenden Teams vorkommen würden, doch kommt diesen Aufgaben und Kompetenzen in hybriden Arbeitswelten ein höheres Gewicht zu. Mit diesem Modell wollen wir das Bewusstsein dafür schärfen.

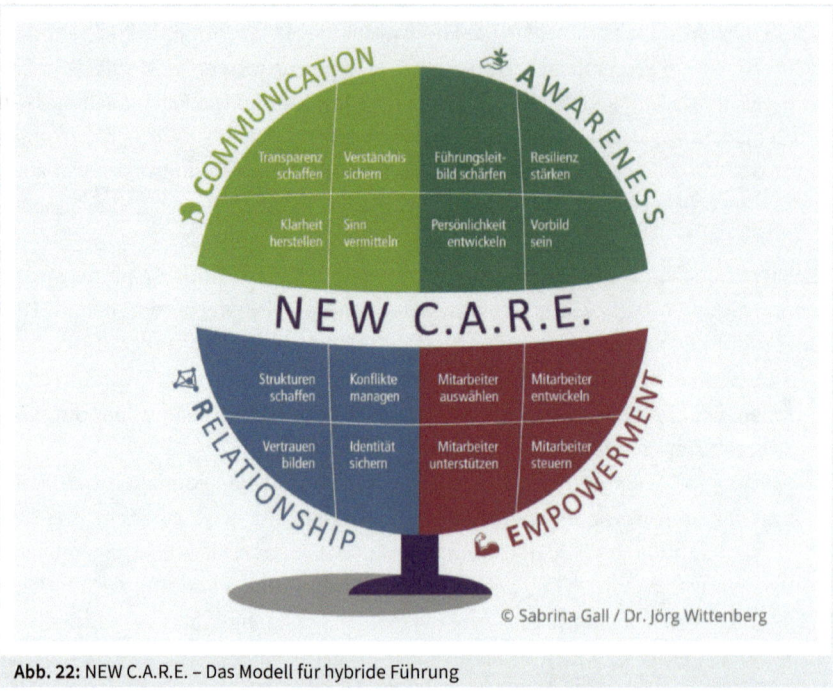

Abb. 22: NEW C.A.R.E. – Das Modell für hybride Führung

Die Psychologen Frank Bischoff und Dr. Christian Heiss haben das anschauliche Bild der Führungskraft als Brückenbauer in der hybriden Arbeitswelt geschaffen und nennen die dafür erforderlichen Kompetenzen dann folgerichtig auch Brückenkompetenzen (vgl. Bischoff, Heiss, 2020, S. 24 – 26). Im Fokus unseres eigenen NEW C.A.R.E.-Modells für hybride Führung haben wir vier eigene Brückenkompetenzen identifiziert:
- **C**ommunication
- **A**wareness
- **R**elationship
- **E**mpowerment

Diese vier Kompetenzfelder erhalten ihre Bedeutung aus den oben beschriebenen vier zentralen Herausforderungen, denen Sie sich als Führungskraft in hybriden Arbeitswelten gegenübergestellt sehen. **Kommunikation (Communication)** als Schlüssel für ein gemeinsames Verständnis über Ziele und Wege ist demnach essenziell. Dies gilt auch für das **Bewusstsein (Awareness)** über Ihre Rolle als Führungskraft, um sich auch selbst durch den stetigen Veränderungsprozess zu führen. Schließlich ist Selbstführung der Anspruch an sich als Führungskraft und am Ende auch an die Mitarbeiter*innen. Die Kompetenz, Beziehungen aufzubauen und zu pflegen (**Relationship**), ist in einer digitalisierten Netzwerkökonomie entscheidend, um Mitarbeiter*innen in das eigene Team bzw. das Unternehmen bestmöglich zu integrieren. Und schließlich muss die Führungskraft die Kompetenz besitzen, die Mitarbeiter*innen zu ermächtigen (**Empowerment**), in der hybriden Arbeit produktiv wirken zu können. In diesem Sinne verstehen wir C.A.R.E. als Ihre Verantwortung, sich um die Mitarbeiter*innen unter Einsatz dieser Kompetenzfelder zu kümmern.

In unserem **Globusbild der hybriden Arbeitswelt** (Abb. 22) stehen die beiden Kompetenzfelder Communication und Relationship auf der linken Seite gegenüber den beiden Kompetenzfeldern Awareness und Empowerment auf der rechten Seite. In unserer Lesart liegt der Fokus rechts auf der Führung des Individuums (der Führungskraft selbst und der einzelnen Mitarbeiter*in) und links auf dem Team als ganzheitliches System.

Jedes der vier Kompetenzfelder umfasst jeweils vier Aufgabengebiete, die Sie als Führungskraft im Rahmen der hybriden Führung erfüllen sollten. Als erfolgreiche Führungskraft sollten Sie also in Summe **16 Aufgabengebiete** im Blick behalten, die wir im Folgenden im Detail beschreiben.

4.1 Communication

Das »C« in unserem New C.A.R.E.-Modell für hybride Führung steht für Communication und es ist kein Zufall, dass sich dieses Kompetenzfeld an erster Stelle befindet. Der Austausch von Informationen ist für jede Form der Führung eine der Schlüsselkompetenzen. So findet sich die Kommunikation auch in den meisten Kompetenzmodellen wieder. Die Metastudie des Instituts für Führungskultur im digitalen Zeitalter aus Frankfurt, kurz IFIDZ, hat die Ergebnisse von 61 Primärstudien und Umfragen dazu ausgewertet. Im Kompetenzranking kommt die Kommunikationsfähigkeit auf Platz Nr. 1 (vgl. IDIFZ, 2019, S. 3).

Auch wir sind aufgrund unserer Erfahrung davon überzeugt, dass gute Kommunikation in den meisten Fällen der Schlüssel zum Erfolg und schlechte Kommunikation oftmals die Ursache von Misserfolg ist. Wenn Sie nicht kommunizieren können, dann können Sie auch nicht führen, und je besser Sie kommunizieren können, desto besser können Sie führen. Wenn Sie nicht gut kommunizieren können, erreichen Sie Ihre Mitarbeiter*innen nicht,

Aufgaben bleiben unklar, Erwartungshaltungen mehrdeutig und Ihr Team weiß nicht, was zu tun ist. Dies gilt auch und insbesondere für die Führung in hybriden Arbeitswelten.

Der Grund dafür ist so simpel wie einleuchtend. Stellen Sie sich vor, Sie sind mit anderen auf einer Wanderung in den Bergen und wollen gemeinsam auf einer Berghütte ein Bergfest feiern. Starten Sie gemeinsam an einem Ausgangspunkt, dann reicht es, einfach dem Bergführer zu folgen, und sie kommen alle ans Ziel. Starten die Wanderer in unterschiedlichen Tälern, wird das schon schwieriger. Ein Teil der Gruppe kann im Zweifel nur über Funk mit dem Bergführer in Kontakt bleiben. Einfach hinterherlaufen, ist für sie keine Option. Was ist das Ziel, in welche Richtung muss ich laufen, wer braucht von wo wie lange, um anzukommen, wer bringt welche Sachen mit, was tun, wenn ich mich verlaufe, wann wollen wir ankommen? Es gibt eine Vielzahl an Fragen zu klären, damit alle gleichzeitig das Bergfest feiern können. Diejenigen, die mit dem Bergführer eine Gruppe bilden, haben es schon einfacher, sie können im Zweifel einfach hinterherlaufen.

In einer hybriden Arbeitswelt ist dies nicht viel anders. Je weiter Sie von Ihren Mitarbeiter*innen entfernt sind und je mehr getrennte Gruppen es gibt und je größer und heterogener diese sind, desto wichtiger ist es, gut zu kommunizieren, wenn man ein gemeinsames Ziel erreichen möchte.

Aber was ist gute Kommunikation? Die Managementliteratur bietet hierzu ein Füllhorn an Antwortvorschlägen. Wir wollen uns dem Thema im Kontext der besonderen Herausforderungen in hybriden Arbeitswelten nähern. Dazu beziehen wir uns auf die Umfrageergebnisse, die in Kapitel 2 im Detail dargestellt wurden. Die Aussagen der Mitarbeiter*innen zu den Veränderungen in hybriden Arbeitswelten und den Kommunikationseffekten lassen sich wie folgt zusammenfassen: Wir kommunizieren häufiger, simultan auf unterschiedlichen und neuen Kanälen und werden dabei immer schneller und es fällt schwer, den Überblick zu behalten, die wichtigen Informationen auch mitzubekommen und alles richtig zu verstehen.

Die Tatsache, dass Mitarbeiter*innen trotz dieser offensichtlichen Überversorgung an Information beklagen, dass sie sich im Home-Office von Informationen abgeschnitten fühlen, klingt beim ersten Lesen vielleicht widersprüchlich, lässt sich jedoch aufklären, wenn wir schauen, was sich genau verändert. Dazu ist es notwendig, die Begriffe der **formellen und informellen Kommunikation** zu erläutern.

Was im Home-Office leicht verloren geht, ist die informelle Kommunikation. Gemeint ist damit der zwanglose Austausch zwischen Kolleg*innen über den Verlauf des gemeinsamen Projektes, die Stimmung der Chef*in im letzten Meeting oder den geplanten Urlaub. Gerade diese Informationen werden oftmals als besonders wichtig empfunden, weil sie sonst nicht zu bekommen bzw. zu finden sind.

Kommunikation	formell	informell
Ort	geplant (Büro, Konferenzraum)	meist ungeplant (Kopierraum, Kantine)
Termin	vorher vereinbart	meist zufällig
Ablauf	in Agenda geregelt	spontan
Dokumentation	Zusammenfassung der Inhalte (Protokoll)	keine
Rollenverteilung	festgelegt	keine
Vertraulichkeit	für alle Teilnehmer*innen geregelt	individuelle Absprachen
Inhalte	beruflich	privat und beruflich

Tab. 31: Formelle und informelle Kommunikation im Vergleich

Diese informelle Kommunikation hat zwei Vorteile. Erstens erhält man relevante Informationen zeitnah und ungefiltert und zweitens ist es eine vertrauensbilde Maßnahme zwischen den Kolleg*innen, die das Gemeinschaftsgefühl stärkt.

Die informelle Kommunikation sorgt also für mehr Transparenz, auch wenn sie im Verborgenen abläuft. Diese Transparenz ist aber die Voraussetzung für eine effektive Teamarbeit. Für Sie als Führungskraft resultiert daraus zum einen die Aufgabe, für diese Transparenz zu sorgen. Zum anderen müssen Sie kreativ werden und versuchen, andere Optionen für einen informellen Austausch zu schaffen, um das Gemeinschaftsgefühl Ihres Teams zu stärken.

Aber auch die formelle Kommunikation ist mit einer Vielzahl von Herausforderungen für Sie als Führungskraft verbunden. An erster Stelle gilt es, auch hier Transparenz zu schaffen, in einer Arbeitswelt, die vielen zu kompliziert und komplex erscheint, um den Überblick zu behalten. Es ist aber auch erforderlich, für Klarheit zu sorgen, weil sich die VUCA-Welt durch ihre Mehrdeutigkeit und Unsicherheit auszeichnet. Ihre Mitarbeiter*innen wünschen sich jedoch das Gegenteil: Klarheit, die Sicherheit schafft. Insofern ist Klarheit in der Kommunikation ein weiterer Erfolgsfaktor, um erfolgreich in hybriden Arbeitswelten zu führen.

Dazu gehört es auch, für gegenseitiges Verständnis zu sorgen, denn die Diversität der Teams in hybriden Arbeitswelten hat zwei Seiten. Zum einen ist die Vielfalt eine verlässliche Quelle für ein besseres Ergebnis. Zum anderen aber auch Ursache für vielfältige Missverständnisse im Denken und Handeln der Beteiligten. Hier sind Sie gefordert, um die gewünschten Ergebnisse auch zu erreichen.

Dies gilt auch für Ihre kommunikative Aufgabe, dem Team einen Sinn für die Zusammenarbeit zu vermitteln, mit dem sich viele identifizieren können und der sie motiviert. Für eine Führung, die nicht auf Druck, sondern auf Überzeugung basiert, ist dies der Erfolgsfaktor.

Im Folgenden werden wir auf diese vier Aufgabengebiete, die mit dem Kompetenzfeld der Kommunikation verbunden sind, genauer eingehen, um Ihnen Ihre konkrete Führungsaufgabe zu verdeutlichen. Lesen Sie zur Einstimmung in das Thema als Erstes das Interview mit **Claudia Hartwich** von Microsoft.

Interview mit Claudia Hartwich

Claudia Hartwich
Senior HR Director Microsoft Deutschland
Microsoft Deutschland GmbH

Wie haben Sie persönlich Ihre Arbeitssituation während der Corona-Pandemie erlebt? Was ist Ihre wichtigste Erkenntnis?
Claudia Hartwich: Als die Corona-Pandemie begann, gehörte flexibles Arbeiten bei Microsoft längst schon zum Alltag. Doch die Krise hat meines Erachtens gezeigt, dass auch wir kontinuierlich dazulernen müssen. Die Wichtigkeit eines *Growth Mindsets* wurde mir so nochmals vor Augen geführt. Zu meinen wichtigsten Erkenntnissen gehört dabei mit Sicherheit, wie wichtig es ist, einander zuzuhören und Verständnis füreinander zu entwickeln. Zudem ist ganz deutlich geworden, wie wichtig die Unternehmenskultur mit zentralen Werten wie Empathie und Zusammenhalt in solch unsicheren Zeiten ist. Diese Werte werden uns nicht nur helfen, die Herausforderungen in der Arbeitswelt der Zukunft zu meistern, sondern wir haben jetzt gesehen, welche Kraft Empathie und Zusammenhalt in einer Krise geben können. Es ist die Gemeinschaft der Mitarbeiter*innen, die ein Unternehmen stark macht. Das zeigt auch der Erfolgs-Check Mittelstand 2021, den wir gemeinsam mit dem BDA erstellt haben (vgl. Microsoft, 2021). Schon heute halten demnach 36 % der Befragten Einfühlungsvermögen und Empathie für entscheidende Erfolgsfaktoren.

Kommunikation zählt zu den Schlüsselkompetenzen für Führungskräfte. Wie gestalten sich die Anforderungen an die Kommunikation in hybriden Arbeitswelten aus Ihrer Sicht?
Claudia Hartwich: Bei Microsoft haben wir drei Fähigkeiten von Führungskräften herausgestellt, die uns essenziell erscheinen: Model, Coach, Care. Alle drei zahlen direkt auf die Kommunikation ein und sind in einer hybriden Welt wichtiger denn je. Führungskräfte sollten Vorbilder sein, Wissen und Erfahrungen weitervermitteln und sich um die Beschäftigten kümmern. Die hybride Arbeitswelt bringt

verteilte Teams mit sich. Die Beschäftigten mögen aus dem direkten Blickfeld verschwinden, umso wichtiger ist es jedoch, dass Führungskräfte den persönlichen Kontakt zu ihnen halten. Sie müssen Sorge dafür tragen, dass Kolleg*innen anderer Standorte am virtuellen Team-Schreibtisch Platz finden. Das bedeutet für Führungskräfte zweierlei: Sie sollten neugierig auf ihre Beschäftigten sein und die passenden Tools kennen, die es dafür braucht. Kollaborationsplattformen können beispielsweise helfen, gemeinsame Arbeit zu organisieren. Übersetzungsfunktionen können helfen, Sprachbarrieren zu überwinden. Untertitel können beim Verstehen von Sprache unterstützen. Führungskräfte sollten diese Möglichkeiten nutzen, um so auch in einer hybriden Arbeitswelt starke Kommunikation – und das heißt letztlich einen Austausch – zu fördern.

Die Veränderungen in hybriden Arbeitswelten treffen nicht nur auf Zustimmung unter den Mitarbeiter*innen. Wo sehen Sie potenzielle Spannungsfelder und worauf sollten Führungskräfte achten, um möglichst viele ihrer Teammitglieder von den Vorteilen zu überzeugen?
Claudia Hartwich: Potenzielle Spannungsfelder ergeben sich mit Sicherheit aus der Entgrenzung von Berufs- und Privatleben. Das führt zu Überstunden. Womöglich müssen sich Beschäftigte das heimische Arbeitszimmer – sofern es überhaupt existiert – auch noch mit Partner*innen oder Kindern teilen. Das ist dann ohne Frage belastend. Wenige Monate nach Beginn der Pandemie hat Microsoft ausgewertet, wie sich das Arbeitsverhalten von Beschäftigten im Home-Office verändert hat. Ein Ergebnis: Die Zahl der zwischen 18 Uhr und Mitternacht über unsere Kollaborationsplattform Teams verschickten Nachrichten stieg um 52%. In unserem Work Trend Index für das vergangene Jahr geben weltweit 54% der Beschäftigten an, sich überarbeitet zu fühlen (vgl. Hartwich, 2021). 39% sagen, sie seien erschöpft. In Deutschland liegen diese Werte mit 55% bzw. 42% sogar nochmals höher. Gleichzeitig glaubt weltweit fast jeder fünfte Beschäftigte und hierzulande sogar fast jeder vierte, dass sich ihr Arbeitgeber nicht für ihre Work-Life-Balance interessiert. Für Führungskräfte ist es also wichtig, die Beschäftigten mit der hybriden Arbeitswelt nicht alleinzulassen. Indem sie klare Prioritäten bei den Aufgaben setzen, helfen sie dabei, Überstunden zu vermeiden. Außerdem sollten Führungskräfte das hybride Arbeiten nicht verordnen, sondern es immer als das formulieren, was es ist: ein Angebot an die Beschäftigten, selbstbestimmter zu arbeiten.

Diversität steigert die Teamproduktivität, wenn Führungskräfte es schaffen, das gegenseitige Verständnis zu sichern. Wie sollten Führungskräfte agieren, damit dies gelingt?
Claudia Hartwich: Sie sollten als Vorbild vorangehen – und das bedeutet in der Praxis vor allem eines: zuhören. Diversität ist eng verknüpft mit Fragen der Inklusion. Als Führungskraft muss ich ein Umfeld schaffen, in dem sich alle Menschen gleichermaßen gut aufgehoben fühlen, nur so kann ich dauerhaft Diversität im

Team erreichen. Verschiedene kommunikative Formate können dabei helfen, Menschen zusammenzubringen, um beispielsweise kulturelle Grenzen besser überwinden zu können. Doch auch Technologien lassen sich nutzen. Generell kommt Führungskräften bei der Ausgestaltung von Diversität auch immer die Aufgabe eines Vermittlers und Brückenbauers zu.

Der »Purpose« spielt im modernen Führungsverständnis eine große Rolle. Wie wichtig ist für Sie persönlich die Antwort auf die Sinnfrage nach dem Warum in Ihrer täglichen Führungsarbeit?
Claudia Hartwich: Wir wissen, dass die Frage nach dem Warum gerade in der Corona-Pandemie für viele Beschäftigte enorm an Bedeutung gewonnen hat. Daher halte ich es für sehr wichtig, dass Führungskräfte das eigene Handeln und auch den Purpose des Unternehmens zu hinterfragen bereit sind. Führung braucht Ziele – und die sollten sich nicht in den rein wirtschaftlichen Kennzahlen erschöpfen. Ich bin überzeugt, dass Purpose aus der Unternehmenskultur hervorgeht. Doch die Unternehmenskultur lässt sich nicht von oben verordnen, sondern sie muss gelebt werden. Die Unternehmenskultur ist die Summe aller Erfahrungen und Erlebnisse, die man mit anderen Menschen teilt – und die Menschen miteinander verbindet. Gemeinsame Brainstormings, erfolgreiche und schwierige Projekte oder Mittagspausen sind bekannte und starke Beispiele für gemeinsame Erfahrungen, die sich mit dem plötzlichen Wechsel ins Home-Office verändert haben. Es wird in Zukunft darum gehen, wie gemeinsame Erlebnisse nicht nur vor Ort, sondern auch digital entstehen, also wie die Unternehmenskultur hybrid gelebt werden kann.

Wie sehen Sie die Zukunft der hybriden Arbeitswelt?
Claudia Hartwich: Hybride Arbeitsformen sind gekommen, um zu bleiben. Die Beschäftigten bei Microsoft Deutschland konnten schon vor Beginn der Corona-Pandemie frei darüber entscheiden, wann und wo sie arbeiten wollen. Wir haben sowohl den Vertrauensarbeitsort als auch die Vertrauensarbeitszeit in unserem Unternehmen etabliert. Trotz aller Vorzüge, die das Home-Office bietet, ist es oftmals für die meisten Beschäftigten keine Dauerlösung. Vielmehr wollen sie die Wahlmöglichkeit haben. Das überrascht nicht. Menschen wollen andere Menschen sehen. Sie wollen sich mit anderen Menschen austauschen können – und das direkt, von Angesicht zu Angesicht. Daher wird es immer Orte geben, an denen Menschen sich treffen, in Kontakt treten oder vielleicht auch nur ein wenig plaudern können. Die Sehnsucht nach anderen Menschen ist tief in jedem von uns verankert. Das lässt sich durch digitale Lösungen nicht ohne Weiteres ersetzen.

4.1.1   Transparenz schaffen

Die Aufgabe, für Transparenz, also für eine offene Kommunikation zu sorgen, findet sich schon lange im Forderungskatalog der Mitarbeiter*innen gegenüber ihren Führungskräften (vgl. Hays, 2016, S. 16). Durch den täglich erlebten »information overload«, den der Zukunftsforscher Alvin Toffler schon in den 1970er gesehen hat, bekommt diese Aufgabe ein noch größeres Gewicht. Insofern lohnt es sich, zu hinterfragen, was genau hinter dem Auftrag »Transparenz schaffen« steckt, damit Sie wissen, warum diese Aufgabe in hybriden Arbeitswelten so wichtig ist.

Im Zeitalter der Digitalisierung und der Vernetzung ist Information kein limitiertes Gut. Die Schwierigkeit besteht jedoch darin, die relevanten Informationen herauszufiltern bzw. Informationen wiederzufinden. Wer schon einmal eine Datei in den unendlichen Weiten seines Directory auf dem Laptop und der Cloud gesucht hat, weiß, was damit gemeint. Doch Führungskräfte sind kein Ersatz für ein effektives Dokumentenmanagementsystem für die Mitarbeiter*innen. Dies ist mehr eine Aufgabe für ein strukturiertes Wissensmanagement als eine Führungsaufgabe.

Im Führungskontext geht es vielmehr um Transparenz hinsichtlich der Antworten auf zentrale Fragen wie: Wie hoch ist die angestrebte Profitabilität? Welchen Stellenwert hat die Qualitätssicherung bei unserer Arbeit? Was können wir in unserem Verantwortungsbereich allein entscheiden? Wer arbeitet an diesem Thema? Warum wollen wir keine Risiken eingehen? Diese oder ähnliche Fragen über betriebliche Ziele, Zusammenhänge, Restriktionen und Motive bleiben im Alltag oftmals unzureichend oder gar nicht beantwortet und damit fehlt die Transparenz. Die negativen Konsequenzen davon sind vielfältig.

- **Wissenseffekt:** Den Menschen fehlen Information, um ihre Aufgabe erfüllen zu können. Das Wissen ist nicht dort, wo es benötigt wird, und die Führungskraft entwickelt sich zum Flaschenhals mit Blick auf die Aufgabenerfüllung.
- **Motivationseffekt:** Wenn Führungskräfte ihre Informationen nicht teilen, kann schnell die Haltung aufkommen »Dann mach Deine Sachen doch allein«. Ein Empowerment Ihrer Mitarbeiter*innen in Richtung zu mehr eigenverantwortlichem Arbeiten erfordert das Teilen von Information.
- **Diskriminierungseffekt:** Werden Information zwischen den verschiedenen Mitarbeiter*innen bewusst oder unbewusst ungleich verteilt, fühlen sich die »unterversorgten« Mitarbeiter*innen benachteiligt. Unzufriedenheit, Eifersucht und Kampf um Informationen und somit Konflikte im Team sind die Folge. Gerade in einer hybriden Arbeitswelt, in der sich die off-site arbeitenden Mitarbeiter*innen ausgegrenzt fühlen können, spielt das eine große Rolle. Hier herrscht das Gefühl, die anderen wären näher am Chef und damit näher an den Informationen dran.
- **Spekulationseffekt:** Fehlt Menschen die Information, um ihre Arbeitswelt zu ver-

stehen, beginnen sie zu spekulieren und die Gerüchteküche kocht. Dies kostet Zeit und lenkt die Aufmerksamkeit auf die falschen Themen.

- **Irrtumseffekt:** Wer im Rahmen der Spekulation eigene Hypothesen bildet, kann sich schnell irren. Entscheidungen werden dann auf der Grundlage falscher Annahmen getroffen. Es werden mehr Fehler gemacht und damit drohen neue Konflikte.
- **Vertrauenseffekt:** Werden Mitarbeiter*innen vom Verhalten ihrer Führungskraft überrascht, weil sie Hintergründe und Motive nicht kennen, geht Vertrauen verloren und die Bindung zwischen Führungskraft und Mitarbeiter*in leidet. Mitarbeiter*innen wollen verstehen, wie ihre Führungskraft tickt. Dies macht ihr Verhalten berechenbarer und damit den Umgang einfacher für das Team. Fehlt die Transparenz, fehlt ein wesentlicher Vertrauensbeweis.
- **Produktivitätseffekt:** Mitarbeiter*innen, denen Wissen fehlt, um ihre Aufgabe zu erfüllen, die demotiviert sind und in Passivität verfallen, die sich benachteiligt fühlen, wenn andere einen Wissensvorsprung genießen, die Zeit in der Gerüchteküche verschwenden, vermeidbare Fehler machen und kein Vertrauen in ihre Führungskräfte haben, sind auch weniger produktiv.

Alle diese negativen Effekte können Sie als Führungskraft verhindern, wenn Sie Transparenz für und in Ihrem Team schaffen. Sie sehen, es lohnt sich. Wir haben für Sie zwei verschiedene Workhacks ausgesucht, die Sie dabei unterstützen.

Kompetenzfeld	Aufgabengebiet	Workhack # 1	Workhack # 2
Communication	Transparenz schaffen	Daily	Kanban Board

4.1.2 Klarheit herstellen

Zum typischen Managervokabular gehören Formulierungen wie »Das ist doch glasklar!« oder »Die Dinge bedürfen einer Klärung«. Klarheit hat in der Arbeitswelt einen besonderen Stellenwert, denn Sie erleichtert Ihnen die notwendige Orientierung in der zuweilen undurchsichtigen Berufswelt.

Vielleicht stellen Sie sich jetzt die Frage, warum wir auf das Thema eingehen, schließlich haben wir doch im vorangegangenen Kapitel gerade über Transparenz gesprochen. Die Antwort ist so einfach wie vielleicht überraschend. Transparenz und Klarheit sind nach unserem Verständnis zwei unterschiedliche Dinge. Wenn Ihnen das nicht klar ist, dann werfen Sie einen Blick auf den nachfolgenden Kasten, der den Unterschied zwischen Klarheit und Transparenz anhand von drei unterschiedlichen Antworten auf eine einfache Frage deutlich macht.

Der Unterschied zwischen Transparenz und Klarheit – ein Beispiel

Frage: Wie hoch sind die Schulden der öffentlichen Haushalte in Deutschland?

Antwort 1:	XXXXXXX	*intransparent und unklar*
Antwort 2:	2172000000000	*transparent, aber unklar*
Antwort 3:	2,172 Billionen Euro per 31.12.2020	*transparent und klar*

Erläuterung: Bei der Transparenz geht es um eine offene Darstellung. Wenn der Betrag nicht offen gezeigt wird wie in Antwort 1, ist die Aussage intransparent. Die Antwort 2 verdeutlicht, dass nicht alles, was transparent ist, zugleich auch klar ist. Klarheit erfordert offenbar mehr, in diesem Fall eine übersichtlichere Darstellung der Zahlen zur Verbesserung der Lesbarkeit, die Angabe der Währung, um den Wert abzuschätzen, sowie das Datum, um den Betrag zeitlich zuzuordnen (Antwort 3).

Eine Aussage ist in diesem Sinne klar formuliert, wenn sie vom Empfänger einfach, eindeutig und verständlich wahrgenommen wird. Als erfolgreiche Führungskraft müssen Sie Klarheit auf fünf verschiedenen Ebenen herstellen. Es geht um die Klarheit in der Sache, im Denken, im Fühlen, in der Kommunikation und im Handeln.

Klarheit in der Sache

Es gibt eine Reihe von Themen im beruflichen Kontext, in denen Sie Klarheit herstellen sollten. Denken Sie an Ihre Rolle, die Werte im Unternehmen, die verfolgten Ziele, die Art, Entscheidungen zu treffen, die aufgebauten Strukturen oder an Klarheit über Ihre eigene Person.

Klarheit im Denken

Wie denken Sie eigentlich? Ist Ihnen das klar? Sind Sie mehr ein Kopf- oder Bauchdenker. Sind Sie ein Schnelldenker oder eher ein Nachdenker. Sind Sie ein Kreativer oder ein Analytiker? Und wie ist das bei Ihren Mitarbeiter*innen. Vielleicht haben Sie noch nicht darüber nachgedacht? Dann wird es Zeit. Es hilft Ihnen, sich und Ihre Mitarbeiter*innen besser zu verstehen.

Klarheit im Fühlen

Auch wenn unter einem professionellen Management häufig eine Manager*in verstanden wird, die allein auf der Sachebene agiert, so ist dies eine verklärte Sicht der Dinge. Führungskräfte sind Menschen und Menschen haben Gefühle, die Einfluss auf ihr Denken und Handeln haben. Gut wäre, wenn Sie sich bewusst machen, welche Gefühlslage Sie selbst und Ihre Mitarbeiter*innen beeinflusst und welche Konsequenzen das für Sie und andere hat. Empathie und Reflexionsfähigkeit spielen hier eine wichtige Rolle.

Klarheit in der Kommunikation

Sie sollen als Führungskraft nicht nur klar denken, sondern sich auch klar ausdrücken. Oft verwendete Formulierungen wie »Dann machen Sie das mal« oder der Gebrauch des Konjunktivs sind kontraproduktiv. Wichtig für eine klare Kommunikation ist eine präzise und allgemeinverständliche Wortwahl, ein logischer Argumentationsaufbau sowie die Fähigkeit, in der Sache auf den Punkt zu kommen, statt um den heißen Brei herumzureden.

Klarheit im Handeln

»Der Worte sind genug gewechselt, lasst mich auch endlich Taten sehn.« Dieses Zitat aus Goethes bekannter Tragödie von »Faust« gilt auch für Sie als Führungskraft. Die Umsetzung Ihrer Worte in Taten ist für Ihre Akzeptanz und Wirkung als Führungskraft entscheidend. Zum einen, weil an Ihrem Handeln Ihre Verbindlichkeit gemessen wird. Zum anderen, weil die Übereinstimmung von Gedanken, Worten und Taten über Ihre Authentizität als Führungskraft entscheidet.

Kompetenzfeld	Aufgabengebiet	Workhack # 3	Workhack # 4
Communication	Klarheit herstellen	Ich bin ganz Ohr	Selbstklärung vor dem Gespräch

4.1.3 Verständnis sichern

Sie haben Ihren beiden Teammitgliedern einen Auftrag erteilt und mit einem »Alles klar!« drehen Sie sich um und verlassen Ihr Büro. Wenige Tage später präsentieren Ihnen beide ihre Lösung, die sie unabhängig voneinander im Home-Office und im Company-Office erarbeitet haben. Beide Mitarbeiter*innen haben komplett andere Dinge gemacht. Wie kann das sein, schließlich war doch alles klar?

Die Antwort liefert der Kommunikationswissenschaftler Friedemann Schulz von Thun mit seinem Vier-Ohren-Modell und der daraus abgeleiteten Erkenntnis »Die Botschaft entsteht beim Empfänger«. Ja, Ihr Auftrag war für jede Ihrer Mitarbeiter*innen klar formuliert. Jede hat ihn verstanden, was auch von beiden bestätigt wurde. Allerdings haben ihn beide unterschiedlich verstanden. Werfen Sie bitte einen Blick auf den folgenden Kasten mit einem weiteren Beispiel zum Verständnis von Aussagen.

!

Missverständliche Aussagen – ein Beispiel

Frage: »Eine Billion Euro per 31. Dezember 2020« – Um welche Betragshöhe handelt es sich?	
Antwort aus Sicht eines Deutschen:	1.000.000.000.000 Euro
Antwort aus Sicht eines US-Amerikaners:	1,000,000,000 Euro

Erläuterung: Auch hier steht am Anfang eine vermeintlich klar formulierte Aussage über die Betragshöhe, die abhängig von der Herkunft des Empfängers unterschiedlich verstanden wird. Die Erklärung liegt in der unterschiedlichen Bedeutung der Worte »Billion« in beiden Ländern. Für den Deutschen ist eine Billion eine Zahl mit zwölf Nullen, für den Amerikaner eine Zahl mit neun Nullen, was in Deutschland einer Milliarde entspricht. Ein Wort mit verschiedener Bedeutung in zwei Sprachen hat ein Missverständnis mit dem Faktor 1.000 zur Folge. Ökonomisch gesehen ein dramatischer Unterschied.

Eine international erfahrene Führungskraft würde diesen Fehler nicht begehen, weil ihr die unterschiedliche Bedeutung geläufig ist. Sie hat in diesem Sinne Verständnis für beiden Seiten und weiß um das Problem der möglichen Fehlinterpretation. Derartige Verständnisprobleme können verschiedene Ursachen haben. Die in einer diversen und hybriden Arbeitswelt relevanten Quellen für Verständnisprobleme wollen wir jetzt betrachten.

Sprache
Vor dem Hintergrund, dass die beiden Megatrends Globalisierung und Konnektivität Hand in Hand gehen, nimmt die Sprachvielfalt der Mitarbeiter*innen in international aufgestellten Unternehmen immer weiter zu. Eine vorgegebene Firmensprache löst das Problem nicht vollständig.

Kultur
Eng verbunden mit der Sprachvielfalt ist die kulturelle Vielfalt in hybriden Teams, die trotz Diversity Managements schwierig zu handhaben ist, weil kulturelle Unterschiede als Quelle von Missverständnissen bestehen bleiben, auch wenn die sprachlichen Hürden überwunden sind.

Religion
Religiöse Überzeugungen und Weltanschauungen sind Ausdruck der Persönlichkeit und gleichzeitig Quelle für ein unterschiedliches Verständnis über viele Dinge im Alltag.

Geschlecht
Das Geschlecht ist immer noch ein strukturierendes Prinzip in der Arbeitswelt, das mit einer Reihe von Verständnisproblemen in der männerdominierten Arbeitswelt verbunden ist. Diese gilt es auch in hybriden Arbeitswelten zu überwinden.

Alter
Fundamentale Verständnisprobleme werden auch evident, wenn die unterschiedlichen Generationen von den Babyboomern bis zu den Digital Natives zusammenarbeiten. So wird zum Beispiel das Wort »Karriere« hier nicht nur unterschiedlich definiert, sondern auch unterschiedlich gelebt.

Talente

Menschen besitzen unterschiedliche körperliche und geistige Fähigkeiten, die sie prägen. Dies verändert auch ihren Blick auf viele Dinge, was zwischenmenschliche Spannungen auslösen kann.

Arbeitsort

Verständnisprobleme können beispielsweise auch allein durch das Arbeiten an unterschiedlichen Orten entstehen. Was für die einen ein Privileg ist, ist für die anderen eine Belastung. Dieser Aspekt steht im Fokus des Buches.

Dieser kurze Abriss lässt erahnen, welch großes Aufgabengebiet vor Ihnen liegt, um das Verständnis in hybriden Arbeitswelten zu sichern. Auch hier liefern die Workhacks eine wirkungsvolle Unterstützung in Ihrem Arbeitsalltag.

Kompetenzfeld	Aufgabengebiet	Workhack # 5	Workhack # 6
Communication	Verständnis schaffen	Team Reverse Mentoring	Sketch Notes

4.1.4   Sinn vermitteln

In den vorangegangenen Abschnitten 4.1.1 bis 4.1.3 wurde beschrieben, wie Sie kommunizieren und was Sie dabei beachten sollten. Jetzt geht um den wichtigsten **Inhalt Ihrer Kommunikation**. Dabei geht es, vielleicht zu Ihrer Überraschung, nicht darum, »was« Ihre Mitarbeiter*innen machen und »wie« sie es machen sollen, sondern wir wollen uns darauf konzentrieren, »**warum**« sie etwas machen sollen.

Und zwar aus dem gleichen Grund, aus dem Sie sich in diesem Moment wahrscheinlich gerade selbst die Frage stellen, warum das »Warum« an dieser Stelle im Fokus steht. Die Antwort ist: Weil dies meistens die erste Frage ist, die sich jemand stellt, wenn er folgen soll. Dies gilt auch und gerade in einer hybriden Arbeitswelt. Denn wir möchten als Autor*innen ja, dass Sie unseren Ausführungen folgen.

Simon Oliver Sinek, ein Autor und Motivationsredner, hat sich in seinem Buch »Start With Why« der Frage gewidmet, warum es Unternehmen gelungen ist, sich erfolgreich am Markt zu positionieren (vgl. im Folgenden Sinek, 2015). Sein Ergebnis lautet: Erfolgreiche Unternehmen konzentrieren sich mehr darauf, *warum* sie etwas tun, als darauf, was und wie sie es tun. Er verwendet dabei den Begriff »Purpose«, den man mit »Daseinszweck« oder »Sinn« übersetzen kann. Der Purpose erklärt demnach, warum es Sinn macht, dass ein Unternehmen überhaupt existiert.

Weil der Sinn ein Erfolgsfaktor ist, leitet er daraus zwei Managementaufgaben ab. Die eine besteht darin, den Kund*innen den Sinn des eigenen Geschäftsmodells zu vermitteln, weil sie dann zu loyalen Kund*innen werden, die andere Managementaufgabe ist es, den Mitarbeiter*innen den tieferen Sinn ihrer Arbeit zu erklären, weil sie dann motivierter sind.

Sein Modell basiert auf Erkenntnissen über die Denkweise von Menschen. Danach versucht unser Neokortex, das ist der »denkende Teil« des Gehirns, die Welt zu verstehen und ihr einen Sinn zu geben. Unsere Entscheidungen werden jedoch im limbischen System unseres Gehirns getroffen, das unsere Emotionen und Gefühle kontrolliert, aber nicht die Fähigkeit zur Sprache hat (vgl. dazu auch Kapitel 3). Wir treffen also unsere Entscheidungen mithilfe unseres limbischen Systems und rationalisieren diese anschließend mit dem anderen Teil des Gehirns, dem Neokortex, das dann alles noch in passende Worte fasst. Und so kommen wir zu der (uns beruhigenden) Annahme, dass wir rationale Wesen sind, obwohl dies bestenfalls die halbe Wahrheit ist.

Lassen Sie uns dieses Modell auf Ihren Führungsalltag übertragen und nehmen wir an, Sie würden sich zum Beispiel in einem Pharmaunternehmen als neuer Forschungsleiter im Kick-off-Meeting der Forschungsgruppe vorstellen, die nach einem wirksamen Impfstoff gegen das Corona-Virus sucht. Typischerweise beginnen Sie mit dem, »was« Sie tun, also mit einer Formulierung wie »Ich bin der neue Projektleiter Covid-19«. Das ist einfach zu erklären, weil Sie sicher wissen, was Sie tun und was Ihre Funktionsbezeichnung oder Rolle ist.

Im zweiten Schritt Ihrer kurzen Selbstvorstellung erklären Sie wahrscheinlich, wie Sie arbeiten. Dazu gehört die Darstellung Ihrer Kompetenzen und Erfahrungen, Ihre Erwartungen an Ihre Mitarbeiter*innen oder Informationen darüber, was Ihnen in der Zusammenarbeit wichtig ist. Einige von Ihnen wissen auch, wie Sie etwas machen. Sie beschreiben Ihre Stärken, Werte oder Leitprinzipien. Kurz gesagt, das, was Sie glauben, worin Sie sich von anderen Projektleitern unterscheiden. Zum Abschluss Ihrer Vorstellungsrede werfen Sie einen Blick in die Zukunft und detaillieren die nächsten Schritte im Projekt. Ist Ihre Vorstellung beendet, erwarten Sie dann (bewusst oder unbewusst) ein Verhalten der Zuhörer*innen, das die Unterstützung Ihrer Person zum Ausdruck bringt, sie erwarten, dass sich die Zuhörer*innen als Teammitglieder Ihnen anschließen und folgen werden.

Das Problem bei diesem klassischen Aufbau einer Vorstellungsrede ist, dass die Bereiche »Was Sie sind« und »Wie Sie arbeiten« nicht zum Handeln inspirieren. Zahlen, Daten und Fakten machen rational Sinn, aber Menschen treffen Entscheidungen nicht allein auf der Grundlage dieser rationalen Faktoren, sondern, wie oben beschrieben, auf der Basis von Gefühlen, die wir dann rational zu begründen versuchen. Sie müssen Ihren zukünftigen Teammitgliedern also ein gutes Gefühl vermitteln, warum es sich lohnt, mitzuarbeiten und Ihnen zu folgen.

Dieser Teil in Ihrer Rede hat aber wahrscheinlich gefehlt. Nur sehr wenige Führungskräfte können klar artikulieren, warum sie tun, was sie tun. Das Projektziel, 100 Mio. Euro zu erwirtschaften, überzeugt im Übrigen viele Mitarbeiter*innen nicht, denn monetäre Größen geben keine Antwort auf das »Warum«, sondern sind das Ergebnis unserer Arbeit. Das »Warum« ist der Sinn und Zweck einer Sache. Es geht um den Glauben an unseren persönlichen Beitrag und den damit verbundenen Dienst an der Sache und an den Mitmenschen. Dies ist es, was viele Menschen inspiriert und motiviert.

Tatsächlich bestätigt die Wissenschaft, das Mitarbeiter*innen, die einen tieferen Sinn in ihrer Arbeit empfinden, motivierter, engagierter und dadurch am Ende auch erfolgreicher sind. Hinzu kommt, dass die sinnerfüllte Arbeit auch die persönliche Resilienz stärkt. In diesem Sinn fungiert der Sinn als Motivationsfaktor für mehr Engagement ebenso als Schutzfaktor für psychische Erkrankungen wie zum Beispiel einen Burnout (vgl. Rose, 2020, S. 49).

Die klassische Abfolge in der Erzählstruktur, vom »Was« zum »Wie« und dann vielleicht noch zum »Warum«, ist, laut Sinek, so verbreitet, weil wir intuitiv damit beginnen, was am leichtesten zu verstehen und zu erklären ist. Dies ist nur nicht das, was uns und andere wirklich motiviert. Das »Warum« ist entscheidend, und deshalb sollten Sie damit beginnen, wenn Sie andere Menschen überzeugen wollen.

Vor dem Hintergrund dieser Erkenntnisse hat Sinek sein Modell »Golden Circle« entwickelt. Das Credo lautet: Drehen Sie die typische Kommunikationsreihenfolge um und beginnen Sie mit dem »Warum«, denn so funktioniert unser Denk- bzw. Gefühlsmuster, um Entscheidungen zu treffen. Wenn dann die drei Teile aufeinander abgestimmt sind, haben Sie die Grundlage für den Aufbau von Vertrauen geschaffen. Dann werden Ihre Zuhörer*innen mit absoluter Gewissheit sagen: »Wir wissen, wer Sie sind und wofür Sie stehen.«

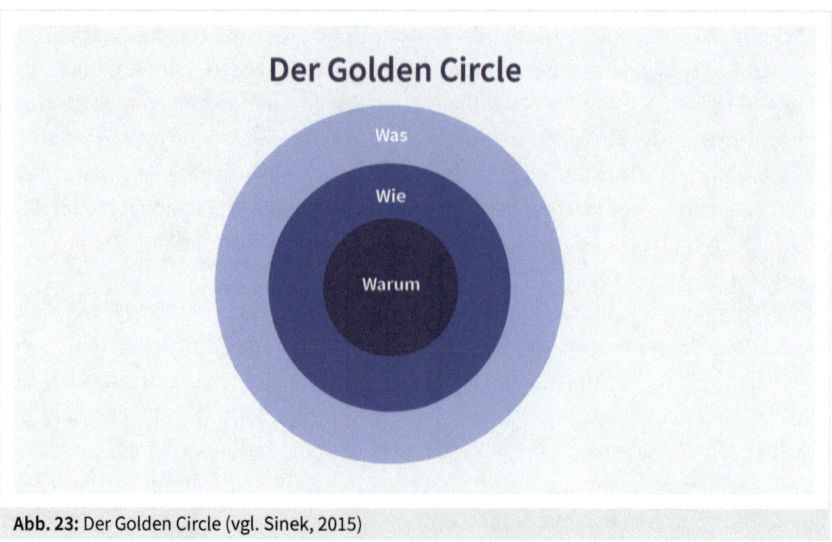

Abb. 23: Der Golden Circle (vgl. Sinek, 2015)

In unserem Beispiel von dem Projektleiter wäre also zu Beginn das »Warum« zu konkretisieren. Der Forschungsleiter könnte seine Rede mit folgenden Worten beginnen: »Mein Ziel ist es, gemeinsam mit Ihnen bis November 2020 einen wirksamen Impfstoff zu entwickeln, um die Welt von dieser Pandemie zu erlösen.« Erst danach würde er den Weg dahin (das »Wie«) und seine Rolle (das »Was«) erläutern.

Der Kommunikationsansatz von Simon Sinek hat ohne Zweifel viele Menschen überzeugt und einen weltweiten Sinn-Hype in Unternehmen ausgelöst. Eine Umfrage des Handelsblatts hat ergeben, dass sämtliche DAX-30 – Unternehmen den erkennbaren Sinn und inneren Antrieb ihres Unternehmens als entscheidend für den künftigen Erfolg sehen (vgl. Fröndhoff, Scheppe, 2019).

Die Unternehmen versuchen, ihren Purpose des Geschäftsmodells im Leitbild zu verankern und, von Werbeagenturen getrieben, in knackige Claims zu übersetzen. Zumeist geht es um Verantwortung, Werte und Nachhaltigkeit als gesellschaftlichen Beitrag. Manchmal gelingt es und manchmal auch nicht.

Die **sinnorientierte Führung** eröffnet Ihnen aber ein großes Potenzial, Ihre Mitarbeiter*innen für sich und Ihre Sache zu gewinnen und damit neue Leistungsträger im Team zu aktivieren.

Professor Nico Rose weist zu Recht einschränkend darauf hin, dass es keinen Automatismus zwischen erklärtem Sinn und gezeigtem Mitarbeiterengagement gibt. Sinnerleben sei vielmehr ein individuelles Erlebnis. Was für den einen Sinn macht, ist für den anderen sinnlos. Ihre Sinnbotschaft als Führungskraft ist in diesem Sinne nur ein Angebot, das nicht angenommen werden muss. Darüber hinaus sieht er noch eine Vielzahl anderer Faktoren, die das Engagement Ihrer Mitarbeiter*innen beeinflussen. Zu denken sei an die verschiedenen extrinsischen wie intrinsischen Antreiber, die hier eine Rolle spielen können, wie zum Beispiel die Art der Arbeit, der Autonomiegrad, der Führungsstil, die Unternehmenskultur, die Arbeitsorganisation und die Persönlichkeitseigenschaften der Mitarbeiter*innen. Gleichwohl betont er aber auch, dass es auf jeden Fall förderlich ist, der Arbeit einen Sinn zu geben: Wir verbringen alle einen Großteil unserer Lebenszeit mit Arbeit und es wäre frustrierend, wenn dies im Grunde sinnlos wäre (vgl. Rose, 2020, S. 49 – 50).

Kompetenzfeld	Aufgabengebiet	Workhack # 7	Workhack # 8
Communication	Sinn vermitteln	Warum stehe ich morgens auf?	Team-Purpose finden

4.2 Awareness

Gegenstand des Kompetenzfeldes »Awareness« ist das Bewusstsein der Führungskräfte von sich selbst, der Wirkung auf ihr soziales Umfeld, die Verantwortung für sich und die Mitarbeiter*innen sowie die daraus resultierende Selbstführung. Während die Führung im Allgemeinen auf die Fremdbeeinflussung fokussiert ist, beschreibt die Selbstführung (engl. Self-Leadership) einen Prozess, der auf die Beeinflussung der eigenen Person ausgerichtet ist, um die persönliche Effektivität als Führungskraft zu steigern.

Peter Drucker, ein Pionier der modernen Managementlehre, begründet den Stellenwert der Selbstführung mit den Worten: *»Wenn ein Manager sich nicht selbst führen kann, werden ihn keine Fähigkeit, Fertigkeit, Erfahrung und kein Wissen zu einem leistungsfähigen Manager machen.«* (Drucker, 1956).

Die Selbstführungskompetenz einer Führungskraft zeichnet sich durch Wissen und Fertigkeiten aus, um sich selbst zu führen. Ihr Fokus richtet sich darauf, dass Sie sich bewusst werden, warum Sie führen möchten, wie Sie Führung leben und was Sie als Führungskraft erreichen wollen. Auf dieser Grundlage können Sie Ihr eigenes Handeln an Ihren persönlichen Zielen, Ihrer Haltung und Ihren Werten ausrichten. Die drei Säulen der Selbstführung sind:

- **Selbsterkenntnis**
  Das Bewusstsein über die eigene Person erstreckt sich auf die drei unterschiedliche Ebenen der Gedanken, der Gefühle und des Handelns. Die gedankliche Ebene können Sie in weiten Teilen durch das Hinterfragen Ihres Mindsets wie auch Ihrer Ziele und Wertebasis klären. Die emotionale Selbsterkenntnis beschäftigt sich hingegen mit Ihrer Gefühlswelt, die unterschiedlichste Facetten von Freude bis Frust umfassen kann. Die Handlungsebene beleuchtet Ihr tatsächliches Handeln im Führungsalltag. Diese Bestandsaufnahme ist ein wesentlicher Teil Ihrer Aufgabe der Persönlichkeitsentwicklung, auf die wir in Kapitel 4.2.2 eingehen.

- **Eigenverantwortung**
  Selbstführung basiert auf der Erkenntnis, dass Sie selbst die Verantwortung für Ihr Handeln und für gewünschte Veränderungen tragen sowie das Engagement entwickeln müssen, die dafür notwendigen Schritte zu gehen. Dieses Bekenntnis zur Eigenverantwortung von Ihnen als Führungskraft erfährt ein zusätzliches Gewicht dadurch, dass es auch Ihr erklärtes Ziel sein sollte, Ihre Mitarbeiter*innen in Richtung zu mehr Eigenverantwortung zu entwickeln. Hier agieren Sie als Vorbild, wie in Kapitel 4.2.4 beschrieben.

- **Selbstmanagement**
  Diese notwendigen Schritte spiegeln sich wider im Selbstmanagement als der operativen Umsetzung des Bewusstseins für die Selbstverantwortung. Im Kern dreht sich alles um die Priorisierung, Organisation und Durchführung Ihrer Aufgaben. Ihr Zeitmanagement ist nur ein Aspekt davon, prägt aber Ihren Arbeitsalltag

entscheidet. Aus unseren Coachinggesprächen kennen wir das Phänomen, dass vielfach nur die Dinge von Führungskräften umgesetzt werden, die sich auch in ihren Outlook-Kalendern wiederfinden. Alles andere hat keine Priorität und verbleibt im Schwebezustand von guten Vorsätzen. Dies betrifft vielfach auch die Aufgabe, die eigene Resilienz zu stärken, die wir in Kapitel 4.2.3 beleuchten.

Die Vorteile, auf Basis eines geschärften Bewusstseins die Selbstführung zu entwickeln, liegen auf der Hand. Eine effektive Selbstführung versetzt Sie in die Lage, Ihre beruflichen Herausforderungen produktiver zu erledigen. Sie gewinnen an Flexibilität im Umgang mit Veränderungen, erweitern Ihr Kompetenzspektrum und bleiben auch in Krisensituation entscheidungs- und handlungsfähig. Sie gewinnen an Souveränität und sind am Ende zufriedener und ausgeglichener im Beruf. Damit können Sie auch Ihrer Vorbildrolle besser gerecht werden.

Andrea Martin von IBM gewährt Ihnen im folgenden Interview einen Einblick in ihre persönliche Sicht auf das Thema Awareness. Lassen Sie die Antworten auf sich wirken und gleichen Sie die Antworten mit Ihrer Haltung dazu ab.

Interview mit Andrea Martin

Andrea Martin
Leiterin IBM Watson Center Munich &
EMEA Client Centers, IBM Distinguished Engineer
IBM Deutschland GmbH

Wie haben Sie persönlich Ihre Arbeitssituation während der Corona-Pandemie erlebt? Was ist Ihre wichtigste Erkenntnis?
Andrea Martin: Wir haben nahtlos auf Home-Office umgestellt und sind seither nur für wesentliche persönliche Meetings, zum Beispiel mit Kund*innen, im Büro – natürlich unter Einhaltung aller nationalen und Firmen-Hygienevorschriften.

Die Kommunikation und Zusammenarbeit mit den Teams – und auch mit unseren Kund*innen – funktioniert mehr oder weniger problemlos. Wir können alles, von der simplen Kontaktaufnahme über Meetings und der virtuellen Demonstration von Technologie-Anwendungsfällen bis hin zu interaktiven Workshops und hybriden Events mit Tools für die virtuelle Zusammenarbeit realisieren.

Zwei Erkenntnisse: Wir brauchen einen Verhaltenskodex für das virtuelle Arbeiten, unter anderem da andauernde Bildschirmpräsenz nicht dauerhaft produktiv ist. Sprich: Wir müssen vereinbaren, dass es »ohne Bildschirm«-Zeiten gibt, dass wir weiterhin selbst und gegenseitig aufeinander aufpassen, um Erschöpfung durch die mögliche Vermischung von Privat- und Berufsleben vermeiden etc.

Dazu haben wir in unserem Unternehmen bereits im Mai 2020 den sogenannten IBM Work from Home Pledge erstellt (siehe https://www.linkedin.com/pulse/i-pledge-support-my-fellow-ibmers-working-from-home-during-krishna/).

Weiterhin wurde es noch wichtiger als zuvor, auf das Wohlergehen der Mitarbeitenden zu achten. Gerade da die Situation im Home-Office bei jeder und jedem anders ist, müssen die Führungskräfte darauf Rücksicht nehmen und ernsthaft darauf bedacht sein, wie es den Mitarbeitenden geht, wo sie noch mehr Flexibilität brauchen und wo man als Führungskraft oder Unternehmen ggf. sogar Hilfe anbieten sollte.

Bei beiden Erkenntnissen wäre es schön, wenn sie dauerhaft Einzug in die Führungskultur hielten.

Hat sich Ihr eigenes Führungsleitbild in dieser Zeit verändert? Ist eine Aufgabe besonders in Ihren Fokus gerückt?
Andrea Martin: Meine Arbeitshypothese ist, dass eine gute Führungskraft auch in der Corona-Pandemie eine gute Führungskraft geblieben ist bzw. eine große Chance dazu hatte, eine gute Führungskraft zu bleiben.

Mein persönliches Führungsleitbild hat sich höchstens ergänzt, aber nicht maßgeblich verändert. Authentizität, Integrität und Respekt waren schon immer und sind auch weiterhin Leitlinien, an denen ich mich orientiere. Die Aufmerksamkeit, die ich nun auch persönlichen Belangen meiner Mitarbeitenden schenke (sofern die Mitarbeitenden diese mit mir teilen wollen), hat sich allerdings erhöht – sprich: Mein Anspruch, achtsam gegenüber anderen und mir selbst zu sein, hat sich erhöht.

Welche Bedeutung hat die Entwicklung der eigenen Persönlichkeit für Sie als Führungskraft? Welchen Weg sind Sie gegangen?
Andrea Martin: Persönliche und berufliche Entwicklung müssen aus meiner Sicht Hand in Hand gehen – deshalb sind Authentizität und Integrität zwei meiner wichtigsten Werte.

Vor vielen Jahren hatte ich eine gesundheitliche Herausforderung zu bewältigen. Diese hat meine Sicht auf die menschliche Leistungsfähigkeit und auch deren Grenzen geschärft. Deshalb haben persönliche Resilienz und die Resilienz meines Teams einen hohen Stellenwert in meinem Führungsleitbild. Sich Zeit für Regeneration zu nehmen, ist ein Anspruch an mich selbst, aber auch etwas, worum ich mein Team bitte. Wie dies jeweils geschieht, ist eine sehr individuelle Sache, da jeder und jede unterschiedliche Bedürfnisse hat und einen eigenen »Rhythmus«. Für mich gehören zum Beispiel tägliche Gymnastik, häufige Spaziergänge, auch zum Beispiel bei beruflichen Telefonaten, und genügend lange Zeitperioden ohne Arbeit dazu.

Wie definieren Sie Ihre eigene Vorbildrolle als Führungskraft? Was ist für Sie die größte Herausforderung in der täglichen Umsetzung?
Andrea Martin: Ich verstehe mich mehr als Dienstleisterin denn als Vorbild für das Team. Dennoch ist es für mich eine Selbstverständlichkeit, das zu leben bzw. vorzuleben, worum ich auch mein Team bitte – nicht umsonst ist Integrität einer meiner wichtigsten Werte. Sich respektvoll gegenüber anderen zu verhalten, auf sich und andere zu achten, Verpflichtungen verlässlich einzuhalten, gutes Teamwork zu leben, sich stetig weiterzuentwickeln – all das sind Dinge, die wir gemeinsam verinnerlichen sollten.

Sollten sich in der Umsetzung Herausforderungen ergeben, so hilft mir eine Rückbesinnung auf meine Werte: Authentizität und Integrität.

Wie sehen Sie die Zukunft der hybriden Arbeitswelt?
Andrea Martin: Die Notwendigkeit, aufgrund der Corona-Situation mehr oder weniger komplett auf virtuelles Arbeiten umzustellen, hat mindestens zwei Dinge gezeigt:

Es gibt viele Branchen, in denen das grundsätzlich und mehr oder weniger problemlos möglich ist – manche hat das sicherlich überrascht.

Viele Mitarbeitende haben festgestellt, dass virtuelles Arbeiten Vorteile bringen kann – zum Beispiel weniger bis keine Zeit fürs Pendeln, mehr Zeit mit der Familie, flexiblere Arbeitsweise. Allerdings gibt es auch die sogenannten »Downsides«: Weniger persönliche Ansprache, Herausforderungen, Arbeits- und Privatzeit klar abzugrenzen, weniger »Nähe« zu Kund*innen.

Deshalb ist es meine Überzeugung, dass wir in der Tat in der Zukunft ein hybrides Arbeitsmodell sehen werden: eine Kombination von virtuellem Arbeiten von zu Hause oder anderen Orten aus mit Zeit im Büro, die intensiv für Meetings mit Kolleg*innen, Kund*innen und Geschäftspartner*innen sowie für (hybride) Veranstaltungen genutzt wird.

Dies wird uns in Bezug auf Flexibilisierung der Arbeit, Balance von Arbeits- und Privatleben und auch Nachhaltigkeit ein großes Stück voranbringen.

4.2.1 Führungsleitbild schärfen

Jede Führungskraft hat einen Führungsstil, und zwar unabhängig davon, wie lange sie schon ihren Job macht, wie geschult sie dabei vorgeht und wie reflektiert sie damit umgeht. Ihr Führungsstil beschreibt Verhaltensmuster gegenüber Ihren Mitarbeiter*innen und basiert auf Ihrer persönlichen Grundhaltung, dem Mindset. Doch Ihre

Führungsarbeit definiert sich durch weit mehr als Ihren Führungsstil. Das Gesamtbild wird bestimmt durch Ihre persönlichen Ziele, Werte, Motive, Bedürfnisse, Verhalten und Stärken sowie Charaktereigenschaften und natürlich durch die Vorgaben seitens des Unternehmens.

Einige dieser Aspekte sind Ihnen bewusst, andere vielleicht nicht und bei wieder anderen haben Sie vielleicht nur eine unklare Vorstellung davon, was sie wirklich für Sie bedeuten, weil Sie diese Aspekte bislang nicht hinterfragt haben. Dies ist keine optimale Voraussetzung für eine gute Führungsarbeit. Ihr Arbeitsumfeld ist an sich schon unsicher und mehrdeutig genug. Für Sie selbst empfiehlt es sich umso mehr, für Transparenz, Klarheit, Verständnis und Sinn bei der Ausformulierung Ihrer Vorstellungen über Ihre eigene Führungsarbeit zu sorgen. Zum einen, damit Ihnen alle Aspekte auch bewusst sind, und zum anderen, um diese Dinge, die Ihnen wichtig sind, auch Ihren Mitarbeiter*innen vermitteln zu können.

In vielen größeren Unternehmen sind diese führungsrelevanten Aspekte in einem sogenannten **Führungsleitbild** zusammengefasst dargestellt. Das Führungsleitbild definiert einen Zielzustand und Richtlinien für das Führungsverhalten. Es besteht aus Leitsätzen, in denen Kernaussagen über die grundlegende Qualität der Führung getroffen werden. Die Aussagen sind kurz und prägnant formuliert und fungieren als Orientierungsrahmen für die tägliche Führungsarbeit und prägen damit auch die Identität als Führungskraft.

Wenn Sie in einem Unternehmen arbeiten, in dem es ein solches unternehmensweites Führungsleitbild schon gibt, ist es Ihre Aufgabe, sich damit intensiv auseinanderzusetzen, um die Vorgaben mit Ihrem eigenen Führungsverständnis abzugleichen und das Leitbild individuell zu schärfen. Für den Fall, dass es kein unternehmseitig vorgegebenes Führungsleitbild gibt, an dem Sie sich orientieren können, ist es aus unserer Sicht Ihre Kernaufgabe, Ihr persönliches Führungsleitbild zu entwickeln. Arbeiten Sie schon auf Basis Ihres eigenen Führungsleitbildes, sind Veränderungen, wie die in der hybriden Arbeitswelt, ein sinnvoller Anlass, das Führungsleitbild anzupassen und zu schärfen.

Im Rahmen eines Führungsleitbildes gibt es eine Reihe von Fragen, die es zu beantworten gilt und die Ihnen helfen, sich Ihrer Führungsarbeit bewusster zu werden, und damit auch als Richtungsgeber für Sie fungieren können:
- Warum bin ich eine Führungskraft?
- Wie will ich als Führungskraft agieren?
- Was will ich als Führungskraft erreichen?
- Welche Werte liegen meinem Handeln zugrunde?
- Was zeichnet mich als Führungskraft aus?
- Welchen Mehrwert liefere ich als Führungskraft für meine Mitarbeiter*innen?
- Was treibt mich an?

- Welches Arbeitsumfeld wünsche ich mir?
- Welches Motto oder Bild beschreibt meine Art zu führen?
- Wo will ich mit meinem Team in einem Jahr stehen?
- Welche konkreten Entwicklungsschritte stehen für mich an?

So einfach, wie diese Frage am Anfang klingen mögen, so schwer gestaltet sich oftmals die konkrete Beantwortung. Daher kann sich dieser Prozess als sehr arbeits- und zeitintensiv für Sie gestalten. Doch schon allein die intensive Beschäftigung damit wird ein Gewinn für Sie sein. Wir sind uns im Klaren darüber, dass allein das Arbeiten in hybriden Arbeitswelten nicht Ihre Vorstellung von Führung verändern wird. Wir sind aber der Überzeugung, dass erfolgreiche Führung in hybriden Arbeitswelten vielfach neue Antworten erfordern wird und es sich daher auszahlt, wenn Sie Ihr Führungsleitbild überprüfen und schärfen.

Kompetenzfeld	Aufgabengebiet	Workhack # 9	Workhack # 10
Awareness	Führungsleitbild schärfen	Gebrauchsanweisung Führung	Führungsbarometer

4.2.2 Persönlichkeit entwickeln

Neben Ihrem Führungsstil, der Sie in Ihrer Rolle als Führungskraft charakterisiert, ist es auch förderlich, wenn Sie Ihr Bewusstsein auch über sich als (Privat-)Person schärfen. Beide Lebensbereiche, Privat- und Berufsleben, sind zwar mit unterschiedlichen Anforderungen verbunden, werden aber vom gleichen Mensch, sprich von Ihnen, gelebt. Ihre Persönlichkeit prägt Sie auch in Ihrer Rolle als Führungskraft.

Ihre Persönlichkeit lässt sich als die Gesamtheit Ihrer Eigenschaften und Verhaltensmuster definieren, die sie relativ stabil in den unterschiedlichsten Lebenssituationen und -phasen beschreibt und von anderen Menschen unterscheidet. Sie ist das Ergebnis Ihrer genetischen Disposition wie auch Ihrer Erziehungs-, Bildungs- und Sozialisationsprozesse. Entscheidend dabei ist, dass Ihre Persönlichkeit nicht statisch ist, sondern sich im Zuge dieser Prozesse weiterentwickelt. Man spricht auch davon, dass eine Persönlichkeit reift.

Diesen Reifeprozess können Sie im Rahmen Ihrer Persönlichkeitsentwicklung aktiv beeinflussen. Dies ist eine wesentliche Aufgabe im Rahmen der Selbstführung, weil der Versuch, neuen berufliche Herausforderungen mit alten Lösungsmustern zu begegnen, oftmals zum Scheitern verurteilt ist. »Be adaptive« lautet das Credo für Sie als Führungskraft und damit auch für Sie als Mensch (vgl. Krauter, o. J.). Die Persönlichkeitsentwicklung erfolgt dabei in einem dreistufigen Prozess:

1. **Selbstbewusstsein aufbauen**

   Im ersten Schritt werden Sie sich durch intensive Reflexionsarbeit Ihrer selbst bewusst. Finden Sie Antworten auf die Frage: »Wer bin ich und was zeichnet mich aus?« Dazu zählt die Klarheit über Ihr Mindset, Ihre Verhaltensmuster, Ihre Stärken und Schwächen, Ihre Werte, Ihre Ziele, Ihre Antreiber und Ihre Bedürfnisse. So bauen Sie Ihr Selbstbewusstsein auf.

   Diese Inventur führt Sie nur zum Ziel, wenn sie zunächst ohne Bewertung stattfindet (»So bin ich und so ist es!«) und Sie dabei Ihr Selbstbild auch mit dem Fremdbild abgleichen. Dieser Abgleich ist für Führungskräfte gegenwärtig oftmals nicht so einfach, weil sie aus ihrem beruflichen Umfeld aus den verschiedensten Gründen kein ehrliches Feedback bekommen. Das verzerrte Selbstbild kann wiederum zu einem Trugschluss über den eigenen Veränderungsbedarf führen und die Persönlichkeitsentwicklung endet in einer selbstgebauten Sackgasse. In einer hybriden Arbeitswelt sollte dies anders aussehen und ein ehrliches Feedback die Regel und nicht die Ausnahme darstellen. Dies erleichtert den Abgleich zwischen Eigen- und Fremdbild deutlich.

2. **Selbstakzeptanz lernen**

   Im zweiten Schritt lernen Sie, sich selbst so anzunehmen, wie Sie gegenwärtig sind. Diese Selbstliebe zu entwickeln, ist aus mehreren Gründen für viele Menschen eine große Hürde. Es ist wie bei dem morgendlichen Blick in den Spiegel. Nicht alles, was Sie dort sehen, gefällt Ihnen vielleicht, und von Ihrem Umgang mit der gewonnenen Erkenntnis hängt ab, wie Ihr Tag verläuft. Sie haben drei Alternativen. Erstens können Sie die Augen vor der Wahrheit verschließen, doch dann gehen Sie blind durchs Leben und werden recht schnell vor die Wand laufen. Zweitens, Sie ärgern sich den ganzen Tag über das, was Sie im Spiegel gesehen haben. Schlechte Laune ist die Folge und wahrscheinlich werden Sie versuchen, das Bild zu kaschieren oder davon abzulenken, was Sie viel Zeit und Energie kosten wird. Die Psychologen sprechen von Selbstschutzmechanismen. Viele Menschen vermeiden eine Selbsterkenntnis, um ihr Selbstwertgefühl nicht zu verletzen. Drittens schließlich können Sie versuchen, Ihren Fokus darauf zu legen, das Beste aus sich und Ihrem Tag zu machen. Dies fördert Ihre psychische Gesundheit und die Fähigkeit, positiv mit sich und Ihren Mitarbeiter*innen umzugehen.

3. **Selbstentwicklung leben**

   Mit diesem dritten Schritt endet der Entwicklungsprozess, der die unterschiedlichsten Ziele zum Gegenstand haben kann. Als Führungskraft gehört zumeist die Anpassung Ihres persönlichen Mindsets und die Änderung von individuellen Verhaltensmustern im Unternehmenskontext zu den vorrangigen Zielen der Persönlichkeitsentwicklung. Dies haben wir in Kapitel 3 ausführlich beschrieben. Am Ende der Entwicklung, die in Wahrheit kein Ende hat, sind Sie sich Ihrer eigenen Wirkung als Führungskraft bewusst und haben Ihr persönliches Potenzial bestmöglich entfaltet, statt es zu bekämpfen oder zu negieren. Am Ende fördert dies auch Ihr Selbstvertrauen.

Ihre Veränderungsbereitschaft im Sinne eines Growth Mindsets ist die notwendige Voraussetzung für Ihre Persönlichkeitsentwicklung. Hinzu kommt Ihr Engagement und Ihre Ausdauer, denn Persönlichkeitsentwicklung ist nichts, was mal eben so nebenbei passiert. Ihr Einsatz ist gefragt und Coaching ist eine wertvolle Hilfe.

Kompetenzfeld	Aufgabengebiet	Workhack # 11	Workhack # 12
Awareness	Persönlichkeit entwickeln	Ich-Canvas	Mindset Coaching

4.2.3   Resilienz stärken

»Es ist keine Überraschung, dass Homeoffice und mobiles Arbeiten an unserer Energie und Belastbarkeit zehren. Studien zeigen, dass viele von uns länger arbeiten, unter chronischem Stress leiden und in einem Ausmaß ausbrennen, wie es die Welt noch nicht erlebt hat. Gleichzeitig sehnen wir uns nach sozialen Kontakten, verlieren diese und erleben teils tiefe Einsamkeit und Trauer in der Isolation.« (Meister, Sinclair, 2021). Mit diesen drastischen Worten beschreiben die beiden Professor*innen für Leadership, Alyson Meister und Amanda Sinclair, die gesundheitlichen Folgen der modernen Arbeitswelt.

Dies vorausgeschickt, stellen sich für Sie als Führungskraft zwei zentrale Fragen im Rahmen Ihrer Selbstführung, auf die Sie Antworten finden sollten:
1.   Wie bewerten Sie Ihre eigene Belastungssituation?
2.   Wie können Sie sich auf solche Belastungen optimal vorbereiten?

Die Antwort auf die erste Frage ergibt sich bei einem Blick auf Ihre physische und psychische Gesundheit. Gehen Sie davon aus, dass Ihr Köper mit Ihnen spricht, in dem er Ihnen Signale sendet. Typische Hinweise auf eine vorhandene Überlastungssituation sind zum Beispiel Herz-, Magen- oder Rückenbeschwerden. Ein regelmäßiger Gesundheitscheck kann hier weiterhelfen. Im Umgang mit den Ergebnissen sind zwei Dinge wichtig. Erstens, die Befunde nicht ignorieren, und zweitens, an den Ursachen dafür arbeiten und nicht nur die Symptome behandeln. Bei der Bestandsaufnahme für die seelische Belastungssituation helfen strukturierte Reflexionsaufgaben in Form von Stress- oder Burn-out-Tests, die Sie auf den Seiten der Krankenkassen finden (z. B. https://www.barmer.de/stresstest-18640).

Die Antwort auf die zweite Frage liegt in der Stärkung Ihrer persönlichen Resilienz. In der Psychologie steht die Resilienz für die psychische Widerstandskraft. Das ist die Fähigkeit eines Menschen, sich trotz widriger Umstände wieder aufzurichten und zu erholen. Je resilienter Sie sind, desto besser meistern Sie Belastungen und Krisen im beruflichen und privaten Kontext.

Die gute Botschaft lautet: Ihre Resilienz ist nicht in Stein gemeißelt. Sie können Ihre Widerstandsfähigkeit trainieren. Auch die Forschung belegt, dass es Faktoren gibt, die Ihre Resilienzfähigkeit wachsen lassen. Man nennt diese Eigenschaften und Haltungen auch die sieben Säulen der Resilienz (vgl. Rampe, 2004). Sie bilden das Fundament Ihrer Widerstandsfähigkeit:

1. **Akzeptanz**

   Blicken Sie den Tatsachen ins Auge. Verdrängen hilft nicht. Nur wenn Sie akzeptieren, wo Sie stehen, können Sie auch Ihren neuen Weg finden. Ihre Energie sollte Sie dorthin lenken, wo Sie die Dinge ändern können.

2. **Optimismus**

   Optimisten sehen Veränderungen mehr als Chance, denn als Bedrohung. Diese Haltung fördert die Ausdauer und schützt vor Handlungsblockaden, weil die meisten befürchteten Dinge nicht eintreten.

3. **Lösungsorientierung**

   Denken Sie in Lösungen und nicht in Problemen. Neue Herausforderungen brauchen neue Lösungen. Fokussieren Sie sich auf die spürbaren Fortschritte in Ihrem Handeln.

4. **Selbstbewusstsein**

   Wer selbstbewusst durch das Leben geht, ist sich seiner Stärken und deren Wirkung bewusst, um Krisen zu bewältigen. Dies eröffnet Ihnen den notwendigen Handlungsspielraum.

5. **Eigenverantwortung**

   Übernehmen Sie die Verantwortung für das eigene Handeln. Lösen Sie sich von der bequemen Opferrolle. Ein kleiner erster eigener Schritt in Richtung Veränderung ist besser, als passiv zu verharren.

6. **Netzwerkorientierung**

   Pflegen Sie ein stabiles und positives soziales Umfeld, das wie ein Airbag funktioniert. Es geht darum, die Unterstützung anderer zu gewinnen. Allein das Wissen um die potenzielle Hilfe macht resilient.

7. **Zukunftsorientierung**

   Denken und handeln Sie zukunftsorientiert, indem Sie ein positives Bild Ihrer Zukunft planen und sich auf die absehbaren Probleme vorbereiten. Nehmen Sie Einfluss auf Ihre Zukunft.

Unsere Workhacks helfen Ihnen dabei, Ihre Resilienz zu stärken und sich als Führungskraft gegenüber den Belastungen im Arbeitsalltag besser aufzustellen.

Kompetenzfeld	Aufgabengebiet	Workhack # 13	Workhack # 14
Awareness	Resilienz stärken	Stärkenportfolio	Niksen

4.2.4 Vorbild sein

Vorbilder spielen in verschiedenen Lebensbereichen eine große Rolle, wie schon Sigmund Freud festgestellt hat. Dies gilt auch für das Thema der Führung. Eine Führungskraft, die als Vorbild angesehen wird, zeichnet sich durch ihre Denk- und Verhaltensmuster aus, an denen sich die Mitarbeiter*innen orientieren. Genau diese Orientierungsfunktion ist der Grund für die Bedeutung der Rolle als Vorbild. Das »role model«, wie es im Englischen heißt, besitzt die Fähigkeit, aufgrund seiner Denk- und Verhaltensweisen andere zu überzeugen, ihm als Person sowie in der Sache zu folgen und Vertrauen, Respekt, Wertschätzung und Loyalität der Mitarbeiter*innen zu erwerben.

In der transformationalen Führung kommt der Führungskraft als Vorbild eine zentrale Bedeutung zu, die wir aufgrund unserer Coachingerfahrung nur unterstreichen können. In unserem NEW C.A.R.E.-Modell für hybride Führung heben wir diese Aufgabe explizit hervor, weil Sie als vorbildliche Führungskraft in vielfacher Art und Weise Ihre Mitarbeiter*innen unterstützen und entwickeln:

- **Wissensvermittlung:** Mitarbeiter*innen können auf drei verschiedene Weisen lernen. Erstens durch abstrakte Wissensvermittlung, zum Beispiel auf Seminaren oder durch Anweisungen, zweitens durch ungesteuertes Ausprobieren, im Sinne von Trial and Error, und drittens durch Nachahmung des gewünschten Verhaltens. Die Relevanz der Nachahmung wird deutlich, wenn Sie sich vor Augen führen, dass der Mensch mehr als die Hälfte seines Verhaltensrepertoires durch Imitation erlernt. Indem Sie das Verhalten als Führungskraft vorleben, zeigen Sie durch Worte und Taten, was im Sinne des Unternehmens gewünscht ist.
- **Visualisierung:** Der Vorteil dieser Form des Lernens ist, dass die praktische Umsetzung erlebbar wird. Es ist keine theoretische Handlungsempfehlung, die erst in die Praxis übersetzt werden muss, sondern die Mitarbeiter*innen sind live dabei. Dies macht so mache Formulierung im »Code of Conduct« der Zusammenarbeit viel anschaulicher, weil man sieht, wie es geht.
- **Motivation:** Unter der Annahme, dass Ihr vorgelebtes Verhalten auch den gewünschten Erfolg bringt, erfüllt die Vorbildrolle auch einen Motivationseffekt. Die Mitarbeiter*innen sehen nicht nur, was angestrebt wird und wie es umzusetzen ist, sondern auch, dass es möglich ist.
- **Teamfähigkeit:** Ein entscheidender Aspekt besteht auch darin, dass Mitarbeiter*innen, die aus Überzeugung Ihnen als Vorbild folgen, auch den Umgang mit Autoritäten lernen. Dadurch sind sie leichter in das Team zu integrieren und können für die gemeinsame Sache produktiv werden.
- **Mitarbeiterentwicklung:** Durch Ihre gelebte Vorbildrolle fördern Sie auch die Produktivität Ihrer Mitarbeiter*innen. Mit der erfolgreichen Nachahmung erweitert sich das Fähigkeitsspektrum der Mitarbeiter*innen, damit das Selbstvertrauen, und am Ende wird die Fähigkeit zum eigenverantwortlichen Arbeiten entwickelt, was wiederum die Produktivität steigert.

- **Persönlichkeitsentwicklung:** Der Entwicklungsimpuls kann sogar über den betrieblichen Kontext hinausgehen. Wenn die Mitarbeiter*innen durch Ihr gelebtes Verhalten als Führungskraft erfahren, dass es offensichtlich auch andere Lebensmodelle gibt, als es den bisherigen eigenen Lösungsweg entsprochen hat, kann dies durchaus auch einen inspirierenden Effekt für die Persönlichkeitsentwicklung entfalten, zum Beispiel bei der Vereinbarung von Privat- und Berufsleben oder der Entwicklung eigener Werte.

Um Ihre Rolle als Vorbild überzeugend zu leben, müssen Sie nach unserer Erfahrung verschiedene Herausforderungen meistern. Erstens müssen Sie einen überzeugenden Bezug zwischen der Unternehmenskultur und Ihrer eigenen Person herstellen. Wenn für Ihr Umfeld nicht glaubhaft ist, dass Sie »hinter dem Ganzen stehen«, wofür Sie das Vertrauen und die Gefolgschaft Ihrer Mitarbeiter*innen gewinnen wollen, haben Sie schon verloren. Zweitens muss Ihnen bewusst sein, dass Sie bildlich gesprochen immer und überall auf der Bühne stehen und von Ihren Mitarbeiter*innen in Ihrer Vorbildrolle bewertet werden. Konstanz ist gefragt. Drittens erfordert die Vorbildrolle auch ein erhebliches Maß an kritischer Selbstreflexion, um authentisch zu sein und nicht die Bodenhaftung zu verlieren. Hier schließt sich der Kreis zwischen Ihrer Aufgabe, Vorbild zu sein und Ihre eigene Persönlichkeit weiterzuentwickeln, um die Rollensouveränität zu wahren.

Kompetenzfeld	Aufgabengebiet	Workhack # 15	Workhack # 16
Awareness	Vorbild sein	Vorbildrolle leben	Journaling – Zehn Fragen an mich selbst

4.3   Relationship

Die dritte Brückenkompetenz in unserem NEW C.A.R.E.-Modell für hybride Führung ist Relationship, was für Beziehung steht. Diese Brückenkompetenz beschreibt Ihre Fähigkeiten als Führungskraft, Beziehungen in Ihrem Team aufzubauen und zu pflegen. Eine Beziehung zwischen Menschen zeichnet sich dadurch aus, dass sie miteinander interagieren und ihr Denken, Fühlen und Handeln voneinander beeinflusst wird.

Um die Bedeutung von Beziehungen für Sie als Führungskraft zu veranschaulichen, machen wir einen gedanklichen Ausflug in die Systemtheorie. Danach lässt sich ein System als die Gesamtheit von Elementen beschreiben, die miteinander in Verbindung stehen, Wechselwirkungen unterhalten und sich gegenüber ihrer Umwelt abgrenzen.

Übertragen Sie dieses Bild auf Ihr Team oder Unternehmen, so lässt es sich auch als ein System von Elementen definieren (u. a. Mitarbeiter*innen, Teams, Abteilungen, Bereiche), die miteinander in Verbindung, also in sozialer Beziehung stehen. Die guten alten Organisationscharts von Unternehmen sind ein Beispiel für den Versuch der grafische Darstellung eines solchen Systems. Die Quantität und Qualität der Beziehungen ist für die Stabilität und den Erfolg des Unternehmens als Ganzes entscheidend. Produktive Beziehungen sind ein Erfolgsfaktor für das Arbeiten in Unternehmen und gestörte Beziehungen daher ein Haupteinsatzgebiet von Führungskräften. So kennen Sie wahrscheinlich die Probleme, die im Team entstehen können, wenn eine Mitarbeiter*in ausgegrenzt, eine eigentlich zuständige Abteilung bei Entscheidungen übergangen wird oder sich ganze Unternehmensbereiche (z. B. das Profit-Center) durch ihr Silodenken vom Rest des Unternehmens bewusst isolieren. All dies sind Beispiele für gestörte Beziehungen im Beziehungsnetzwerk von Unternehmen.

Als Führungskraft sind Sie in den Rollen als Netzwerkarchitekt und Facilitator in der Verantwortung, Störungen im Unternehmenssystem zu verhindern und für gute Beziehungen zu sorgen. Diese guten Beziehungen zeichnen sich durch drei Schlüsselfaktoren aus. Erstens müssen die einzelnen Beteiligten miteinander kommunizieren, d. h. in Verbindung stehen. Zweitens muss eine Basis der Gemeinsamkeiten für alle vorhanden sein, die den Einzelnen motiviert, dabei sein zu wollen. Drittens muss die Gemeinschaft die Unterschiedlichkeit des Einzelnen respektieren und akzeptieren.

Wir haben vier Aufgabengebiete identifiziert, die Sie in Ihren Rollen als Netzwerkarchitekt und Facilitator mit Leben füllen sollten, um in Ihrem System, Ihrem Team, Beziehungen aufzubauen und zu pflegen:

- **Strukturen schaffen:** Abstrakt formuliert charakterisiert eine Struktur die Anordnung miteinander verbundener Elemente. Auf Ihr Team übertragen, bringt die Struktur Ihr Team in die Form, die sowohl den äußeren Rahmen definiert wie auch den inneren Aufbau bestimmt. Der äußere Rahmen definiert gleichzeitig die Grenzen, in denen sich Ihre Teammitglieder bewegen sollen, und prägt für das Umfeld das Erscheinungsbild Ihres Teams von außen betrachtet. Der innere Aufbau beschreibt die Quantität und Qualität der Beziehungen, also wer mit wem und wie interagiert. Zum Aufbau und der Pflege dieser Beziehungen können Sie verschiedene Instrumente einsetzen, die in Abschnitt 4.4 beschrieben werden.
- **Vertrauen bilden:** Ein Sprichwort sagt: »Vertrauen ist der Anfang von allem.« Dies gilt auch für Beziehungen, sei es im privaten oder beruflichen Umfeld. Es ist wie bei einem Gang über die Hängebrücke einer tiefen Schlucht. Hier müssen Sie auch Vertrauen auf die Stabilität der Brücke besitzen, die eine Verbindung zwischen den beiden Bergseiten herstellt. Nichts anderes ist es, wenn Ihre Mitarbeiter*innen auf die Belastbarkeit der Beziehungen im Team und Ihnen vertrauen. Unsere Ausführungen zum Aufgabengebiet »Vertrauen bilden« in Kapitel 4.3.2 zeigen Ihnen, wie Sie dieses Vertrauen aufbauen können.
- **Konflikte managen:** Wo immer Menschen zusammenkommen, können Konflikte entstehen und eine destruktive oder konstruktive Wirkung entfalten. Destruktiv

ist alles, was die Produktivität senkt, zum Beispiel wenn ein wichtiges Teammitglied ausgegrenzt wird, und konstruktiv ist alles, was die Produktivität steigert, zum Beispiel das Ringen um die beste Problemlösung. Das erste gilt es für Sie als Führungskraft zu verhindern und das zweite im Sinne der verfolgten Ziele zu nutzen. Das dritte Aufgabengebiet des Kompetenzfeldes »Relationship« hat daher das Konfliktmanagement zum Inhalt.

- **Identifikation sichern:** Eine Grundlage guter Beziehungen im Team liegt darin, dass Sie Gemeinsamkeiten schaffen und vermitteln. Diese Gemeinsamkeiten sind die Voraussetzung für die Identifikation des Einzelnen mit dem Ganzen. Und die Identifikation wiederum schafft das »Wir-Gefühl« als den emotionalen Klebstoff, der das System zusammenhält. Weil wir der Überzeugung sind, dass es ohne diesen Klebstoff in einer immer individualisierten Welt keinen Fortschritt geben wird, zeigen wir Ihnen zum Abschluss des Kompetenzfeldes »Relationship«, wie Sie diese Identifikation sichern können.

Im folgenden Interview erfahren Sie, wie **Cordula van Kekken-Rau**, die bei Bosch arbeitet, das Thema »Relationship« bewertet und in ihrer täglichen Arbeit als Führungskraft lebt.

Interview mit Cordula van Keeken-Rau

Cordula van Keeken-Rau
Director Customer Team Jaguar LandRover
Robert Bosch Automotive Steering GmbH

Wie haben Sie persönlich Ihre Arbeitssituation während der Corona-Pandemie erlebt? Was ist Ihre wichtigste Erkenntnis?
Cordula van Keeken-Rau: Die Corona-Pandemie hat mich und mein Team von einem Tag auf den anderen von der analogen in die virtuelle Arbeitswelt katapultiert. Die Situation war für uns allerdings nicht völlig neu, da ich bereits vor der Corona-Pandemie meinem Team Home-Office-Tage ermöglicht habe und der Digitalisierungsgrad bei meinem Arbeitgeber bereits sehr hoch ist. Die größte Herausforderung für uns alle war, die Entgrenzung von Arbeitstag und Privatleben erfolgreich zu gestalten. Vor diesem Hintergrund kommt dem Begriff »Work-Life-Balance« eine ganz neue Bedeutung zu, den ich als Führungskraft häufig mit meinem Team diskutiert habe. Die guten persönlichen Beziehungen, die wir in Vor-Pandemie-Zeiten sowohl untereinander als auch zum Kunden aufbauen konnten, haben sich in der Krise als sehr belastbar und dementsprechend als Erfolgsfaktor für die Höchstleistungen erwiesen, die das Team erbracht hat.

Haben Sie neue Strukturen aufgebaut oder genutzt, um die Zusammenarbeit im Team zu sichern, und wenn ja, welche Erfahrungen haben Sie damit gemacht?
Cordula van Keeken-Rau: Durch den hohen Digitalisierungsgrad bei meinem Arbeitgeber waren zahlreiche Online-Tools vorhanden, um die Zusammenarbeit unter den neuen Randbedingungen entsprechend erfolgreich gestalten zu können. Dementsprechend einfach war es möglich, die verschiedenen Meeting-Arten in die digitale Arbeitswelt zu überführen. Teammeetings habe ich per Video-Konferenz abgehalten, für die weitere Kommunikation oder den morgendlichen Team-Check-in standen verschiedene Chaträume und Werkzeuge (Whiteboard etc.) zur Verfügung. Als Ersatz für den Austausch am Kaffeeautomaten habe ich regelmäßige virtuelle »Coffee-Talks« aufgesetzt, in denen wir uns im Team ganz bewusst über nichtfachliche Themen ausgetauscht haben.

Es gibt viele Gründe gegen die Führung aus dem Home-Office. Der Kontrollverlust gehört dazu. Wie stehen Sie zu diesem Argument?
Cordula van Keeken-Rau: Dieses Argument gehört für mich zu einem veralteten Führungsstil, den ich persönlich als Führungskraft nicht anwende. Die Arbeit im Home-Office basiert auf einem hohen Maß an Vertrauen zwischen Führungskraft und Mitarbeiter*innen. Es ist meine Verantwortung als Führungskraft, meinen Mitarbeiter*innen klare Leitlinien für ihre Arbeit an die Hand zu geben, um Missverständnissen vorzubeugen. Dazu gehört für mich die klare und transparente Kommunikation von Zielen, Zielterminen und meiner Erwartungshaltung, aber auch das Aufzeigen von Gestaltungsspielräumen zum Erreichen der Ziele. Das Arbeitsumfeld spielt dabei für mich eine eher untergeordnete Rolle. Ich muss als Führungskraft meine Mitarbeiter*innen nicht physisch sehen, um zu wissen, dass sie an den Themen erfolgreich arbeiten. Ich war vor Corona in der analogen Arbeitswelt viel auf Reisen und auch nicht ständig vor Ort.

Mit zunehmender Zersplitterung des Teams steigt das Konfliktpotenzial. Haben Sie ein Patentrezept, um das zu verhindern?
Cordula van Keeken-Rau: In meinem Team arbeiten viele Mitarbeiter*innen aus verschiedenen Kulturen und über verschiedene Regionen hinweg. Wir sind es daher gewöhnt, in einem gewissen virtuellen Rahmen miteinander zu arbeiten. Es ist wichtig, dass das gesamte Team regelmäßig als Team zusammenkommt, um Themen gemeinsam zu diskutieren, auch vor den verschiedenen kulturellen Hintergründen der Mitarbeiter*innen. Mögliche Konflikte müssen offen und transparent angesprochen werden. Diese Regel gilt für mich aber unabhängig vom Arbeitsumfeld. Als Führungskraft sollte man sich noch mehr Zeit für Führung nehmen und diese in der Woche auch durchaus fest einplanen, sei es beispielsweise für weitere individuelle Rücksprachen, sei es für die Ausarbeitung und Einführung neuer Führungsansätze im virtuellen Teamumfeld.

Die Identifikation mit der Gruppe und der Aufgabe wird als ein Erfolgsfaktor für die Teamperformance gesehen. Wie lässt sich das Identifikationsgefühl Ihrer Meinung nach am besten fördern?
Cordula van Keeken-Rau: Wir sind ein Team, wir haben einen gemeinsamen Kunden und ein gemeinsames Ziel. Dieses haben wir in den vergangenen Jahren immer erfolgreich erreicht und darauf sind wir gemeinsam stolz. Erfolge werden kommuniziert und gelebt, der Fokus auf die positiven Themen ist entscheidend.

Wie sehen Sie die Zukunft der hybriden Arbeitswelt?
Cordula van Keeken-Rau: In den Bereichen, in denen es möglich ist, wird die hybride Arbeitswelt aufgrund der Digitalisierung das »Neue Normal« werden. Gerade die jüngere Generation an Mitarbeiter*innen fühlt sich in diesem Umfeld wohl, da es eine gute Verbindung zwischen privatem und beruflichem Umfeld bietet. Ich gehe davon aus, dass sich ein Arbeitsmodell »drei Tage im Büro, zwei Tage Home-Office« als Regel etablieren wird.

4.3.1   Strukturen schaffen

Führung kann nicht nur unmittelbar durch die Führungskraft erfolgen, sondern auch mittelbar durch die im Unternehmen etablierten Strukturen, die den Entscheidungs- und Handlungsspielraum der Mitarbeiter*innen fördern und so deren Verhalten mittelbar beeinflussen. Man spricht auch von der sogenannten strukturellen Führung, die über die Gestaltung von Führungskonzepten und Regelungen in der Arbeitsorganisation ausgeübt wird.

Auch wenn die Verantwortung dafür vorrangig beim Top-Management liegt, so ist es Aufgabe jeder Führungskraft, diese Strukturvorgaben im Rahmen ihrer Spielräume mitzugestalten und als Vorbild zu nutzen. Zu den Instrumenten der strukturellen Führung zählen (vgl. Franken, 2016, S. 175 – 175):

- **Organisation:** Die Aufbau- und Ablauforganisation bietet eine Vielzahl von Ansatzpunkten, um führungsrelevante Strukturen zu etablieren. In Konzernorganisationen gehört der Dezentralisierungsgrad zu den wesentlichen Treibern für die Unterstützung eigenverantwortlicher Arbeit. Je unabhängiger die untergeordneten Konzerneinheiten von der Zentrale agieren dürfen, desto eigenverantwortlicher und unternehmerischer ist das Engagement. Auch eine Verringerung der Hierarchieebenen hat positive Effekte auf das eigenverantwortliche Denken und Handeln der Mitarbeiter*innen. Und schließlich fördert die Einführung agiler Strukturen, auch außerhalb von Projekten, den Autonomiegrad der Beschäftigen. Hier schlummert noch ein enormes Entwicklungspotenzial, denn Umfragen zeigen, dass sich derzeit nur rund 10 % der Beschäftigten hierzulande schon in einer agilen Rolle wiederfinden (vgl. Kienbaum Institut/Stepstone, 2020, S. 28).

- **Infrastruktur:** Im Verlauf der Pandemie wurde die Informations- und Kommunikationstechnologie in den Unternehmen sprunghaft ausgebaut. Kollaborationssoftware, wie Teams, Slack oder Miro, haben an Akzeptanz gewonnen und der Umgang damit wurde für viele selbstverständlich. Es haben sich aber auch Defizite in der Arbeitsumgebung (z. B. Bildschirme, Arbeitszimmer) im Home-Office der Beschäftigten gezeigt. Es bleibt spannend zu beobachten, ob sich die Unternehmen auch dafür verantwortlich fühlen oder die Problemlösung an ihre Mitarbeiter*innen outsourcen.

- **Führungskonzept:** Der im Führungsleitbild bei vielen Unternehmen verankerte Führungsstil zählt ebenfalls zu den wesentlichen Elementen der strukturellen Führung, weil er über die Zielinhalte, Rollenbilder, Motivationsansätze und Koordinationsmechanismen auf die Mitarbeiter*innen wirkt. Oftmals werden hier die transaktionale und transformationale Führung gegenübergestellt. Während die transaktionale Führung auf einen Austausch von Leistung und Gegenleistung im Sinne einer extrinsischen Motivation setzt, zielt die transformationale Führung auf eine intrinsische Motivation durch die Aufgabe selbst und wird mit einem moderneren Führungsverständnis gleichgesetzt. Das Problem besteht darin, dass die Freude an Verantwortung, die beim modernen Führungsverständnis unterstellt wird, keine »anthropologische Konstante« darstellt und daher nicht von allen geteilt wird (vgl. Gebhardt, Hofmann, Roehl, 2015, S. 14 – 15).

- **Personalarbeit:** Die Mitarbeiter*innen sind die wertvollste Ressource eines Unternehmens und daher werden mit der systemischen Personalarbeit auch die Strukturen für den Erfolg des Unternehmens gelegt. Die allgemeinen Vorgaben für die Auswahl, Motivation, Weiterbildung und Beurteilung von Mitarbeiter*innen entscheiden darüber, welche Mitarbeiter*innen gewonnen und an das Unternehmen gebunden werden können. Gerade diese Punkte fungieren bei Ihren Mitarbeiter*innen oftmals als gelebte Gradmesser für Ihre inneren Überzeugungen als Führungskraft.

- **Unternehmenskultur:** Die Gesamtheit der Werte, Normen und Haltungen, die ein Unternehmen prägt, beschreibt die Unternehmenskultur, die in den tatsächlichen Entscheidungen, Verhaltensweisen und Handlungen aller Beschäftigten sichtbar wird. Die Unternehmenskultur ist zwar ein kollektives Phänomen, das nur in der Gemeinschaft geschaffen und gelebt werden kann, doch übernehmen Sie als Führungskraft hier eine entscheidende Vorbildfunktion gegenüber Ihren Mitarbeiter*innen (vgl. Franken, 2016, S. 196 – 199).

Kompetenzfeld	Aufgabengebiet	Workhack # 17	Workhack # 18
Relationship	Strukturen schaffen	ALPEN-Methode	Praxiswerkstatt

4.3.2   Vertrauen bilden

Vertrauen ist der Anfang und Misstrauen das Ende guter Führung. Vertrauen beschreibt die Qualität einer Beziehung und basiert auf der Erwartung einer Person gegenüber anderen Menschen oder Systemen, dass diese berechenbar im Interesse dieser Person handeln. Das Vertrauen richtet sich auf zukünftige Handlungen und beruht auf Erfahrungen aus der Vergangenheit. Damit wird deutlich, dass es Zeit braucht, um Vertrauen zu bilden.

Als Führungskraft sind Sie in vielfacher Hinsicht gefordert, Vertrauen aufzubauen. An erster Stelle kommt hier der Aufbau von Selbstvertrauen in die eigene Person als Führungskraft sowie die Förderung des Selbstvertrauens Ihrer Mitarbeiter*innen. Werfen Sie dazu einen Blick in die Ausführungen zu den Aufgabengebieten »Persönlichkeit entwickeln« (Kapitel 4.4.2) und »Mitarbeiter*innen entwickeln« (Kapitel 4.4.3). Zweitens sind Sie auch gefordert, Systemvertrauen aufzubauen, so dass Ihre Mitarbeiter*innen auch dem Unternehmen als Arbeitgeber und dem eigenen Team als System vertrauen. Dafür spielen unter anderem die Aufgabengebiete »Transparenz schaffen« (Kapitel 4.4.1), »Strukturen schaffen« (Kapitel 4.3.1) »Verständnis sichern« (Kapitel 4.1.3) und »Sinn vermitteln« (Kapitel 4.1.4) eine große Rolle. Drittens ist entscheidend, dass es Ihnen gelingt, das Fremdvertrauen Ihrer Mitarbeiter*innen in Ihre Person als Führungskraft zu bilden.

Das Vertrauen in Ihre Person als Führungskraft ist entscheidend, weil es bildlich gesehen wie das Motoröl im Zylinderblock Ihres Autos funktioniert. Es vermindert die Reibung im Antriebssystem, sichert so, dass die Dinge laufen, und fördert die Leistung. Fehlt es, kann der Motor blockieren (vgl. dazu und im Folgenden: WPGS, o. J.). Das Zusammenarbeiten auf Basis von Vertrauen ist mit einer Reihe von Vorteilen verbunden, weil die Mitarbeiter*innen …

- eher in Vorleistung gehen.
- sich selbst besser entwickeln.
- weniger und im Idealfall nicht mehr kontrolliert werden müssen.
- offener miteinander kommunizieren.
- stärker kooperieren.
- negative Rückmeldungen besser annehmen.
- Konflikte einfacher lösen können.
- Veränderungen leichter akzeptieren.
- sich stärker mit dem Team und der Aufgabe identifizieren.
- die Führungskraft akzeptieren und ihr folgen.

Im Bewusstsein des Managements hat das Vertrauens als Erfolgsfaktor für gute Führung in den letzten Jahren aus verschiedenen Gründen an Bedeutung gewonnen. Die Vertrauensforscherin Prof. Antoinette Weibel von der Universität St. Gallen nennt drei Gründe rund um die Digitalisierung, die auch die Zusammenarbeit in hybriden Arbeitswelten prägt (vgl. Martens, Weibel, 2016, hier: S. 32): Erstens führe die Digitalisierung die Unternehmen auf ein neues Komplexitätsniveau, was die Kontrolle erschwert. Zweitens verlange die Digitalisierung ein höheres Tempo, weil sich Märkte schneller entwickeln, während Kontrolle langsam macht. Drittens erhöhe sie den Innovationsdruck, weil immer neue Geschäftsmodelle auf den Markt kommen, während Kontrolle die Innovation bremst. Vertrauenssysteme bilden daher die sinnvolle Alternative zu Kontrollsystemen.

Vertrauen ist jedoch kein zufälliges Produkt von Führung, sondern erfordert Ihren Einsatz als Führungskraft und fußt auf verschiedenen Faktoren, wie die Wissenschaft herausgefunden hat (vgl. WPGS, o. J.):

- **Kompetenz:** Sie müssen andere von Ihrer Kompetenz überzeugen.
- **Selbstsicherheit:** In Ihrem Handeln selbstsicher auftreten.
- **Benevolenz:** Zum Vorteil der anderen handeln und nicht opportunistisch sein.
- **Verlässlichkeit:** Einhalten, was Sie versprechen.
- **Konsistenz:** Dauerhaft das gleiche Verhalten zeigen und berechenbar sein.
- **Vertrauensvorschuss:** Dem Gegenüber einen Vertrauensvorschuss gewähren.
- **Ähnlichkeit:** Gemeinsamkeiten werden als positiv und verbindend gewertet.
- **Empathie:** Sich in die Einstellungen anderer einfühlen können.

Aus unserer Coachingerfahrung wissen wir, dass es für viele Führungskräfte jedoch die größte Herausforderung ist, ihren alten Glaubenssatz aufzugeben, dass sie alles am besten wissen und können und deswegen glauben, alles kontrollieren zu müssen, damit es funktioniert. Gerade in hybriden Arbeitswelten ist die Angst vor dem befürchteten Kontrollverlust ein Thema. Hier kommt zusätzlich das Kompetenzfeld der Awareness und die Selbstführung als Voraussetzung für gute Führung ins Spiel.

Kompetenzfeld	Aufgabengebiet	Workhack # 19	Workhack # 20
Relationship	Vertrauen bilden	Lunchparty	Coffee break

4.3.3   Konflikte managen

Wie Sie in Kapitel 2 erfahren haben, können hybride Arbeitswelten mit einer Vielzahl von Spannungsfeldern zwischen den Führungskräften und den Teammitgliedern verbunden sein. Aus diesen Spannungen können Konflikte entstehen und Ihre Aufgabe als Führungskraft ist es, diese Konflikte zu managen.

Ein Konflikt entsteht, wenn mindestens zwei Konfliktparteien widersprüchliche Interessen verfolgen und ihre Standpunkte gleichzeitig gegenüber dem anderen durchsetzen wollen. In unserer Arbeitswelt gehören solche Konflikte zum Geschäft und können die unterschiedlichsten Ursachen haben. Es werden folgende Konfliktarten unterschieden:

- **Kommunikationskonflikte:** Hier liegt die Ursache darin, wie wir miteinander kommunizieren und welche Verständnisprobleme daraus folgen können (z. B. durch die schlichte Nichtbeantwortung einer E-Mail).
- **Zielkonflikte:** Die Parteien haben divergierende Meinungen über den anzustrebenden Zielzustand in der Zukunft (z. B. Umfang der Anwesenheitspflicht im Büro).
- **Verteilungskonflikte:** Es liegen unterschiedliche Vorstellungen über die sinnvolle Verteilung von Aufgaben, Verantwortlichkeiten oder Ressourcen vor (z. B. Delegation von Zusatzaufgaben an überlastete Mitarbeiter*innen).
- **Rollenkonflikte:** Hier divergiert das Selbstverständnis einer Person mit den Erwartungen an ihre Rolle (z. B. in einem eigenverantwortlich agierenden Team muss über den Ausschluss eines Teammitglieds entschieden werden).
- **Wertekonflikte:** Die Konfliktparteien haben verschiedene Ansichten über grundlegende Werte, die in einer Entscheidungssituation maßgeblich sind (z. B. Work-Life-Balance oder »Erst die Arbeit, dann das Vergnügen«).
- **Machtkonflikte:** Beide Parteien sehen sich aufgrund ihrer Position als entscheidungsberechtigt an oder sie sehen ihre Position gefährdet (z. B. Führungskräfte, die sich durch eigenverantwortlich agierende Teams entmachtet fühlen).
- **Beziehungskonflikte:** Zwei Menschen sind sich nicht sympathisch und aus den Antipathien entstehenden personifizierte Konflikte (z. B. ein Projektleiter mag eine Person nicht und lädt sie daher nicht zum Meeting ein).
- **Konfliktbewertungskonflikte:** Man kann sogar darüber in Konflikt geraten, wie man den Konflikt bewertet (z. B. die eine Partei sieht in dem Konflikt eine Wertefrage, die anderen eine Machtfrage berührt).
- **Konfliktlösungskonflikte:** In diesem Fall bestehen unterschiedliche Auffassungen über den richtigen Lösungsweg (z. B. zum Vorgesetzten eskalieren oder im Team abstimmen).

Das solche Konflikte für Unternehmen mit enormen Kosten verbunden sind, wird deutlich, wenn man sich bewusst man, dass rund 10 bis 15 % der Arbeitszeit für Konfliktbewältigung verbraucht wird und Führungskräfte mehr als doppelt so viel ihrer Zeit mit Konfliktmanagement verbringen. Hinzu kommen Folgekosten durch eine ansteigende Mitarbeiterfluktuation, erhöhter Krankenstand, kontraproduktives Verhalten, Mängel in der Arbeitsdurchführung, arbeitsrechtliche Sanktionen oder auch entgangene Kundenaufträge (vgl. KPMG, 2009, hier: S. 13 – 16 und S. 20).

Ein gutes Konfliktmanagement zeichnet sich nicht dadurch aus, alle Konflikte zu vermeiden, sondern sie konstruktiv zu bewältigen. Dazu gehört es, unnötigen Konflikten vorzubeugen und notwendigen Konflikte zu steuern. Denn Konflikte sind für das Unternehmen auch von Nutzen. Ihr Sinn besteht darin, vorhandene Differenzen transparent zu machen und durch ihre Überwindung den Erhalt von divergierenden

Gruppen zu sichern. Außerdem sind Konflikte auch Motor für Innovation, wie viele Beispiele für Veränderungen zeigen, denen konfliktreiche Auseinandersetzungen vorangegangen sind (z. B. klimaneutrale Wirtschaftspolitik). Umgekehrt stabilisieren Konflikte auch die Einheit der Gruppe und den Status quo, wenn störende Personen ausgegrenzt und unüberlegte Ideen abgelehnt werden.

In hybriden Arbeitswelten dürfte das Konfliktpotenzial eher steigen als zurückgehen, weil mit der Zunahme der eigenverantwortlichen Arbeit auch die Zahl der Stakeholder wächst, die »ihre« Interessen durchsetzen möchten. Das demokratische Abstimmungsverfahren als Konfliktlösungsmechanismus dabei nur begrenzt wirken, lässt sich erahnen, wenn man politische Ereignisse wie den »Brexit« und seine Folgen analysiert. Gutes Konfliktmanagement bleibt also gefragt.

Kompetenzfeld	Aufgabengebiet	Workhack # 21	Workhack # 22
Relationship	Konflikte managen	Team-Retro	Kill the prejudice!

4.3.4 Identifikation sichern

Die Ausführungen über die Spannungsfelder in hybriden Arbeitswelten haben verdeutlicht, dass es eine Reihe von Veränderungen gibt, die negative Auswirkungen auf das Identifikationsgefühl der Mitarbeiter*innen haben: Zu beobachten ist ein Aufweichen von sozialen Beziehungen, der Verlust des Gruppengefühls und sogar ein Isolationsgefühl des Einzelnen.

Die Identifikation lässt sich als ein Prozess beschreiben, sich mit einer anderen Person, Gruppe oder Sache gleichzusetzen, weil man wesentliche Gemeinsamkeiten sieht, die einen verbinden. In diesem Sinne kann die Identifikation auch identitätsstiftend für einen selbst sein. Ein gutes Beispiel dafür sind Fußballfans, die sich mit ihrem Verein identifizieren und deshalb in Vereinsfarben kleiden, jeden Samstag ins Stadion gehen, als Dauerkarteninhaber den Verein finanziell unterstützen und sich für alles rund um ihren Verein begeistern.

Vergleichbare Effekte sind auch in der Arbeitswelt zu beobachten und die Sozialpsychologie hat in einer Vielzahl von Studien die Identifikationswirkungen nachgewiesen und die Theorie der sozialen Identität entwickelt. Diese besagt, dass alle Menschen einen Teil ihres Selbstwertes aus der Mitgliedschaft in anderen Gruppen beziehen und daher das Bedürfnis haben, sich anderen anzuschließen und Isolation zu vermeiden. Die empirischen Ergebnisse zeigen sehr deutlich, dass die Identifikation sich positiv auf Einstellungen (Arbeitszufriedenheit, Motivation, Kündigungsabsichten) und Verhalten (Engagement, Krankenstand, Kreativität, Kundenorientierung) der Mitarbeiter*innen auswirkt (vgl. van Dick, Schuh, 2016, hier: S. 43 – 47).

All diese Effekte zahlen auf die Effizienz und Effektivität und damit die Produktivität Ihrer Mitarbeiter*innen ein. Vor diesem Hintergrund ist es Ihre Aufgabe als Führungskraft, den möglichen negativen Folgen der hybriden Arbeitswelt entgegenzuwirken und die Identifikation zu sichern. Diese Aufgabe ist von Ihnen auf verschiedenen Ebenen zu erfüllen:

- **Identifikation mit dem Unternehmen:** Im Sinne einer systemischen Betrachtung des Verhältnisses zwischen Arbeitgeber und Mitarbeiter*in von außen nach innen ist an erster Stelle die Identifikation der Mitarbeiter*innen mit dem Unternehmen zu nennen. Hier kommt die Passung von Purpose, der Unternehmenskultur und der Vision bzw. Mission des Unternehmens mit den Vorstellungen der Mitarbeiter*innen zum Tragen. Als Führungskraft sind Sie in der Rolle des Botschafters gefordert. Dies kommt zum Beispiel bei strategischen Neuausrichtungen zum Tragen, die mit Umorganisationen verbunden sind, oder bei der Bewältigung von Krisensituationen, die für das Unternehmen und die Mitarbeiter*innen eine existenzielle Bedrohung darstellen können.
- **Identifikation mit dem Team:** Für die Produktivität des Einzelnen ist das Wir-Gefühl durch die Identifikation mit den Kolleg*innen als Gruppe entscheidend. Hier entsteht einerseits eine Vielzahl von Spannungen in der Zusammenarbeit und andererseits sind hier auch viele Synergieeffekte durch eine kollegiale Hilfsbereitschaft zu heben. Als Führungskraft fungieren Sie dabei oftmals in der Rolle als Vermittler oder Motivator. Denken Sie an Phasen der arbeitsmäßigen Belastungsspitzen zum Beispiel in Projekten, bei denen alle gefordert sind, die »Extra-Meile« zu gehen. Hier kann ein Wir-Gefühl und die gemeinsame Einstellung »Wir schaffen das!« wahre Wunder bewirken.
- **Identifikation mit der Mitarbeiterrolle:** Die Identifikation mit dem Team allein reicht oftmals nicht aus, die einzelne Mitarbeiter*in zu mehr Engagement zu motivieren. Sie muss sich auch selbst mit ihrer Rolle und Aufgabe im Team identifizieren. Nur wenn sie ihren Mehrwert für die Gruppe erkennt, ihn selbst auch anerkennt und zu leisten bereit ist, wird sie ein produktives Teammitglied. Dies ist ein persönlicher Entwicklungsprozess, den Sie als Führungskraft in Ihrer Rolle als Entwickler fördern können.
- **Identifikation mit der Führungskraft:** Als Führungskraft sind Sie auch selbst Gegenstand der Identifikation Ihrer Mitarbeiter*innen. Durch Ihr Verhalten beeinflussen Sie Ihre Mitarbeiter*innen und geben Orientierung, was Werte und Normen betrifft. Wenn Ihr Team Ihre so erzielten Erfolge als Führungskraft anerkennt und Sie sich seinen Respekt verdient haben, entwickelt sich eine emotionale Bindung, die auf Vertrauen basiert und ein hohes Commitment Ihrer Mitarbeiter*innen nach sich zieht. Hier wirken Sie in Ihrer Rolle als Vorbild, was insbesondere bei der transformationalen Führung entscheidend ist.

Kompetenzfeld	Aufgabengebiet	Workhack # 23	Workhack # 24
Relationship	Identifikation sichern	Team-Canvas	Kudos to you!

4.4 Empowerment

Vielleicht haben Sie auch schon von dem Begriff »Empowerment« gehört. Er lässt sich mit »Ermächtigung« übersetzen. Dahinter steht ein führungsrelevantes Konzept, das in der Organisationspsychologie schon viele Jahre diskutiert wird und auch in der Praxis eine zunehmende Bedeutung erlangt hat.

Beim strukturellen Empowerment soll den Mitarbeiter*innen durch veränderte Organisationsstrukturen im Unternehmen mehr Handlungs- und Entscheidungsspielraum zukommen. Beim psychologischen Empowerment steht hingegen das individuelle Erleben der Mitarbeiter*in im Fokus, das durch die Wahrnehmung der eigenen Bedeutsamkeit, der Kompetenz sowie Selbstbestimmung und der eigenen Wirkung positiv beeinflusst werden soll. In beiden Fällen steht dahinter das Ziel, die Leistungsmotivation der Mitarbeiter*innen zu verbessern und das eigenverantwortliche Handeln zu fördern (vgl. Schermuly, 2016, hier: S. 16 – 17).

In unserem NEW C.A.R.E.-Modell für hybride Führung haben wir diesen Gedankenansatz aufgegriffen und dem Kompetenzfeld Empowerment die vier klassischen Führungsaufgaben zugeordnet:
1. Mitarbeiter*innen auswählen
2. Mitarbeiter*innen unterstützen
3. Mitarbeiter*innen entwickeln
4. Mitarbeiter*innen steuern

Die Idee dahinter ist, Ihnen Möglichkeiten aufzeigen, wie Sie Ihre Mitarbeiter*innen empowern, d. h. ermächtigen können, ihre Aufgaben mit mehr Eigenverantwortung und effizienter erfüllen zu können.

Das Empowerment beginnt mit der passenden Mitarbeiterauswahl, weil Sie als Führungskraft dadurch das Setting für das ganze Team optimieren können. Sowohl der oder die »Neue« kann besser performen, wenn er oder sie in ein passendes Kollegenumfeld kommt, ebenso kann das bereits bestehende Team davon profitieren, wenn durch den Neuzugang fehlende Kompetenz abgedeckt wird oder ein ergänzendes Mindset eingebracht wird.

Das Empowerment zeigt sich auch bei der Unterstützung Ihrer Mitarbeiter*innen im Rahmen ihrer Aufgabenerledigung im Tagesgeschäft. Das Maß der erforderlichen bzw.

sinnvollen Unterstützung hängt vom individuellen Entwicklungstand und Autonomiegrad der Mitarbeiter*innen ab. Wir stellen Ihnen dazu das Modell der situativen Führung vor, das Ihnen einen Überblick über die grundsätzlichen Handlungsoptionen gewährt.

Gute Führung zeichnet sich dadurch aus, dass man nicht nur mit den Mitarbeiter*innen die Gegenwart managt, sondern die Mitarbeiter*innen auch weiterentwickelt, damit sie ihre zukünftigen Aufgaben besser meistern können. Die stärkenorientierte Führung ist hier eine hervorragende Option, um auf den vorhandenen Potenzialen der Mitarbeiter*innen aufzubauen. Es ist unsere Empfehlung für das Empowerment Ihrer Mitarbeiter*innen und Gegenstand von Kapitel 4.4.3 zur Mitarbeiterentwicklung.

Das vierte Aufgabengebiet unter dem Kompetenzfeld Empowerment beschäftigt sich in Kapitel 4.4.4 mit der Mitarbeitersteuerung. Ihr Inhalt und Umfang knüpft ebenfalls an dem Autonomiegrad der Mitarbeiter*innen an. Je eigenverantwortlicher schon gearbeitet wird, desto weniger muss durch Sie gesteuert werden. Gleichwohl können Sie mit Ihren Steuerungsansätzen auch die Entwicklung zu mehr Eigenverantwortung fördern.

Die Chancen eines erfolgreichen Empowerments für Sie als Führungskraft liegen auf der Hand. Die Mitarbeiter*innen »laufen dann allein«, um im Bild mit dem Bergführer zu bleiben. Dies gilt sowohl für den Einzelnen wie auch für das gesamte Team. Als Führungskraft haben Sie dann mehr Zeit für andere Aufgaben oder können einfach einmal früher und entspannter nach Hause gehen.

Aus unseren eigenen Erfahrungen als Führungskraft und Coach wissen wir aber, wo die Grenzen von erfolgreichem Empowerment liegen, die wir nicht verschweigen wollen. Dies nicht mit der Absicht, Sie zu entmutigen, sondern vielmehr Sie zu motivieren, diese Grenzen im Rahmen Ihrer Möglichkeiten selbst zu verschieben:

- **Unternehmensbezogene Grenzen:** Wer in Unternehmen gearbeitet hat und Umstrukturierungsmaßnahmen selbst umsetzen musste oder davon betroffen war, kennt die damit verbundenen Probleme. Unternehmen und ihre Mitarbeiter*innen sind Systeme, die ein erstaunliches Beharrungsvermögen entwickeln können, wenn es darum geht, Veränderungen zu blockieren. Schätzungen gehen davon aus, dass nicht einmal jede zweite Restrukturierung eines Unternehmens erfolgreich verläuft. Bei Veränderungen, die nicht in Krisensituationen initiiert werden, um das Unternehmen beispielsweise vor dem Niedergang zu retten, sondern das Ziel haben, das Unternehmern bei aktuell guter Verfassung einfach »nur« zukunftsfähig aufzustellen, sind die Widerstände noch größer. Eine Verschlankung der Strukturen verläuft in solchen Fällen gerne mal im Sand, weil die Notwendigkeit des »Changes« nicht gesehen wird. Eine von oben proklamierte neue Führungskultur endet dann schnell als Plakataktion auf den Fluren.
- **Mitarbeiterbezogene Grenzen:** Die zweite Hürde für das Empowerment liegt bei den Mitarbeiter*innen selbst. Zum einen sind nicht alle Mitarbeiter*innen bereit,

mehr Eigenverantwortung zu übernehmen, weil sie dabei Druck empfinden, den sie bewusst oder unbewusst nicht wollen. Zum anderen gibt es auch Mitarbeiter*innen, die nicht über die notwendigen Kompetenzen oder Entwicklungspotenziale verfügen. Wer schon geführt hat, kennt vielleicht das dabei auftretende Phänomen, das vielfach ausgerechnet die Mitarbeiter*innen mehr wollen, die nicht das notwendige Entwicklungspotenzial mitbringen. Die Führungsherausforderung besteht darin, die Ziele mit dem vorhandenen Mitarbeiterbestand zu erreichen. Sich um die 10 bis 20 % der High-Performer zu kümmern, ist vergleichsweise einfach, mehr Aufwand entsteht für die ungefähr gleich große Gruppe der Low-Performer.

- **Führungskräftebezogene Grenzen:** Die dritte Hürde, die es zu überwinden gilt, liegt bei der Führungskraft selbst. Auch hier findet sich ein Teil, der nicht veränderungswillig oder -fähig ist. Das in Kapitel 3 vorgestellte Growth Mindset ist keineswegs gleichverteilt auf den Führungsetagen zu finden. Wenn Selbst- und Fremdbild hinsichtlich der eigenen Entwicklungsfelder und des eigenen Potenzials nicht übereinstimmen, ist Stagnation zu erwarten. Im Rahmen einer guten Selbstführung sollten Sie ehrlich mit sich selbst sein und reflektieren, an welcher Stelle Sie diesbezüglich stehen. In unseren Ausführungen zum Kompetenzfeld Awareness (Kapitel 4.2) erfahren Sie mehr zu diesem Thema.

Wie Empowerment in der Praxis funktioniert und welche Herausforderungen zu meistern sind, berichtet **Jutta Sieger** von Pfeifer & Langen in dem folgenden Interview, das wir mit ihr geführt haben.

Interview mit Jutta Sieger

Jutta Sieger
Leiterin Personalentwicklung & Recruiting
Pfeifer & Langen GmbH & Co KG

Wie haben Sie persönlich Ihre Arbeitssituation während der Corona-Pandemie erlebt? Was ist Ihre wichtigste Erkenntnis?
Jutta Sieger: Die Pandemie hat viele wichtige und bleibende Veränderungen hervorgebracht, für manche Unternehmen unter anderem eine längst fällige Digitalisierung von Strukturen und Prozessen. Eigentlich ist dies kein neues Thema, die digitale Transformation der Arbeitswelten wurde aber noch einmal beschleunigt. Was zuvor durchaus möglich war und zum Teil auch praktiziert wurde, wurde nun ein »Muss«: virtuelle Arbeitsmeetings, Trainings, Bewerbungsgespräche, Führungskräfteevents … – und wir haben gesehen: es funktioniert! Grundsätzlich. Denn das Zwischenmenschliche, der kurze Austausch auf dem Flur, die Vernetzung, all dies kam für die meisten Kolleginnen und Kollegen doch ein wenig zu kurz.

Meine Erkenntnis: Im Rahmen der Einführung von neuen Kollaborationsformen habe ich öfter eine Konzentration auf die technische Machbarkeit wahrgenommen. Es ist aber so wichtig, die daraus entstehenden Konsequenzen, wie zum Beispiel die Notwendigkeit eines veränderten Führungsverhaltens im Sinne eines Digital Leaderships oder aber die Herausforderungen einer Work-Life-Integration zu reflektieren und auch an diesen Themen zu arbeiten.

Als Führungskraft müssen Sie verschiedene Rollen erfüllen, die der Unterstützerin Ihrer Mitarbeiter*innen zählt dazu. Wo setzen Sie persönlich Ihre Schwerpunkte?
Jutta Sieger: In meiner Tätigkeit als Führungskraft versuche ich immer, auch meine Arbeitsweise als Coach einfließen zu lassen und dem Grundsatz »Hilfe zur Selbsthilfe« zu folgen. Die ist nicht immer einfach, insbesondere in Zeiten hoher Arbeitslast und beruflicher Anspannung. Es ist auf der einen Seite wichtig, bei jeder Mitarbeiterin und jedem Mitarbeiter das richtige Maß an Unterstützung zu finden, damit Eigeninitiative und Lösungsorientierung nicht begrenzt werden und die Mitarbeiterinnen und Mitarbeiter an ihren Aufgaben wachsen können. Auf der anderen Seite ist es aber mitunter notwendig, selbst zu handeln, beispielsweise wenn Projekte stocken oder Entscheidungen anstehen, die von Mitarbeiterinnen oder Mitarbeitern nicht allein getroffen werden können, die möglicherweise sogar zu einer Überforderung führen können. Selbstverständlich biete ich dann meine Unterstützung an, gerne in der Rolle der Sparringspartnerin. Insgesamt kommt es hier also auf eine Balance an.

Wie beurteilen Sie als Personalentwicklerin das Konzept der Stärkenorientierung als Instrument der Mitarbeiterentwicklung?
Jutta Sieger: In meiner Erfahrung als Personalentwicklerin habe ich schon viele unterschiedliche Szenarien und Ansätze im Kontext der Weiterentwicklung von Mitarbeiterinnen und Mitarbeitern erlebt. Mein Fazit: Es gibt keine pauschale Vorgehensweise, die bei verschiedenen Persönlichkeiten gleichermaßen auf fruchtbaren Boden fällt. Insgesamt konnte ich auch feststellen, dass der reine Blick auf das, was nicht gut läuft, häufig wenig zielführend ist.

Insofern finde ich es nur logisch, sich auf die individuellen Stärken und Potenziale jedes Einzelnen zu konzentrieren. Mit meinem Wissen als Psychologin und meiner Erfahrung als Führungskraft, aber auch als Mutter von zwei Kindern weiß ich, was positive Verstärkung bewirken kann: Mut, Zuversicht, Selbstvertrauen und Freude an dem, was ich gut kann, wofür ich positives Feedback erhalte. Ich denke, dass der stärkenorientierte Ansatz wertvolle Effekte auslöst, mit Blick auf Motivation und Antrieb der Mitarbeiterinnen und Mitarbeiter.

Welche zukünftige Rolle spielt die Mitarbeitersteuerung noch im New Normal der Arbeitswelt, wenn zunehmend eigenverantwortlich gearbeitet wird?
Jutta Sieger: Wir haben noch einen Weg zum New Normal vor uns, insofern wird Mitarbeitersteuerung als Teil der Führungsaufgabe auch noch eine Rolle spielen. Die Frage ist nur, wie wir »Steuerung« in Zukunft definieren und auf welche Art und Weise Führungskräfte Einfluss nehmen werden. Nebenbei bemerkt: Wird cross-funktional in Matrix-Organisationen gearbeitet, haben Mitarbeiterinnen und Mitarbeiter es zudem nicht nur mit einer Führungskraft zu tun, die die disziplinarische und fachliche Führungsverantwortung innehat, sondern projektbasiert mit mehreren Führungskräften, die fachlich führen.

Für Führungskräfte mögen die rein steuernden, koordinierenden Aspekte der Führungsaufgabe im Sinne eines Controllings zwar immer mehr in den Hintergrund treten, dafür gilt es umso mehr, Komplexität zu managen und Sorge dafür zu tragen, dass gemeinsam und motiviert auf ein Ziel hingearbeitet und dieses auch erreicht wird. Darüber hinaus ist die Führungskraft gefordert, Mitarbeiterinnen und Mitarbeitern im stetigen Wandel Sicherheit zu geben und als Vorbild zu agieren. Vielleicht kann dies sogar als eine andere Form der Steuerung interpretiert werden.

Wie sehen Sie die Zukunft der hybriden Arbeitswelt?
Jutta Sieger: Es gibt kein Zurück mehr! Unternehmen können es sich nicht leisten, auf die hundertprozentige Rückkehr ins Büro zu beharren, sondern müssen sich für die neuen Arbeitswelten öffnen.

Dabei wird es meiner Meinung nach keine Lösung im Sinne »One size fits all« geben. Vielmehr sollte zu einer Bürokultur gefunden werden, die die Vorteile des Analogen und des Digitalen sinnvoll kombiniert, also eine gelungene Mischung aus virtueller und physischer Präsenz, die zur jeweiligen Arbeitswelt passt.

Es ist wichtig, dass Unternehmen einen konkreten Handlungsrahmen vorgeben, den Mitarbeiterinnen und der Mitarbeitern – in Abstimmung mit ihren Kolleginnen und Kollegen – eigenverantwortlich nutzen können. Es geht dabei um die selbstbestimmte Bewertung, wo meine Arbeit am besten ausgeführt werden kann, off-site oder eben on-site. Dies wird insbesondere von den nachfolgenden Generationen erwartet bzw. sogar eingefordert. Wir sprechen hier von einem klaren Wettbewerbsvorteil von Unternehmen, die gemeinsam mit ihren Mitarbeiterinnen und Mitarbeitern hybride Arbeitswelten entwickeln und eigenverantwortliches Arbeiten ermöglichen.

4.4.1   Mitarbeiter*innen auswählen

Auf den ersten Blick mag es verwundern, dass die Auswahl von Mitarbeiter*innen unter der Überschrift des Kompetenzfeldes »Empowerment« steht. Mitarbeiterauswahl ist ein Teil des Recruiting und bedeutet, die richtigen Mitarbeiter*innen für das Unternehmen und die spezielle Aufgabe zu identifizieren und die Passung zwischen Mensch und Unternehmen zu prüfen. Je größer das Unternehmen ist, in dem Sie arbeiten, desto mehr ist dieser Prozess von der HR-Abteilung vorgegeben. Mehr Freiheiten haben Sie in der Regel bei der internen Besetzung von temporären Stellen in einem Projektteam.

Gleichwohl können Sie in beiden Fällen Ihre Empowerment-Kompetenz einsetzen, denn die adäquate Besetzung der Stelle zieht positive Effekte nach sich, von denen alle Beteiligten profitieren: der neue Stelleninhaber, die anderen Teammitglieder und auch Sie als Führungskraft. Neben allen anderen wichtigen Faktoren, die eine »richtige« Auswahl und damit den richtigen Kandidaten begründen, ist es wichtig, auf Diversität im Team zu achten. Diversity Management ist hier das Stichwort.

Der Grundgedanke des Diversity Managements ist es, die Vielfalt in der Belegschaft als Erfolgsfaktor zu erkennen, zu fördern und wertzuschätzen, um die Unternehmensziele bestmöglich zu erfüllen und so den wirtschaftlichen Erfolg des Unternehmens zu steigern. Alle (Personal-)Prozesse und Organisationsstrukturen sind so auszurichten, dass alle Mitarbeiter*innen Wertschätzung erfahren und dadurch motiviert sind, ihre Arbeitskraft zum Nutzen des Unternehmens einzubringen (vgl. Charta der Vielfalt, 2021, S. 24).

Der Nutzen von Diversity Management entfaltet sich auf mehreren Ebenen. Die Produktivität erhöht sich, das Team wird kreativer, das Teamgefühl gestärkt, die Mitarbeiterfluktuation reduziert und die Mitarbeiterzufriedenheit sowie die Arbeitgeberattraktivität gesteigert. Unter dem Strich steigt der Gewinn des Unternehmens. Zahlreiche Studien haben dies bestätigt.

Wenn Sie die Vielfalt im Team fördern, bringen Sie Menschen mit verschiedenen Talenten zusammen, die alle auf ein gemeinsames Ziel hinarbeiten. Das Team ist dann mehr als die Summe der einzelnen Kompetenzen, Stärken, Perspektiven, Erfahrungen und auch des Wissens, was jeder Einzelne mitbringt.

Vor diesem Hintergrund ist die Zahl der Unternehmen, die das Diversity Management als wichtigen Faktor entdeckt haben und sich entsprechend aufstellen, in den letzten Jahren immer weiter gestiegen. Nach einer Umfrage der Page Group ist für 69 % der deutschen Unternehmen Diversity ein relevantes Thema (vgl. Page Group, 2021, S. 5).

Im Rahmen Ihrer Mitarbeiterauswahl können Sie Ihren Beitrag für mehr Vielfalt in Ihrem Unternehmen leisten. Sie sollten sich dabei bewusst sein, dass damit auch die

Ansprüche an Sie als Führungskraft steigen, weil mit der Vielfalt auch das Konfliktpotenzial zunimmt und Teams daran auch scheitern können (vgl. Arenberg, 2018).
Denken Sie beispielsweise an die Auswirkungen des Generationenwechsels und den damit verbundenen Wertewandel zum Thema Work-Life-Balance und die entsprechenden
Erwartungen an Sie als Führungskraft oder an die kulturellen Unterschiede in global
agierenden Teams in einer hybriden Arbeitswelt, die zu Spannungen führen können.

Unsere Erfahrungen im Coachingalltag zeigen uns, dass viele Führungskräfte daher
dazu neigen, einen anderen Weg einzuschlagen und in eine typische Managerfalle
im Besetzungsprozess zu laufen. Sie folgen dem Ähnlichkeitsprinzip und klonen sich
faktisch lieber, statt auf Heterogenität zu setzen. Dieses Verhalten ist menschlich und
bequem. Denn je ähnlicher der oder die Neue einem selbst ist, desto einfacher kann
man sie verstehen und muss entsprechend weniger Zeit in die Führung investieren.
Zielführend im Sinne des Diversity Managements ist dieses Verhalten jedoch nicht.

Wenn Sie Vielfalt wirklich leben möchten, sollten Sie Ihre Haltung dazu reflektieren
und die Neugierde und den Mut mitbringen sowie die Zeit investieren, sich für die Vielfalt von Persönlichkeiten zu öffnen. Dies ist kein einfacher, aber ein lohnender Weg für
Sie selbst, Ihr Team und das Unternehmen. Unsere Workhacks zeigen Ihnen, wie Sie
diesen Weg beschreiten können.

Kompetenzfeld	Aufgabengebiet	Workhack # 25	Workhack # 26
Empowerment	MA auswählen	Peer-Recruiting	Teamstärken-Portfolio

4.4.2   Mitarbeiter*innen unterstützen

Wie Sie wahrscheinlich aus Ihrer eigenen Führungserfahrung wissen, ist das, was Ihre
Mitarbeiter*innen unter »Unterstützung« verstehen, und das, was sie benötigen, sehr
unterschiedlich zu interpretieren. Der Grad der Unterstützung kann daher sehr unterschiedlich ausfallen.

Der Verhaltensforscher Paul Hersey und der Professor Ken Blanchard haben mit ihrer
situativen Führungstheorie einen Denkansatz geliefert, diese verschiedenen Bedürfnisse der Mitarbeiter*innen und die darauf anzupassenden Führungsstile zu ordnen
(vgl. im Folgenden: Fieger, Fieger, 2018, S. 24–26). Ihre Kernthese lautet, dass unterschiedliche Situationen unterschiedliche Arten von Führung verlangen und erfolgreiche Führungskräfte ihr Verhalten an die Situation anpassen sollten. Der notwendige
Führungsstil wird demnach durch die arbeitsbezogene und die psychologische Reife
der Mitarbeiter*innen bestimmt. Der Reifegrad kann durch gezielte Entwicklungs-
maßnahmen gefördert werden.

Abb. 24: Situativer Führungsstil

Das Modell unterscheidet die zwei grundlegenden Verhaltensweisen der direktiven aufgabenorientieren und der unterstützenden mitarbeiterorientierten Führung und beschreibt vier mögliche Kombinationen aus der Aufgaben- und Mitarbeiterorientierung:

- **Autoritär:** Die Führungskraft legt alles fest: Ziele, Zeitpläne, Prioritäten, Rollen und Grenzen. Sie sagt, wer was wann zu tun hat, und auch, wie es zu tun ist, und sie kontrolliert die erbrachte Leistung.
- **Kooperativ:** Die Führungskraft bezieht die Mitarbeiter*innen in die Entscheidungsfindung ein und erbittet deren Beiträge. Sie erklärt das »Warum«, hört zu, gibt Ratschläge und ermutigt zur selbstständigen Umsetzung.
- **Partizipativ:** Die Führungskraft ermutigt die Mitarbeiter*innen, die Entscheidungen selbst zu treffen, und fragt, wie sie helfen kann. Dabei teilt sie ihr Wissen und arbeitet mit, wenn dies gewünscht wird, insbesondere indem sie Hindernisse aus dem Weg räumt.
- **Delegierend:** Die Führungskraft übergibt die Verantwortung zur Entscheidungsfindung und Umsetzung an die Mitarbeiter*innen. Sie bestätigt Pläne und erwartet, dass die Mitarbeiter*innen ihre Arbeit selbst bewerten sowie verbessern und wertschätzt dieses Verhalten. In einem agilen Arbeitsumfeld agieren die Teams dann eigenverantwortlich.

Eine erfolgreiche Umsetzung des situativen Führungsstils bedingt, dass die Kompetenz und Motivation (= Reifegrad im Sinne des Modells) der Mitarbeiter*innen richtig eingeschätzt wird und der Entwicklungsbedarf entsprechend festgelegt wird. Außerdem muss sich die Führungskraft auch mit den verschiedenen Führungsstilen identifizieren sowie die notwendige Flexibilität mitbringen. In allen vier Fällen ist seitens der Führungskraft sicherzustellen, dass die Ziele und Erwartungen klar kommuniziert werden und Feedback zur Performance gegeben wird. Das Konzept der situativen Führung macht deutlich, dass die Ermächtigung Ihrer Mitarbeiter*innen, in Form der Delegation der Aufgaben im Sinne einer eigenverantwortlichen Erledigung, ihre Befähigung zur Erfüllung dieser Aufgaben voraussetzt und dies ein Entwicklungsprozess ist.

Mit unseren beiden Workhacks zeigen wir Ihnen, wie Sie Ihre Mitarbeiter*innen in der Praxis unterstützen und den situativen Führungsstil einsetzen können.

Kompetenzfeld	Aufgabengebiet	Workhack # 27	Workhack # 28
Empowerment	MA unterstützen	Schlüsselfrage	Action list

4.4.3   Mitarbeiter*innen entwickeln

Wenn man Führungskräfte danach befragt, welche Themen sie als größte Führungsherausforderung in ihrem Unternehmen sehen, so findet sich das Thema Mitarbeiterentwicklung unter den Top 5 im Themen-Ranking (vgl. Haufe-Online-Redaktion, 2021). So einhellig die Einschätzung der Bedeutsamkeit der Mitarbeiterentwicklung auch ist, so unterschiedlich sind die Ansätze, die dabei in der Praxis verfolgt werden.

Wir möchten Ihre Aufmerksamkeit auf das Konzept der stärkenorientierten Führung lenken, weil dieser Ansatz nach unserer Coachingerfahrung die größten Potenziale für Sie und Ihre Mitarbeiter*innen eröffnet. »*Was würde geschehen, wenn wir nicht mehr danach fragen, was Mitarbeiter falsch machen, sondern danach, was sie richtig machen?*« (Gallup, 2021a). Diese Worte von Donald O. Clifton beschreiben, worum es bei der stärkenorientierten Führung geht. Er hat zusammen mit Paula Nelson diesen Ansatz erstmals einem breiten Publikum vorgestellt (vgl. Clifton, Nelson, 1992).

Es geht um eine Abkehr von der weitverbreiteten Defizitorientierung, die sich nicht nur in der täglichen Projektarbeit findet, sondern auch bei der Beurteilung von Mitarbeiter*innen. Dieser Perspektivenwechsel in der Beurteilung charakterisiert eine neue Führungskultur, durch die Sie die vorhandenen Potenziale Ihrer Mitarbeiter*innen optimal erschließen können.

Das Ziel ist es, sich nicht auf die kritischen, negativen Aspekte zu fokussieren, auch wenn wir es lieben, Probleme zu finden, damit wir sie lösen können. Vielmehr geht es darum, sich auf die positiven Aspekte, also die Talente der Mitarbeiter*innen zu konzentrieren und diese zu Stärken auszubauen. Die wissenschaftlichen Grundlagen für die Theorie der Stärkenorientierung wurden im Forschungsgebiet der positiven Psychologie gelegt.

Das zugrunde liegende Konzept ist so einfach wie überzeugend. Ein Faktor für die persönliche Zufriedenheit ist der eigene Erfolg. Der Erfolg wiederum stellt sich ein, wenn wir Dinge tun, die wir gut können, weil wir unsere Talente einsetzen. Dieses Vorgehen verspricht weitaus bessere Ergebnisse, als sich auf die eigenen Schwächen zu konzentrieren und zu versuchen, diese zu verringern, um dann am Ende doch nur Durchschnittsleistungen abliefern zu können.

Bei der stärkenorientierten Mitarbeiterentwicklung identifizieren Sie als Führungskraft die Talente Ihrer Mitarbeiter*innen und bauen Sie zu Stärken aus. Dies geschieht in einem dreistufigen Prozess:

1. Zunächst identifizieren Sie die Talente Ihrer Mitarbeiter*innen und machen ihnen bewusst, wie die Talente Ihre Mitarbeiter*innen prägen.
2. Dann zeigen Sie Ihren Mitarbeiter*innen , wie sie ihre Talente gezielter nutzen können, und unterstützen sie dabei, ihre Talente als solche auch anzuerkennen.
3. In dritten Schritt geht es darum, die Talente durch den bewussten Einsatz zu Stärken auszubauen.

Wer stärkenorientiert führt, zwingt Teammitglieder nicht mehr, in Projekten mitzuarbeiten, sondern fragt, wer die anstehenden Aufgaben übernehmen möchte. Manchmal ist es einfach, die passenden Teammitglieder zu finden, mitunter muss man das Team aber neu zusammenstellen. Wer stärkenorientiert führt, wird am Ende eine bessere Führungskraft sein und die besseren Ergebnisse erzielen. Die Forschungsergebnisse von Gallup zeigen, dass Mitarbeiter*innen, die stärkenorientiert geführt werden, in mehreren Punkten eine bessere Performance aufweisen (vgl. Gallup, 2021b):

- 7 % bis 23 % höhere emotionale Mitarbeiterbindung
- 8 % bis 18 % höhere Leistung
- 20 % bis 73 % geringere Fluktuation

Um solche Ergebnisse zu erreichen, sind verschiedene Dinge zu beachten. Ein erfolgreiches Team aufzubauen, ist vergleichbar mit einem Puzzle-Spiel. Erst wenn alle Teile zusammenpassen, erhält man ein vollständiges Bild. Die Vielfalt im Team macht dann seine Qualität aus. Außerdem ist es wichtig, eine Kultur des Vertrauens und der Transparenz zu schaffen. Dabei liegt die Aufgabe der Führungskraft nicht darin, Menschen und Themen zu managen, sondern die Teammitglieder zu befähigen und zu stärken. Stärkenorientierte Führung bedeutet, Menschen zu ermutigen, ihr volles Potenzial auszuschöpfen und den Weg zu finden, der zu ihnen passt und den sie lieben. Dabei wissen wir aus unserer langjährigen Coachingerfahrung, dass Folgendes für den Erfolg der stärkenorientierten Mitarbeiterentwicklung entscheidend ist: Es handelt sich nicht um eine einmalige Übung, sondern es geht vielmehr um einen langfristigen Mindshift, und dieser Weg beginnt bei der eigenen Haltung als Führungskraft.

Kompetenzfeld	Aufgabengebiet	Workhack # 29	Workhack # 30
Empowerment	MA entwickeln	Zielmap	Speedfeedback

4.4.4 Mitarbeiter*innen steuern

Die effektive Führung in hybriden Arbeitswelten zeichnet sich durch die besondere Herausforderung in der Koordination der Arbeitsprozesse aus. Die Verteilung der Ressourcen auf unterschiedliche Orte, on-site oder off-site, und die zeitliche Trennung der Mitarbeiter*innen untereinander und von der Führungskraft selbst ziehen einen höheren Steuerungsbedarf nach sich.

Wenn nicht alle Akteure an einem Ort versammelt sind und zur gleichen Zeit arbeiten, ist es erforderlich, die Ressourcen zu synchronisieren, um das gemeinsame Ziel zu erreichen. Denken Sie an das Beispiel der Bergwanderer in Kapitel 4.1, die in verschiedenen Kleingruppen unterwegs sind, wobei es nur einen Bergführer gibt, der alle ans Ziel führen möchte. Neben den kommunikativen und sozialen Aspekten, die es zu berücksichtigen gilt, müssen Sie als Führungskraft auch operative Dinge im Blick behalten, was eine typische Führungsaufgabe darstellt (vgl. Hertel, Lauer, 2012, hier: S. 111 – 112):

- Zur Steuerung als Teil der Managementaufgabe gehört es, die Zielvorgaben kontinuierlich mit den aktuellen Erfordernissen abzugleichen. Die VUCA-Welt erlaubt kein starres Festhalten an ursprünglichen Zielen, sondern erfordert einen stetigen Ziele-Review und unter Umständen eine Anpassung der laufenden Aufgaben.
- Mit zunehmender Arbeitsteilung und lokaler Trennung der Mitarbeiter*innen gewinnt die Frage »Wer macht was bis wann?« und die koordinierte Antwort im Tagesgeschäft darauf an Bedeutung. Ein netzwerkbasiertes Arbeiten ist auf eine Synchronisierung angewiesen, um zu funktionieren. Dazu gehört es auch, die Transparenz über den Status quo im laufenden Arbeitsprozess zwischen allen Beteiligten sicherzustellen und bei Abweichungen gegenzusteuern.
- Die erforderliche Verfügbarkeit der Mitarbeiter*innen muss geplant und die Arbeitsfähigkeit durch passende Strukturen sichergestellt werden. Hier geht es zum Beispiel um Kapazitätsplanung, Arbeitszeitmodelle, Aufgaben- und Rollenverteilung und Ähnliches. Die tatsächliche Verfügbarkeit muss für alle Beteiligten transparent gemacht und nachgehalten werden. In einer hybriden Arbeitswelt mit eigenverantwortlich arbeitenden Teams gibt es auch eine Selbststeuerung durch das Team.
- Zentrale und lokale Einflüsse und Beschränkungen sind zu analysieren und bei der täglichen Steuerung der Mitarbeiter*innen zu beachten. Dazu zählen unter anderem technische (z. B. PC-Ausstattung vor Ort), rechtliche (z. B. Arbeitszeitregeln), organisatorische (z. B. fachliche Zuständigkeiten) und auch individuelle Aspekte (z. B. persönliche Überlastungssituationen).

- Am Ende steht die Überprüfung der Arbeitsergebnisse, eine eventuell erforderliche Nachsteuerung und der Feedbackprozess mit den Mitarbeiter*innen. Auch hier existiert eine große Bandbreite hinsichtlich der praktischen Ausgestaltung im Führungsalltag. Eine Variante, die sich in der Zukunft stärker durchsetzen wird, ist dabei die eigenverantwortliche Überprüfung der Arbeitsergebnisse durch das Team.
- Dass Kommunikation in all diesen Punkten ein wesentlicher Erfolgsfaktor darstellt, wurde schon in Kapitel 4.1 erläutert. Neben der dort schon beschriebenen inhaltlichen Ausgestaltung ist im Rahmen der Mitarbeitersteuerung zusätzlich zu klären, welche Kommunikationsmittel eingesetzt und welche Regeln dabei eingehalten werden sollen. Wie wird zum Beispiel die gegenseitige Erreichbarkeit sichergestellt oder auch begrenzt? Wie werden Teammeetings abgehalten, wenn ein Teil der Gruppe on-site und ein anderer Teil off-site arbeitet? Welche typischen Störungen und Missverständnisse entstehen ggf. bei den verschiedenen Kommunikationskanälen und wie ist damit umzugehen?

Inhalt und Umfang der Mitarbeitersteuerung bestimmen sich im Wesentlichen nach dem Autonomiegrad der Mitarbeiter*innen , also der Frage, in welchem Ausmaß sie tatsächlich in der Lage sind, eigenverantwortlich zu arbeiten. Zwischen den beiden Extrempunkten »Sag mir, was ich machen soll« und »Ich mache das, was ich für sinnvoll erachte« wird sich in den meisten Fällen die betriebliche Praxis wiederfinden und somit der Aufgabenumfang für Sie als Führungskraft definieren.

Kompetenzfeld	Aufgabengebiet	Workhack # 31	Workhack # 32
Empowerment	MA steuern	Delegation Board	Kill a stupid rule!

5 Workhacks für die Praxis

In der praktischen Arbeit mit Ihren Teams in der hybriden Arbeitswelt gibt es keine Patentrezepte. Jede Teamkonstellation ist anders und die Bedürfnisse der einzelnen Teammitglieder unterscheiden sich. Das heißt allerdings nicht, dass es am besten ist, nichts zu tun. Ganz im Gegenteil, die hybride Führung lädt zum Experimentieren ein. Wenn Sie sich im Rahmen der vier Kompetenzfelder im NEW C.A.R.E.-Modell entwickeln und sich den jeweiligen Aufgaben dieser Kompetenzfelder in Ihrer Führungsaufgabe widmen, werden Sie mit Ihrem Team gemeinsam neue Formen der Zusammenarbeit etablieren. Keine Sorge, Sie müssen dabei nicht gleich komplexe Arbeitsabläufe verändern. Kleine Veränderungen können schon viel im Ergebnis bewirken.

Dafür haben wir in diesem Kapitel einen Auszug von 32 Workhacks zusammengestellt. Unsere Workhacks sind Experimente mit dem Ziel, in der Zusammenarbeit Neues auszuprobieren, um die Arbeitsergebnisse zu verbessern. Es sind aber auch Impulse für Ihre Selbstführung, um in der hybriden Arbeitswelt souverän als Führungskraft zu agieren. Die hier beschriebenen Workhacks stammen aus der Arbeit mit unseren Kunden. Wir nutzen hier viele Werkzeuge aus der agilen Arbeitsweise, da wir in unserer Praxiserfahrung festgestellt haben, dass sie in der hybriden Arbeitswelt hervorragend genutzt werden können, um mehr Selbstverantwortung in den Teams zu implementieren. Wir glauben daran, dass Mitarbeiter*innen grundsätzlich bereit sind, mehr Verantwortung zu übernehmen. Das Management muss sie nur lassen. Also geht es in unseren Workhacks häufig darum, Kontrolle als Führungskraft abzugeben und Verantwortung auf die Teams zu übertragen. Das fördert die Motivation und auch die Produktivität des Einzelnen.

Sicher sind die Workhacks keine Allheilmittel. Nutzen Sie sie doch als Inspiration und passen Sie die Workhacks auf Ihre konkrete Führungssituation an. Ihrer Kreativität sind keine Grenzen gesetzt, wenn es darum geht, mit Ihrem Team gemeinsam die hybride Zusammenarbeit so zu gestalten, dass Kollaboration auf Augenhöhe möglich ist.

Wir beginnen das Kapitel mit einer Übersicht aller 32 Workhacks, die den jeweiligen Aufgabengebieten im NEW C.A.R.E.-Modell zugeordnet sind. Zur besseren Übersichtlichkeit haben wir die Workhacks analog zum New C.A.R.E-Modell farblich zugeordnet.

Wir wünschen Ihnen viel Freude beim Ausprobieren und Umsetzen. Und wenn Sie an der einen oder anderen Stelle Unterstützung brauchen, sind wir gerne für Sie da!

32 Workhacks im Überblick		
Kompetenzfeld Communication		
Aufgabengebiet	**Workhack**	**Workhack**
Transparenz schaffen	*# 1: Daily*	*# 2: Kanban Board*
Klarheit herstellen	*# 3: Ich bin ganz Ohr*	*# 4: Selbstklärung vor dem Gespräch*
Verständnis sichern	*# 5: Team Reverse Mentoring*	*# 6: Sketch Notes*
Sinn vermitteln	*# 7: Warum stehe ich morgens auf?*	*# 8: Team-Purpose finden*
Kompetenzfeld Awareness		
Aufgabengebiet	**Workhack**	**Workhack**
Mein Führungsleitbild schärfen	*# 9: Gebrauchsanweisung Führung*	*# 10: Führungsbarometer*
Meine Persönlichkeit entwickeln	*# 11: Ich-Canvas*	*# 12:Mindset Coaching*
Meine Resilienz stärken	*# 13: Stärkenportfolio*	*# 14: Niksen*
Meine Rolle als Vorbild leben	*# 15: Vorbildrolle leben*	*# 16: Journaling – Zehn Fragen an mich selbst*
Kompetenzfeld Relationship		
Aufgabengebiet	**Workhack**	**Workhack**
Strukturen schaffen	*# 17: ALPEN-Methode*	*# 18: Praxiswerkstatt*
Vertrauen bilden	*# 19 Lunchparty*	*# 20: Coffee break*
Konflikte managen	*# 21 Team-Retro*	*# 22: Kill the prejudice!*
Identifikation sichern	*# 23 Team-Canvas*	*# 24 Kudos to you!*
Kompetenzfeld Empowerment		
Aufgabengebiet	**Workhack**	**Workhack**
MA auswählen	*# 25: Peer-Recruiting*	*# 26: Teamstärken-Portfolio*
MA unterstützen	*# 27 Schlüsselfrage*	*# 28: Action list*
MA entwickeln	*# 29: Zielmap*	*# 30: Speedfeedback*
MA steuern	*# 31: Delegation Board*	*# 32: Kill a stupid rule!*

Tab. 32: Alle 32 Workhacks im Überblick

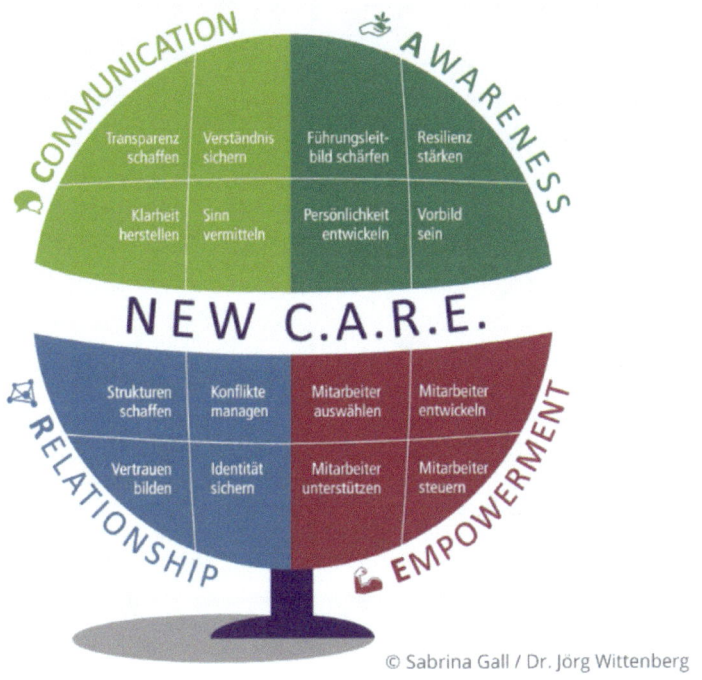

© Sabrina Gall / Dr. Jörg Wittenberg

5.1   Communication – Impulse für den Austausch

5.1.1   Transparenz schaffen

5.1.1.1   Workhack # 1: Daily

Was es ist? Ein 15- bis 20-minütiges tägliches Stand-up-Meeting, das möglichst immer zur gleichen Zeit stattfindet und an dem alle Teammitglieder teilnehmen. Ursprünglich ist das Daily ein Instrument aus der SCRUM-Methode. Wir haben es für die Durchführung auf die hybride Arbeitswelt etwas abgewandelt.

Wann kann es eingesetzt werden? Um einen Überblick zu bekommen, wer gerade an welchen Themen arbeitet und wie der Stand der Zusammenarbeit im Team ist, bietet sich dieses Format des Daily Stand-up-Meetings an. Es schafft Transparenz durch den Abgleich des aktuellen Arbeitsstandes und leistet einen Beitrag zur täglichen Vernetzung Ihrer Teammitglieder.

Was wird damit erreicht?
* Transparenz und Informationsaustausch über den aktuellen Arbeitsstand im Team
* gegenseitige Vernetzung der Mitarbeiter*innen im Team trotz unterschiedlicher Arbeitsorte
* Verbesserung der Kommunikation durch Konzentration auf das Wesentliche und begrenzte Redezeit des Einzelnen
* Stärkung der Selbstverantwortung des Teams bei der Steuerung der Arbeitsergebnisse

Wie geht es? Finden Sie mit Ihrem Team einen Zeitpunkt, an dem Sie mit möglichst allen das Daily im Stehen durchführen können. Mit den Mitarbeiter*innen, die im Büro sind, treffen Sie sich dafür an einem festen Platz (z. B. vor einem Taskboard, an dem das Team die aktuellen Projekte dokumentiert, in einem Besprechungsraum oder an einem anderen Meetingpoint Ihres Unternehmens). Die Kollegen*innen, die gerade ortsunabhängig arbeiten, werden online dazugeholt. Denn auch sie nehmen virtuell am Daily Stand-up-Meeting teil. Jedes Teammitglied beantwortet die folgenden Fragen:
* Was habe ich **gestern** erledigt?
* An was werde ich **heute** arbeiten?
* Von wem brauche ich Hilfestellung, um meine Aufgaben zu erledigen? Welche blockierenden Hindernisse erkenne ich bei mir oder dem Team, um unsere Arbeit zu erledigen?

Jeder beantwortet kurz und prägnant diese drei Fragen. Natürlich können Sie die Fragen auch auf Ihre konkrete Alltagssituation modifizieren. Wichtig ist jedoch, den Fokus auf der dreigliedrigen Struktur zu behalten: Gestern – Heute – Hilfestellung/Hindernisse. So hat jeder die Chance, seinen Arbeitsfortschritt prozesshaft darzustellen. Das Meeting dauert nicht mehr als 15 bis max. 20 Minuten. Weil die Pünktlichkeit aller ein wesentliches Erfolgskriterium ist, sollte vereinbart werden, was im Falle einer Verspätung passiert (z. B. die Person muss etwas für das Team tun, zum Beispiel einen Kuchen backen, Kaffee spendieren oder in die Teamkasse zahlen).

Was gilt es zu beachten? Vermitteln Sie Ihrem Team den Nutzen und die Wichtigkeit des Dailys für die Transparenz. Es ist eben kein Kontrollinstrument für Sie, sondern eine Möglichkeit des Austauschs im Team auch über die Distanz hinweg. Dadurch kennt jeder den aktuellen Stand der Projekte und des Tagesgeschäfts. Gerade bei Einführung des Dailys ist es häufig noch sehr ungewohnt für die Teilnehmer*innen, über den Stand ihrer Arbeit zu berichten. Deshalb sollten Sie die Meetings moderieren, auf die Einhaltung der Zeit achten und selbst den Anfang machen. Es braucht ein paar Wochen der Durchführung bis sich das Format zur Routine entwickelt. Haben Sie Geduld! Laden Sie die Teilnehmer*innen, die virtuell anwesend sind, zur Nutzung der Kamera ein, wenn Sie sprechen. Mit der Zeit wird das Vertrauen im Team wachsen und dann wird auch die Offenheit zunehmen, über Hindernisse zu sprechen und Hilfestellung einzufordern. Nach ca. vier Wochen täglicher Durchführung sollten Sie mit Ihrem Team den Prozess reflektieren und Feedback einholen.

Welche Hilfsmittel? Visualisieren Sie die drei Fragen, so dass die Beantwortung erleichtert wird. Nutzen Sie eine Uhr, um die Zeit im Blick zu haben. Manche Teams lassen auch einen Timer mitlaufen, um die Redezeit jedes Einzelnen zu steuern.

5.1.1.2   Workhack # 2: Kanban Board

Communication: Transparenz schaffen

Was es ist: Eine Visualisierungsmethode, um die Arbeits- oder Dienstleistungsprozesse in Ihrem Team für alle transparent zu halten. Ursprünglich kommt die Methode aus Japan (kan = Signal, ban = Karte) und wurde 1953 von der Toyota Motor Corporation entwickelt. Seit 1970 ist Kanban auch in europäischen Unternehmen etabliert (vgl. Summerer, Maisberger, 2020). Wir beschreiben hier eine vereinfachte Variante des ursprünglichen Kanban Boards. Unser Board besteht aus drei Bereichen: Aufgaben (**To-do**); In Bearbeitung (**Doing**); Erledigt (**Done**). Bei den digitalen Extras zum Buch auf mybook.haufe.de finden Sie einen Download dazu.

Wann kann es eingesetzt werden? Das Kanban Board erfreut sich mittlerweile großer Beliebtheit in Teams aller Bereiche und Branchen. Das hat seinen Grund. Es schafft durch die Visualisierung der einzelnen Einträge jeder Mitarbeiter*in einen guten Überblick über den Stand der laufenden Arbeitsprozesse. Außerdem wird durch die aktive Nutzung des Boards die Effizienz der Zusammenarbeit im Team verbessert. Das heißt, Sie können es immer dann einsetzen, wenn Sie mehr Transparenz zu den Arbeitsprozessen in Ihrem Team schaffen wollen.

Was wird damit erreicht?
- Transparenz der Arbeitsprozesse im Team über die Standorte hinweg
- größere Klarheit bei den Absprachen untereinander
- übersichtliche Visualisierung der Arbeitsprozesse

Wie geht es? Beginnen Sie den Einführungsprozess, indem Sie Ihrem Team die Methode und den Nutzen erläutern. Im Internet finden Sie viele Vorlagen für Kanban Boards. Es gibt auch gut geeignete online nutzbare Kanban Boards, die sich insbesondere empfehlen, wenn Ihre Mitarbeiter*innen ortsunabhängig arbeiten. So kann jeder zeitunabhängig darauf zugreifen und den Stand seiner Arbeitsfortschritte dokumentieren.

Erarbeiten Sie mit Ihrem Team gemeinsam eine sinnvolle Struktur Ihres Kanban Boards. Das erfordert einen gemeinsamen Abstimmungsprozess, bei dem alle Vorschläge und Meinungen gehört werden und die Essenz daraus in der Struktur des Boards Berücksichtigung findet. Starten Sie zunächst mit der Abbildung eines Arbeitsprozesses im Kanban Board. Klären Sie die Kriterien für die Definition der einzelnen Aufgaben und die Zerlegung von Prozessen in Aufgabenpakete. Ein wesentlicher Faktor ist auch, nach welchen Kriterien beurteilt wird, wann Aufgaben als erledigt betrachtet werden (Definition of Done). Daran sollten sich alle im Team halten. Dann lassen Sie Ihr Team den ersten Prozess gemeinsam im Board eintragen. Dazu können Sie in kleineren Teams Aufgabenpakete zu Aufgaben zerlegen lassen, die im Board visualisiert werden.

Testen Sie gemeinsam die entwickelte Struktur Ihres Kanban Boards über einen Zeitraum von vier Wochen, indem Sie mit Ihren Mitarbeiter*innen aktiv damit arbeiten und die Arbeitsfortschritte regelmäßig dokumentieren. Sie können das Kanban Board auch mit dem Daily (Workhack 1) verknüpfen. Nach dieser Zeit sprechen Sie mit allen über die gemachten Erfahrungen und verbessern gegebenenfalls die Struktur. Dann gehen Sie schrittweise dazu über, alle Arbeitsprozesse in diesem Board abzubilden.

Was gilt es zu beachten? Bleiben Sie beharrlich dran, dass alle im Team dieses Board nutzen. Die Akzeptanz schaffen Sie durch *doing on the job* und durch permanentes Verdeutlichen des Nutzens. Beziehen Sie es in Ihren Meetings immer wieder ein, wenn es um die Reflexion der Arbeitsprozesse geht.

Welche Hilfsmittel? Post-its, Whiteboard oder eine andere Fläche an der Wand, Stifte zum Beschreiben oder Nutzung eines digitalen Kanban Boards, auf das alle Zugriff haben.

5.1.2 Klarheit herstellen

5.1.2.1 Workhack # 3: Ich bin ganz Ohr

Communication: Klarheit herstellen

Was es ist: Eine Technik des aktiven Zuhörens, um gegenseitiges Verständnis zwischen zwei Gesprächspartner*innen zu erzielen, die zusammenarbeiten. Es geht darum, den anderen dort abzuholen, wo er gerade steht, indem die Zuhörer*in das Gesagte nochmal mit ihren eigenen Worten zusammenfasst. Das bedeutet, die Zuhörer*in ist aufmerksam, wiederholt das Inhaltliche, das sie verstanden hat, und ergänzt es außerdem mit den Emotionen, die sie beim Erzähler wahrnimmt. Er spricht dem anderen sozusagen auch aus dem Herzen. Diese Methode kommt ursprünglich von Carl Rogers (US-amerikanischer Psychologe und Psychotherapeut) und wird heutzutage in vielen Kommunikationstrainings eingesetzt.

Wann kann es eingesetzt werden? Häufig erleben wir in der Begleitung von Teams, dass nicht wirklich klar ist, was der Einzelne meint. Das liegt daran, dass der Erzählende nicht auf den Punkt bringt, um was es gerade geht. So entstehen Missverständnisse, die schnell die Ebene der Zusammenarbeit belasten können. Die Zuhörer*in macht sich ihr eigenes Bild des Gesagten. Es entsteht Unklarheit über die gemeinsame Vorgehensweise und so macht jeder, was er glaubt, verstanden zu haben. In dieser Situation bietet sich die Technik des aktiven Zuhörens an. Dabei lernen die Gesprächspartner*innen, Klarheit in der Kommunikation herzustellen.

Was wird damit erreicht?
* mehr Klarheit bei den Gesprächspartner*innen über das, was der andere meint
* mehr Verständnis für die Bedürfnisse der Gesprächspartner*in
* holt die Gesprächspartner*in inhaltlich und emotional ab
* verbessert die Zusammenarbeit bei Kommunikationsstörungen

Wie geht es? Die Gesprächspartner*innen sorgen für 30 Minuten in einer ungestörten Gesprächsumgebung (in Präsenz oder virtuell mit Blickkontakt). Dann beginnt eine der beiden Gesprächspartner*innen (A), ihr Anliegen zu schildern. Gesprächspartner*in (B) hört mit voller Aufmerksamkeit zu. Dabei achtet sie nicht nur auf den Inhalt, sondern auch auf die nonverbalen Signale der anderen. Nach ein paar Minuten des aktiven Zuhörens fasst sie mit ihren eigenen Worten das Gehörte zusammen. Dabei benennt sie auch die Emotionen oder unausgesprochenen Facetten, die sie vom anderen wahrgenommen hat. Sie könnte zum Beispiel mit dem Satzanfang beginnen »Wenn ich Dich richtig verstanden habe, …«. Bejaht Gesprächspartner*in A die Zusammenfassung von B, fährt sie fort und berichtet weiter von Ihrem Anliegen. Fühlt sich A nicht verstanden mit der Zusammenfassung von B, kann sie daran anknüpfen und das Gehörte berichtigen. In jedem Fall werden sich die Gesprächspartner*innen auf ein gemeinsames Verständnis zubewegen, denn durch das Signal des Zuhörenden »Ich bin ganz Ohr und nehme mir Zeit für Dich« fühlt sich A verstanden und abgeholt. Eine Übungsanleitung können Sie bei den digitalen Extras auf mybook.haufe.de herunterladen.

Was gilt es zu beachten? Nehmen Sie sich regelmäßig Zeit für die Anwendung dieser Technik des aktiven Zuhörens. Es braucht etwas Übung, da es die Kommunikation durch die Zusammenfassung des Gehörten zwischen zwei Gesprächspartner*innen verlangsamt. Auch wenn es nicht immer gleich gelingt, dem anderen aus dem Herzen zu sprechen, lohnt es sich dranzubleiben. Es wird kein Schaden angerichtet, sondern stärkt eher das gemeinsame Verständnis und die Beziehungsebene. Auch im virtuellen Raum sollten Sie auf die nonverbalen Signale (Augen, Stimme und eingeschränkt sichtbare Körperhaltung) achten und Blickkontakt halten.

Welche Hilfsmittel? Achtsamkeit, Verbundenheit und echtes Interesse an der anderen Person.

5.1.2.2   Workhack # 4: Selbstklärung vor dem Gespräch

Communication: Klarheit herstellen

Was es ist: Eine Anleitung, wie Sie für sich selbst ein Thema, eine Situation oder einen Sachverhalt in Vorbereitung auf ein Gespräch oder Teammeeting strukturiert betrachten, um es besser verstehen zu können.

Wann kann es eingesetzt werden? Bei der Durchführung von Meetings oder Einzelgesprächen und auch beim Treffen von Entscheidungen kann es vorkommen, dass der eigene Standpunkt nicht klar genug kommuniziert wird. Wenn Ihre Botschaft nicht klar formuliert ist, führt das bei Ihren Mitarbeiter*innen zu Verwirrung und möglicherweise herrscht Unklarheit darüber, was zu tun ist. Hier hilft es, sich im Vorfeld mit der eigenen Sichtweise auseinanderzusetzen und den persönlichen Standpunkt zu schärfen.

Was wird damit erreicht?
- Klarheit über die eigene Sichtweise
- Erleichterung der Kommunikation
- mehr Klarheit für die Mitarbeiter*innen bei Entscheidungen oder Sachverhalten

Wie geht es? Reflektieren Sie den Sachverhalt anhand von vier Leitfragen, indem Sie Ihre Gedanken dazu schriftlich festhalten:
- Wie sehe ich das Thema, die Situation, den Sachverhalt? Wie sehen es meine Mitarbeiter*innen?
- Welches Gesprächsziel habe ich? Welche Erwartungen, welche Wünsche habe ich an meine Mitarbeiter*innen?
- Wie nehme ich die Arbeitsbeziehung zum Team im Moment wahr? Wie nehmen meine Mitarbeiter*innen unsere Arbeitsbeziehung wahr?
- Was bewegt mich zum Thema, zur Situation, zum Sachverhalt (Gedanken, Gefühle, Motivationen, Werte)? Was bewegt meine Mitarbeiter*innen dazu?

Die Beantwortung dieser Fragen hilft Ihnen, Ihre Gedanken und Gefühle zu sortieren und klar zu strukturieren. Damit können Sie Ihre Sichtweise, Ihren Standpunkt im Gespräch oder Teammeeting klar kommunizieren.

Diese Leitfragen basieren auf dem Kommunikationsquadrat nach Friedemann Schulz von Thun.

Was gilt es zu beachten? Für Ihre Selbstklärung in Vorbereitung auf ein anstehendes Gespräch oder Teammeeting sollten Sie sich 30 bis 60 Minuten Zeit nehmen. Wenn Sie über die Fragen reflektieren, schaffen Sie Ordnung in Ihren Gedanken. Das erfordert jedoch Ruhe und Fokussierung. Schreiben Sie Ihre Antworten auf jeden Fall auf. Das hilft Ihnen, einen roten Faden zu entwickeln.

Welche Hilfsmittel? Stift und Papier oder digitales Notizbuch.

5.1.3   Verständnis sichern

5.1.3.1   Workhack # 5: Team Reverse Mentoring

Communication: Verständnis sichern

 Was es ist: Eine Möglichkeit, unterschiedliche Erfahrungen und Kenntnisse im Team zu vernetzen; junge Mitarbeiter*innen coachen Seniors.

 Wann kann es eingesetzt werden? Besonders wenn es um die Nutzung der Tools aus der digitalen Welt geht, kann es bei Mitarbeiter*innen Ängste und Vorbehalte geben. Nicht immer löst deshalb der Einsatz neuer Technik, eines Online-Tools oder die Nutzung der Kamera bei allen Teammitgliedern sofort Begeisterung aus. Aber auch veraltete Kommunikations- und Arbeitsweisen müssen an die Erfordernisse der hybriden Arbeitswelt angepasst werden. Reverse Mentoring setzt hier an und kann helfen, bestehende Blockaden bezüglich dieser neuen digitalen Erfordernisse zu überwinden.

 Was wird damit erreicht?
- generationsübergreifendes, kollegiales Lernen
- steigender Wissenstransfer im Team
- stärkere Vernetzung untereinander
- Auflösung von Status oder Machtpositionen
- Verständnis für unterschiedliche Herangehens- und Sichtweisen

 Wie geht es? Bilden Sie in Ihrem Team Mentoring-Tandems. Setzen Sie die Teams so zusammen, dass die Jüngeren für einen Zuwachs an digitalen Kompetenzen bei den Älteren sorgen. Bitten Sie die Tandems, die Lernzeiten und die Inhalte selbst zu vereinbaren. Dazu führen Sie einmal pro Woche eine Team-Mentoring-Zeit ein, in der die Tandems eine halbe Stunde lang zusammen lernen. Vor dem Beginn berichtet jedes Tandem den anderen kurz, was in den nächsten 30 Minuten gelernt werden soll. Am Ende der 30 Minuten treffen sich alle wieder und berichten kurz über ihre Lernerfolge und Key-Learnings aus dem Reverse Mentoring. Verstärken Sie die Feedbacks durch Ihre positive verbale Anerkennung. Und gehen auch Sie mal in die Menteerolle, um Ihre digitalen Kompetenzen weiter auszubauen.

 Was gilt es zu beachten? Diese Form des Lernens erfordert die Bereitschaft des Mentees, in eine Lernhaltung zu gehen. Das bedeutet, er muss sich aus der Komfortzone wagen und es zulassen, von Jüngeren zu lernen. Ermuntern Sie dazu und berichten Sie im Team von Ihren eigenen Learnings. Sorgen Sie für eine vertrauensvolle Zusammenarbeit in den Mentoring-Tandems. Bleiben Sie dran, denn auch wenn es am Anfang Widerstand auslösen kann, wird nach und nach der Lernerfolg eintreten und die

Eigenmotivation des Mentees steigt. Sorgen Sie dafür, dass die Tandems in Ruhe und ohne Störfaktoren konzentriert 30 Minuten miteinander lernen können, und moderieren Sie die Anfangs- und Abschlussrunde.

Welche Hilfsmittel? keine.

5.1.3.2   Workhack # 6: Sketch Notes

Communication: Verständnis sichern

Was es ist: Eine Anleitung, Gesprochenes mit Bildern zu kombinieren, um relevante Informationen im Team zu verankern und ein gemeinsames Verständnis zu schaffen.

Wann kann es eingesetzt werden? In der hybriden Arbeitswelt werden Meetings häufiger virtuell stattfinden, da nicht immer alle Teammitarbeiter*innen vor Ort im Büro sind. Meistens fokussieren sich diese Meetings auf das gesprochene Wort, gepaart mit allzu textlastigen Powerpoint-Charts. Die Mitarbeiter*innen hören den Ausführungen der Führungskraft mehr oder weniger zu. Die Versuchung der Ablenkung ist groß, während die Wahrscheinlichkeit, dass alle die Informationen gehört und verstanden haben, sehr gering ist. Was tun, wenn es wichtig ist, dass alle im Team ein gemeinsames Verständnis zu relevanten Sachverhalten benötigen? »Ein Bild sagt mehr als 1.000 Worte«, heißt das Sprichwort. Und das nutzen wir in diesem Workhack. Oft haben wir unterschiedliche Dinge im Kopf, wenn wir über bestimmte Begriffe reden. Nehmen wir zum Beispiel den Begriff »Bank«. Woran denken Sie dabei? Ist es die Sitzbank oder die Institution, bei der man Geld anlegen kann? Jeder denkt sich seine eigene Welt und handelt auch danach. Machen Sie also schwer greifbare oder komplexe Sachverhalte durch Visualisierung verständlich.

Was wird damit erreicht?
- gemeinsames Verständnis über Begriffe, Prozesse und Sachverhalte
- Orientierung und Klarheit in der Kommunikation
- Vermeidung von Missverständnissen durch die einheitliche Darstellung und Verdeutlichung während eines Gesprächs
- schnellere Verarbeitung der Informationen im Gehirn
- Gedächtnisstütze, denn visuelle Eindrücke werden im Gehirn besser verarbeitet
- mehr Aufmerksamkeit und Übersichtlichkeit komplexer Sachverhalte

Wie geht es? Um sicherzustellen, dass alle Mitarbeiter*innen ein gemeinsames Verständnis zu wichtigen Sachverhalten in Ihrem Teammeeting entwickeln, schicken Sie alle im Anschluss in eine Breakoutsession. Dort werden in Kleingruppen von drei bis vier Personen (kann je nach Teamgröße variieren) die Inhalte/Ergebnisse des Meetings oder der Sachverhalte durch die Erstellung von Sketch Notes visualisiert. Jedes Team erhält dafür eine Vorlage mit den gängigsten Symbolen, die es nutzen kann (siehe Vorlage bei den digitalen Extras zum Buch auf mybook.haufe.de). Natürlich darf auch frei Hand gezeichnet werden. Während der Erstellung der Visualisierung muss sich jede Kleingruppe zunächst auf ein gemeinsames Verständnis der Inhalte einigen und dann die Inhalte in ein Sketch Note übertragen. Dann treffen sich wieder alle im gemeinsamen virtuellen Meetingraum und präsentieren den anderen Kleinteams die Bilder und erläutern den Sachverhalt. Das kann sehr lustig sein und so mancher Aha-Effekt entsteht dabei. Am Ende einigen sich alle auf das Sketch Note, das allen am geeignetsten erscheint. Fehlen noch wichtige Punkte, werden diese auf dem ausgewählten Bild ergänzt. Fragen Sie zum Schluss noch einmal in die Runde, ob noch Unklarheiten bestehen. Ist dies nicht der Fall, verteilen Sie das gemeinsam erstellte Sketch Note an alle und legen Sie es in Ihrem Dokumentensystem so ab, dass es für alle zugänglich ist.

Was gilt es zu beachten? Diese Visualisierungsmethode erfordert Zeit, die nicht immer verfügbar ist. Deshalb wenden Sie das Visualisieren immer dann an, wenn es wichtig ist, dass ein gemeinsames Verständnis im Team notwendig ist. Alternativ können Sie in jedem Teammeeting jemanden bitten, die Inhalte für alle im Sinne eines Protokolls zu visualisieren. Jeder kann lernen, Sachverhalte in Bilder zu übertragen. Dazu gibt es beispielsweise Sketch-Note-Trainings. Oft schlummern aber in vielen Teams kreative Talente, die auch ohne Training hervorragend visualisieren können. So kann in den Kleingruppen das Visualisieren gegenseitig gelernt werden.

Je nach Teamgröße und Komplexität des Sachverhalts müssen Sie für die Erstellung und Präsentation der Sketch Notes ausreichend Zeit einplanen.

Welche Hilfsmittel? Virtuelle Visualisierungsprogramme oder Whiteboard-Funktionen.

5.1.4   Sinn vermitteln

5.1.4.1   Workhack # 7: Warum stehe ich morgens auf?

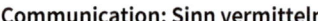

Communication: Sinn vermitteln

Was es ist: Eine Anleitung, sich klar zu werden, *warum* Sie tun, was Sie tun.

Wann kann es eingesetzt werden? Sie haben sich entschieden, stärker sinnorientiert zu führen? Sehr gut! Doch dafür braucht es erst einmal Klarheit über Ihren persönlichen Purpose, der Sie antreibt. Für was lohnt es sich, morgens aufzustehen? Gar nicht so einfach, das in Worte zu fassen. Nur sehr wenige Führungskräfte können klar artikulieren, warum sie tun, was sie tun. Mit dem Konzept des Ikigai, das aus Japan stammt, kommen Sie Ihrem Purpose auf die Spur. Ikigai definiert den tieferen Sinn des Lebens als die Schnittmenge aus vier Bereichen:

- **Leidenschaft:** Was bereitet Ihnen Freude?
- **Beruf:** Worin sind Sie wirklich gut?
- **Berufung:** Wofür können Sie bezahlt werden?
- **Mission:** Was braucht die Welt?

Abb. 25: Wofür es sich zu leben lohnt: Das Ikigai-Konzept aus Japan

Wenn Sie sich also fragen, warum Sie bestimmte Dinge eigentlich im Führungsalltag machen, dann finden Sie mit dieser Methode hilfreiche Antworten.

Was wird damit erreicht?

- Klarheit über den eigenen Purpose
- Inspiration und Motivation für die Führungsaufgaben
- Steigerung der persönlichen Lebenszufriedenheit
- Grundstein für die sinnorientierte Führung

Wie geht es? Gemeinsam mit einem Sparringspartner entwickeln Sie Ihr persönliches Ikigai. Dabei führt Sie Ihre aufmerksame Zuhörer*in durch die vier Bereiche Leidenschaft, Beruf, Berufung und Mission, indem sie Ihnen Fragen dazu stellt. Idealerweise haben Sie die Struktur des Ikigai auf einem Flipchart oder Whiteboard, so dass Sie die Essenz Ihrer Antworten im Anschluss dort visualisieren können (Vorlage bei den digitalen Extras auf mybook.haufe.de). Beginnen Sie nun mit dem Bereich Leidenschaft und beantworten Sie Ihrem Sparringspartner die Frage, was Sie wirklich gerne mit Freude tun? Für die Beantwortung haben Sie fünf Minuten Zeit. Ihr Sparringspartner stoppt die Zeit, hört Ihnen zu und macht Notizen. Nach Ablauf dieser fünf Minuten nehmen Sie sich zwei Minuten Zeit, sich zu Ihren Antworten mit Ihrer Zuhörer*in auszutauschen, und notieren dann die Essenz Ihrer Antworten im entsprechenden Kreis »Was bereitet mir Freude?«. Verfahren Sie nun im gleichen Rhythmus mit den drei weiteren Kreisen: *Worin bin ich wirklich gut? Wofür kann ich bezahlt werden? Was braucht die Welt?* Wenn Sie alle Bereiche durchlaufen haben, reflektieren Sie mit Ihrem Sparringspartner, welche Dinge (auf Basis der Essenzen aus den vier Bereichen) als Schnittmenge geeignet sind. Dabei nehmen Sie sich wieder fünf Minuten Zeit, um zu reflektieren. Die Frage lautet diesmal: »*Was könnte meine Schnittmenge aus Kreis 1 und 2 sein: Was tue ich wirklich gerne und worin bin ich wirklich gut?*« Ihr Sparringspartner hört wieder zu, macht Notizen und stoppt die Zeit. Nun folgen wieder zwei Minuten für die Ableitung der Essenz Ihrer Antworten. Tragen Sie die Schnittmenge als konkrete Tätigkeiten oder Guidelines in Ihre Vorlage ein. Den gleichen Ablauf durchlaufen Sie wieder mit den drei weiteren Schnittmengenfeldern. Am Ende haben Sie Klarheit darüber, wofür es sich für Sie ganz persönlich lohnt, morgens aufzustehen, und welchen Beitrag Sie als Führungskraft leisten wollen.

Was gilt es zu beachten? Sie brauchen Ruhe und einen klaren Kopf für diese Reflexion. Natürlich können Sie die Erstellung Ihres persönlichen Ikigai auch allein durchführen. Unsere Erfahrung zeigt aber, dass es etwas einfacher ist, einen Begleiter zu Hilfe zu nehmen. Achten Sie auf die Einhaltung der Zeitvorgaben, sonst verlieren Sie sich in Einzelthemen. Sicherlich sind in fünf Minuten nicht schon alle Antworten vollständig ausgesprochen, aber das Ikigai können Sie jederzeit weiterentwickeln und vervollständigen.

Welche Hilfsmittel? Ikigai-Vorlage, Flipchart oder Whiteboard, Stifte, Timer und ein Sparringspartner, der aufmerksam zuhören kann.

5.1.4.2   Workhack # 8: Team-Purpose finden

Communication: Sinn vermitteln

Was es ist: Es ist eine Methode, um den Sinn der gemeinsamen Arbeit zu beschreiben. Der Team-Purpose ist wichtig für die Motivation, Freude und Produktivität der Teammitglieder.

Wann kann es eingesetzt werden? Die Frage, was denn der gemeinsame Sinn eines Teams ist, lässt sich gar nicht so einfach ad hoc beantworten. Was ist unser gemeinsames **Why?** Wofür werden wir gebraucht? Welchen Beitrag leisten wir für unser Unternehmen? Wenn Sie diesen Fragen auf die Spur kommen und einen gemeinsamen Purpose im Team entwickeln wollen, um Zugehörigkeit und Identifikation zu steigern, dann hilft Ihnen diese Methode.

Was wird damit erreicht?
- Stärkung der Teamzusammenarbeit auf Augenhöhe
- Förderung der Eigenverantwortung der Teammitglieder
- Schaffung von Zugehörigkeit im Team
- Identifikation mit dem Beitrag des Teams zum Unternehmenspurpose

Wie geht es? Je nach Teamgröße sollten Sie mindestens drei Stunden für die Entwicklung des Team-Purpose einplanen. Treffen Sie sich möglichst mit allen Teammitgliedern an einem gemeinsamen Ort, an dem in angenehmer Atmosphäre kreativ gearbeitet werden kann. Erläutern Sie Ihrem Team die Struktur des Golden Circle »Start with Why« und stellen Sie sicher, dass jeder die Idee dahinter verstanden hat (vgl. Kapitel 4.1.4 und Sinek, 2015). Hier nochmal zur Erinnerung: Das »Warum« ist der Sinn und Zweck einer Sache. Es geht um den Glauben an unseren persönlichen Beitrag, also darum, etwas zu bewirken, und dem damit verbundenen Dienst an der Sache und an den Mitmenschen. Dies ist es, was viele Menschen inspiriert und motiviert.

Dann beginnt die **Arbeit am Why/Warum,** indem Sie alle Mitarbeiter*innen auffordern, auf Post-its zu schreiben, für welche Stakeholder das Team glaubt, einen Mehrwert zu leisten. Hier ist es erlaubt, groß zu denken. Das heißt, es wird alles aufgeschrieben, was den Einzelnen einfällt. Jeder schreibt für sich. Doppelnennungen sind erlaubt ebenso abstrakte Begriffe, wie die Gesellschaft oder der Weltfrieden, sind zulässig. Lassen Sie alle Post-its auf eine Wand kleben.

Im nächsten Schritt bitten Sie alle Teammitglieder, auf Post-its zu schreiben, welchen Mehrwert das Team für die einzelnen Stakeholder leistet. Während die Mitarbeiter*innen schreiben und die Post-its an die Wand kleben, beginnen Sie, die einzelnen Punkte zu clustern. Wenn keine Cluster (fünf sollten es auf jeden Fall sein) mehr entstehen, ordnen Sie gemeinsam mit dem Team jedem Cluster eine Überschrift zu, die zu den Inhalten des jeweiligen Clusters passt. **Im dritten Schritt** bekommt jeder zehn Minuten Zeit, um seinen persönlichen **Why-Satz** zu formulieren. Dabei sollte ein Satz mit »Wir …« beginnen. Alle versuchen zunächst in Einzelarbeit, einen Satz zu formulieren, der die Essenz des Team-Purpose aus den Schritten eins und zwei zusammenfasst. Achten Sie bei den Formulierungen darauf, dass es wirklich Beschreibungen zum **Why** sind. Dann liest jeder seinen Satz laut vor und klebt das Post-it an die Wand.

Jetzt wird abgestimmt. Mit zwei Klebepunkten stimmt jedes Teammitglied für die Formulierungen, die ihn am meisten ansprechen. Gibt es Sätze, für die niemand abgestimmt hat, werden diese Post-its abgenommen. Bei den restlichen Post-its nehmen Sie immer zwei und verteilen Sie auf jeweils zwei Teammitglieder. Deren Aufgabe ist es, in zehn Minuten aus diesen beiden Formulierungen einen neuen Satz zu entwickeln, dem beide zustimmen. Parallel arbeiten die anderen Tandems an ihren Sätzen. Diese werden nun wieder veröffentlicht. In der nächsten Runde arbeiten wieder Zweierteams daran, aus zwei Sätzen einen neuen zu kreieren. Die passiven Teammitglieder dürfen Ideen zu den Formulierungen beisteuern. Am Ende bleibt ein Satz übrig. Lesen Sie diesen Satz nochmals für alle vor. Das Team prüft den Satz erneut hinsichtlich unscharfer Formulierungen oder fehlender Attribute. Am Ende ist ein Team-Purpose definiert, der nun für alle sichtbar festgehalten wird.

Was gilt es zu beachten? Sollten Teammitglieder digital teilnehmen, sorgen Sie dafür, dass jeder dieser Teammitglieder einen Paten aus dem Kreis, der in Präsenz Anwesenden erhält. Die Aufgabe des Paten ist es, sich darum zu kümmern, dass alles verstanden wird und virtuell mitgestaltet werden kann. Alternativ können Sie sich auch ortsunabhängig treffen und ein elektronisches Kollaborationstool (z. B. Miro, Mural oder Concept Board) nutzen. Planen Sie genügend Zeit ein und sorgen Sie dafür, dass Ihr Team ungestört arbeiten kann.

Welche Hilfsmittel? Post-its in verschiedenen Farben, Stifte, Wand oder Whiteboard zum Kleben der Post-its, Modell des Golden Circle auf Flipchart oder Whiteboard, elektronisches Kollaborationstool (z. B. Miro, Mural oder Concept Board).

5.2   Awareness – Impulse für die Selbstführung

5.2.1   Mein Führungsleitbild schärfen

5.2.1.1   Workhack # 9: Gebrauchsanweisung Führung

Was es ist: Eine Anregung zur Entwicklung Ihres ganz persönlichen Führungsverständnisses im Sinne von »So will ich führen!«.

Wann kann es eingesetzt werden? Wenn Sie andere führen wollen, ist es hilfreich, das eigene Verhalten und die persönliche Art und Weise, die Rollen und Kompetenzen Ihrer Führung zu kennen. Doch oft agiert man im Alltag unbewusst und aus der Situation heraus. Dann wirkt man möglicherweise nicht authentisch, weil das Handeln im Einklang mit den eigenen Werten und Zielen aus dem Blick geraten ist. So erleben dann Mitarbeiter*innen eine Diskrepanz zwischen Worten und Taten. Denn Mitarbeiter*innen gehen nicht nur davon aus, was sie von Ihnen hören, sondern mehr davon, was sie erleben und spüren. Grund genug, das persönliche Führungsverständnis immer wieder auf den Prüfstand zu stellen, zu reflektieren und weiterzuentwickeln.

Was wird damit erreicht?
- Klarheit über das eigene Führungsverhalten
- Grundlage für regelmäßige Reflexion: »Führe ich im Einklang mit meinen Werten und Zielen?«
- Klarheit entsteht durch die Beschreibung der Art und Weise, wie Sie führen (»Gebrauchsanleitung«)
- Basis für regelmäßiges Feedback von anderen und die regelmäßige Selbstreflexion
- Transparenz und Orientierung für sich selbst, die Mitarbeiter*innen und andere Stakeholder

Wie geht es? Nehmen Sie sich ausreichend Zeit und erstellen Sie Ihr Führungsleitbild an einem ruhigen Rückzugsort ohne Ablenkung anhand der folgenden Leitfragen. Notieren Sie Ihre Gedanken auf Papier.
- Welchen Führungsstil lebe ich?
- Wie sieht das konkret in den einzelnen Kompetenzfeldern des C.A.R.E.-Modells aus? (im Sinne von: Was ist mir in den einzelnen Kompetenzfeldern wichtig und wie verhalte ich mich konkret?)
- Welche Werte leiten mich als Führungskraft?
- Was kann mein Team von mir erwarten?
- Was muss mein Team tun, um mich so richtig auf die Palme zu bringen?
- Woran erkennen/spüren meine Mitarbeiter*innen meinen Führungsstil?
- Wie möchte ich die ortsunabhängige Zusammenarbeit mit meinen Mitarbeiter*innen gestalten, so dass sie reibungslos läuft?

- Welche Herausforderungen sehe ich für uns als Team?
- Wo möchte ich mit meinem Team in sechs Monaten, in einem Jahr stehen?
- Welches Bild, welchen Slogan trägt mein Führungsverständnis?

Was gilt es zu beachten? Formulieren Sie Ihre Antworten in aktiver Ich-Form. Beschreiben Sie Ihr Vorgehen, Ihr Verhalten so konkret wie möglich. Stellen Sie sich dabei vor, dass Sie zu Ihren Mitarbeiter*innen sprechen. Die Entwicklung Ihrer »Gebrauchsanweisung Führung« erfordert Zeit zum Nachdenken und Ruhe. Es ist keine statische Betrachtung, sondern wird sich im Verlauf Ihrer Führungserfahrung immer wieder verändern und weiterentwickeln.

Welche Hilfsmittel? Papier und Stifte zum Aufschreiben und ggf. zum Zeichnen.

5.2.1.2 Workhack # 10: Führungsbarometer

Awareness: Führungsleitbild schärfen

Was es ist: Eine Online-Rückmeldung (Voting) zu Ihrem Verhalten in der Führungsrolle durch Ihre Mitarbeiter*innen. Sie sehen auf einen Blick, wie Ihr Team Sie zu einer bestimmten Kompetenz aus dem NEW C.A.R.E.-Modell erlebt hat.

Wann kann es eingesetzt werden? Wenn Sie in Ihrem Team eine Feedbackkultur etablieren wollen, können Sie mit gutem Beispiel vorangehen und sich regelmäßig von Ihren Mitarbeiter*innen Feedback zu Ihrer Führungsrolle holen. So erhalten Sie Rückmeldung und Ihre Mitarbeiter*innen lernen, Feedback zu geben. Das schafft einen konstruktiven Umgang miteinander. Setzen Sie das Führungsbarometer einmal pro Woche an einem festen Wochentag ein. Über einen Zeitraum von vier Wochen holen Sie sich zu einer Kompetenz aus dem NEW C.A.R.E.-Modell über ein Online-Umfragetool (z. B. Mentimeter) Feedback. Stellen Sie sicher, dass jeder im Team eine Einschätzung abgibt.

Was wird damit erreicht?
- Abgleich von Selbst- und Fremdbild
- Erkennen von blinden Flecken
- Hinweise zur Weiterentwicklung des eigenen Führungsstils
- Entwicklung der Fähigkeit, Feedback zu geben
- Etablierung von Feedback als einen kontinuierlichen Prozess
- konstruktiver Umgang miteinander

Wie geht es? Kündigen Sie in Ihrem Team an, dass und weshalb Sie regelmäßig Feedback haben möchten und wie Sie mit den Ergebnissen umgehen werden. Erläutern Sie auch den Ablauf. Suchen Sie sich aus dem NEW C.A.R.E.-Modell eine Kompetenz aus, zu der Sie über die nächsten vier Wochen einmal wöchentlich vom Team Feedback haben wollen. Beschreiben Sie dazu drei bis vier Facetten Ihres Verhaltens (z. B. Communication → Transparenz: »Ich informiere Euch regelmäßig über alle wichtigen Unternehmensnachrichten«; »Ich achte darauf, dass alle jederzeit und über die Distanz hinweg die Informationen erhalten«; »Ich bin transparent in meiner Vorgehensweise« usw.). Erstellen Sie in einem Online-Umfragetool eine Bewertungsskala zu jeder Frage. Wählen Sie die Einschätzungsmöglichkeiten in verschiedenen Abstufungen (z. B. Schulnoten 1 bis 6 oder »stimme voll und ganz zu« bis zu »stimme überhaupt nicht zu«) und die Angabe des Durchschnitts aller Bewertungen. Generieren Sie dann einen Link zu Ihrer Umfrage und versenden Sie diesen an alle Mitarbeiter*innen immer an einem festen Arbeitstag der Woche. Vereinbaren Sie mit dem Team, dass jeder spätestens am Ende dieses Arbeitstages sein Feedback in der Umfrage abgegeben hat. Erinnern Sie gegebenenfalls nochmal daran. Versenden Sie die Umfrage über einen Zeitraum von vier Wochen. Vergessen Sie nicht, sich separat selbst einzuschätzen: »Wie habe ich mich in dieser Kompetenz in der letzten Woche selbst erlebt? Wie würde ich die Umfrage beantworten?« Reflektieren Sie die Ergebnisse und überlegen Sie sich mögliche Entwicklungsschritte.

Nach Abschluss des Vier-Wochen-Zeitraums planen Sie 15 bis 30 Minuten im Team-meeting ein, um die Ergebnisse vorzustellen und Ihre Key-Learnings daraus zu kommunizieren. Fragen Sie auch gezielt nach Verbesserungsmöglichkeiten und vergessen Sie nicht, sich bei Ihrem Team für das Feedback zu bedanken.

Erstellen Sie anschließend ein neues Führungsbarometer zu einer weiteren Kompetenz.

Was gilt es zu beachten? Feedback ist eine subjektive Einschätzung. Es gibt also kein Richtig oder Falsch. Respektieren Sie die Einschätzungen Ihrer Mitarbeiter*innen und rechtfertigen Sie sich nicht. Versichern Sie glaubwürdig, dass Sie jedes Feedback schätzen und für konstruktive Kritik offen sind. Fragen Sie bei Unklarheiten gezielt nach und machen Sie die Bewertungsergebnisse transparent für alle im Team. Achten Sie bei der Formulierung Ihrer Fragen auf Einfachheit und Verständlichkeit.

Welche Hilfsmittel? Nutzen Sie ein Umfragetool, das für alle Mitarbeiter*innen leicht zugänglich und nutzerfreundlich ist.

5.2.2 Meine Persönlichkeit entwickeln

5.2.2.1 Workhack # 11: Ich-Canvas

Awareness: Persönlichkeit entwickeln

Was es ist: Eine kompakte Übersicht Ihrer wichtigsten Persönlichkeitsmerkmale. Es bietet Ihnen Orientierung über sich, über das, was Ihnen wirklich wichtig ist, und zeigt Ihnen, welche Fähigkeiten Sie weiterentwickeln wollen.

Wann kann es eingesetzt werden? Sich selbst gut zu kennen, zu wissen, was einen antreibt, und sich regelmäßig weiterzuentwickeln, sind wichtige Facetten des persönlichen Wachstums. Mit der Erstellung Ihres Ich-Canvas haben Sie dies jederzeit vor Augen und können es einsetzen, um auch in herausfordernden und unsicheren Zeiten auf Kurs zu bleiben, persönliche Entscheidungen zu treffen und sich selbst treu zu sein.

Was wird damit erreicht?
- persönliche Standortbestimmung
- Orientierungshilfe in turbulenten Zeiten
- Übersicht der persönlichen Antreiber des eigenen Lebens

Wie geht es? Laden Sie sich die Vorlage bei den digitalen Extras auf mybook.haufe.de herunter und beginnen Sie mit dem Herzstück, Ihrem **Why**, also der Frage nach Ihrem Purpose. Was treibt Sie an? Notieren Sie als Nächstes die drei wichtigsten Werte, die Sie in Ihrem Leben leiten. In Feld 3 der Vorlage beschreiben Sie den Beitrag, den Sie leisten möchten. In Feld 4 beschreiben Sie das Umfeld, das Sie brauchen, um sich voll entfalten zu können. Jetzt widmen Sie sich Ihren Stärken und Ressourcen. Tragen Sie in Feld 5 alle Attribute ein, die Sie stärken. Wichtig ist auch, zu wissen, was Sie können. Ihre Ausbildungen, Kenntnisse oder besonderen Fertigkeiten notieren Sie in Feld 6. Die nächsten zwei Felder helfen Ihnen dabei, konkrete Weiterentwicklungsschritte verbindlich festzuhalten. Definieren Sie zunächst Ihr Wachstumsziel innerhalb eines Jahres (Feld 7). Dann notieren Sie in Feld 8 die entsprechende Kompetenz oder das Verhalten, das Sie dazu täglich einüben möchten. Zum Schluss tragen Sie noch drei Dinge ein, die Sie ab sofort loslassen wollen. Das können beispielsweise schlechte Angewohnheiten oder Denk- und Verhaltensweisen sein, die Sie an sich als störend empfinden.

Was gilt es zu beachten? Nehmen Sie sich Zeit für die Reflexion und feilen Sie an den Formulierungen, bis Sie das Gefühl haben, das es dem entspricht, was Sie wirklich ausmacht.

Welche Hilfsmittel? Nutzen Sie eine Vorlage, die Sie sich ausdrucken können. Unsere Vorlage finden Sie bei den digitalen Extras zum Buch auf mybook.haufe.de als Download. Wenn Sie lieber kreativer und großflächiger arbeiten wollen, nutzen Sie Post-its und erstellen Ihr Ich-Canvas auf einem Whiteboard oder einer Wand. Natürlich können Sie auch ein elektronisches Format (z. B. Miro-Board) nutzen.

Anmerkung: Sie finden in der Literatur und im Internet viele Varianten des Ich-Canvas. Ursprünglich kommt es von Tim Clark, der mit dem »Business Model You« ein Canvas für den persönlichen Karriereweg entwickelte (vgl. Clark, 2021). Wir nutzen eine abgewandelte Form für die Arbeit mit unseren Kunden.

5.2.2.2 Workhack # 12: Mindset Coaching

Awareness: Persönlichkeit entwickeln

Was es ist: Eine Reflexionsmöglichkeit zur Entwicklung des eigenen Mindsets.

Wann kann es eingesetzt werden? Die Weiterentwicklung zu einem agilen Mindset ist ein Prozess, der sich schrittweise vollzieht. Sie sind gefragt, diesen Prozess selbst zu steuern und sich täglich kleine Herausforderungen zu schaffen, die ein Lernen neuer Erfahrungen ermöglichen. Besonders in den Bereichen Selbstmanagement, Interaktion mit anderen und dem Umgang mit Veränderungen sollten Sie sich täglich kleine Lernaufgaben stellen, um ein agileres Mindset zu entwickeln.

Was wird damit erreicht?
- kontinuierliche Entwicklung des eigenen Mindsets
- Standortbestimmung, um die eigenen Entwicklungs- und Lernfelder zu identifizieren
- Förderung des eigenverantwortlichen Lernens

Wie geht es? Machen Sie zunächst einmal eine Standortbestimmung zum Status quo Ihres Mindsets. Im Internet finden Sie dazu zahlreiche Selbsttests. Wir empfehlen unseren Kunden den Selbstcheck von Katharina Maehrlein (vgl. Maehrlein, 2020), da dieser an den drei Lernfeldern Selbstmanagement, Interaktion mit anderen und Umgang mit Veränderungen ansetzt. Bei der Bestandsaufnahme ist es wichtig, wirklich ehrlich zu sich selbst zu sein und das eigene Verhalten an konkreten Beispielen zu hinterfragen. Wenn Sie Ihre Einschätzung vorgenommen haben, suchen Sie sich einen Sparringspartner aus Ihrem Arbeitsumfeld, der Sie in Ihrem Verhalten gut kennt. Bitten Sie um ein Feedback zu Ihrer Selbsteinschätzung, um Selbst- und Fremdbild abzugleichen. Dann beginnen Sie Ihr Selbstcoaching, indem Sie sich ein Thema aus dem Selbstcheck auswählen, das nach Ihrer Einschätzung mit kleinen Verhaltensänderungen eine große Wirkung erzielt:

In welchem der drei Lernfelder habe ich den größten Entwicklungsbedarf identifiziert?

_____

Mit welcher der dazugehörenden Aussagen aus dem Selbsttest beginne ich mit einer Veränderung meines Verhaltens?

_____

_____

_____

_____

Wie sieht mein konkretes Lernprojekt dazu aus? Was werde ich in den nächsten 14 Tagen
konkret ausprobieren?

_____

_____

_____

_____

_____

Wer oder Was kann mich dabei unterstützen?

_____

_____

_____

Was gilt es zu beachten? Sie brauchen Ruhe, Verbindlichkeit gegenüber sich selbst und einen klaren Kopf für diese Reflexion. Terminieren Sie Ihr Lernprojekt und üben Sie täglich über einen Zeitraum von mindestens 14 Tagen. Zur Unterstützung Ihres Veränderungsvorhabens notieren Sie sich die einzelnen Aktivitäten und überprüfen den Fortschritt. Am Ende reflektieren Sie Ihre Vorgehensweise und Ihre wesentlichen Erkenntnisse. Setzen Sie sich Reminder, die Sie täglich an Ihr Vorhaben erinnern.

Welche Hilfsmittel? Selbsttest zum Mindset, Stifte, Post-its oder Papier zur Dokumentation. In digitaler Form ist das Selbstcoaching über die LEADA App für Führungskräfte empfehlenswert (www.leada.de).

5.2.3   Meine Resilienz stärken

5.2.3.1   Workhack # 13: Stärkenportfolio

Awareness: Resilienz stärken

Was es ist: Eine Bestandsaufnahme und Visualisierung der eigenen Stärken, um Energie und Power zu tanken; ein Beitrag zur Stärkung des eigenen Selbstbewusstseins.

Wann kann es eingesetzt werden? In herausfordernden Zeiten ist Resilienz eine wichtige Komponente, um gestärkt daraus hervorzugehen. Eine der sieben Säulen der Resilienz ist das vorhandene Selbstbewusstsein. Sich seiner Selbst bewusst zu sein, geht mit dem Wissen um seine eigenen Stärken einher. Doch nicht nur in schwierigen Zeiten ist es wichtig, seine Stärken zu kennen und abrufen zu können. Deshalb ist die Auseinandersetzung mit Ihren Stärken zu jederzeit eine lohnende Investition. Das gilt übrigens auch für Ihre Mitarbeiter*innen.

Was wird damit erreicht?
- mehr Selbstbewusstsein und Souveränität
- Kenntnis und Einsatz der Stärken gibt dem eigenen Leben beruflich und privat mehr Sinn
- Vermittlung von positiver Energie
- mehr Zufriedenheit und Produktivität durch den Einsatz der Talente

Wie geht es? Suchen Sie sich eine Interviewpartner*in, die geduldig zuhören kann und der Sie vertrauen. Überreichen Sie ihr einen Fragenkatalog (siehe digitale Extras zum Buch auf mybook.haufe.de) und bitten Sie sie, Ihnen diese Fragen nacheinander zu stellen und Ihre Antworten zu notieren. Nach dem Interview bekommen Sie das Blatt mit den Antworten. Wenn Sie Ihrer Interviewpartner*in auch etwas Gutes tun wollen, tauschen Sie die Rollen und interviewen Sie sie auch. Nach dem Interview ist die Einzelreflexion dran. Entdecken Sie Ihre Stärken anhand Ihrer Antworten, indem Sie daraus Begriffe für Ihre Stärken ableiten. Vertiefen können Sie in das Thema über die Veröffentlichungen der Universität Zürich und dem kostenfreien Test zu den eigenen Stärken (www.charakterstärken.org). Das Konzept von Gallup ist ebenfalls bestens zur Vertiefung geeignet (www.gallup.com/cliftonstrengths/de).

Folgende Fragen nutzen wir gerne in unseren Coachings für das Erkennen der persönlichen Stärken (vgl. Greßer, Freisler, 2016):
- Wo sind Sie erfolgreich?
- Was fällt Ihnen leicht?
- Welche möglichen Begabungen haben Sie?
- Bei welchen Tätigkeiten vergessen Sie die Zeit?

- Bei welchen Tätigkeiten sind Sie voller Energie?
- Wann gehen Sie in einer Aufgabe auf und fokussieren sich spielend?
- Nach welchen Aufgaben fühlen Sie sich aufgeladen und glücklich?
- Auf was freuen Sie sich schon, wenn Sie an die nächste Woche denken?
- Welche Aufgaben haben Ihnen in der vergangenen Woche Freude bereitet?
- Wofür werden Sie von anderen Menschen gelobt oder bewundert?
- Was ist für Sie selbstverständlich? Was schütteln Sie nur so aus dem Arm?
- Was hat Sie in der Schule oder im Studium besonders interessiert?
- Wo sind Sie stärker als andere? Was tun Sie am liebsten?
- Welche Hobbys bzw. Interessen haben Sie?
- Welche Herausforderungen haben Sie schon bewältigt?
- Was trauen Ihnen andere Menschen zu?

Erstellen Sie Ihr eigenes Stärkenportfolio in Form eines Bildes oder einer Collage. So gehen Sie vor: Notieren Sie drei bis fünf Stärken und finden Sie dafür Symbole. Notieren Sie zu jeder Stärke einige Schlagwörter, die diese näher beschreiben. Alternativ können Sie auch Gegenstände auswählen (z. B. bei einem Spaziergang), die Ihre Stärken repräsentieren. Das Bild oder die Gegenstände positionieren Sie in Sichtweite oder an Ihrem persönlichen Kraftort, um sich immer wieder dieser Stärken bewusst zu werden.

Was gilt es zu beachten? Nehmen Sie sich Zeit für diese Visualisierung. Holen Sie sich auch aktiv Feedback von anderen und fragen Sie, welche Stärken sie in Ihnen sehen.

Welche Hilfsmittel? Ruhiger Ort ohne Ablenkung, DIN-A3 – Blatt, Zeitschriften, um Bilder auszuschneiden, Wachsmalstifte oder andere bunte Stifte, Schere, Kleber.

5.2.3.2   Workhack # 14: Niksen

Awareness: Resilienz stärken

Was es ist: Eine Anleitung zum physischen Nichtstun, um dem Alltag für kurze Zeit zu entfliehen, abzuschalten und, um den Geist vom Alltagsstress zu befreien.

Wann kann es eingesetzt werden? Die dauerhafte Stressbelastung im Arbeitsalltag führt zu Energieverlust und Schlafmangel und kann zum Burnout führen. Geistige Erschöpfung ist der Produktivitätskiller schlechthin. Deshalb hilft Niksen, ausgeglichen zu bleiben und die Energiereserven aufrechtzuerhalten. Das Wort »Niksen« kommt aus dem Niederländischen und bedeutet die Kunst des Nichtstuns. Einmal am Tag sollten Sie sich diese kleine Auszeit gönnen und etwas ohne jeden Zweck tun.

Was wird damit erreicht?
- mehr Ausgeglichenheit und Produktivität
- Förderung des kreativen Potenzials
- Auffüllen der Energiereserven
    - regelmäßige Pausen sorgen dafür, dass Körper und Geist auftanken
    - Niksen führt zu mehr Klarheit im Kopf und
    - beugt Erschöpfung vor

Wie geht es? Vielleicht sagen Sie jetzt, Sie haben gar keine Zeit dafür, nichts zu tun. Außerdem könnte es sein, dass Ihnen das Abschalten für kurze Zeit gerade zu Beginn sehr schwerfällt. Deshalb suchen Sie sich als Erstes einen Ort, an dem Sie sich wohlfühlen. Setzen Sie sich bequem hin und sorgen Sie für einen entspannten Atemfluss. Wenn Sie sich auf Ihre Atmung fokussieren, sind Sie weniger von äußeren Einflüssen abgelenkt. Die größte Ablenkungsfalle ist wahrscheinlich unser Smartphone. Verbannen Sie es also beim Niksen. Sicherlich hilft am Anfang auch das Hören von Musik. Sie können zum Beispiel Ihre Lieblingsplaylist hören oder aus dem Fenster schauen. Und damit Sie die tägliche kurze Auszeit nicht vergessen, hilft es, sich im Tagesablauf eine feste Zeit fürs Niksen einzuplanen.

Was gilt es zu beachten? Machen Sie diese Auszeiten zur Gewohnheit, indem Sie sich feste Zeiten dafür einplanen. Ermuntern Sie auch Ihre Mitarbeiter*innen zum Niksen, indem Sie den Nutzen erläutern und es selbst tun.

Welche Hilfsmittel? Bequemer Sitzplatz, Musik von der Lieblingsplaylist.

5.2.4   Meine Rolle als Vorbild leben

5.2.4.1   Workhack # 15: Vorbildrolle leben

Awareness: Meine Rolle als Vorbild leben

Was es ist: Eine Reflexionsaufgabe zur Auseinandersetzung mit den eigenen Werten und damit, wie diese in der Vorbildrolle sichtbar werden.

Wann kann es eingesetzt werden? Diese Reflexion können Sie jederzeit vornehmen. Wir empfehlen Ihnen, die eigene Vorbildrolle einmal im Jahr zu hinterfragen.

Was wird damit erreicht?
- Klarheit über Ihre Wirkung
- konkrete Definition der Handlungsfelder in Ihrer Vorbildrolle

Wie geht es? Bei den digitalen Extras auf mybook.haufe.de finden Sie eine Liste mit Werten. Wählen Sie davon fünf aus, die Ihnen in der Führungsaufgabe am wichtigsten sind. Schreiben Sie diese fünf Werte auf jeweils ein DIN-A4-Blatt. Legen Sie nun die fünf Blätter mit den fünf Werten auf den Boden (so dass Sie die Werte sehen können). Ihre Aufgabe ist es nun, für jeden der Werte einen Führungsleitsatz zu definieren. Stellen Sie sich dafür nacheinander auf jeden der fünf Werte. Wenn Sie auf dem Blatt mit dem dort notierten Wert stehen, spüren Sie nach, was Ihnen alles durch den Kopf und den Bauch geht. Lassen Sie die Impulse zu und nehmen Sie zunächst nur wahr. Dann notieren Sie, welcher Führungsleitsatz zu diesem Wert für Sie passt. Der Führungsleitsatz definiert Ihr gelebtes Verhalten im Umgang mit Ihren Mitarbeiter*innen. Beispiel: Wert: Zuverlässigkeit; Führungsleitsatz: »Meine Mitarbeiter*innen können sich auf das, was ich sage, verlassen. Ich stehe jederzeit zu meinem Wort.« Verfahren Sie nun genauso mit den Werten 2 bis 5. Am Ende dieser Reflexion haben Sie eine Übersicht Ihrer Führungsleitsätze erstellt, die Ihnen nun als Handlungsgrundlage für Ihre Vorbildrolle dienen kann.

Was gilt es zu beachten? Sie brauchen einen ruhigen Ort, an dem Sie ungestört reflektieren können. Stellen Sie sich direkt auf das Blatt mit Ihrem Wert und nehmen Sie die Gedanken und Gefühle zu diesem Wert wahr, die in Ihnen wirksam werden. Schließen Sie die Augen dabei. Wiederholen Sie die Übung gegebenenfalls immer wieder, bis der aus dem Wert hervorgehende Führungsleitsatz für Sie stimmig ist.

Welche Hilfsmittel? Ruhiger Ort, an dem Sie sich wohlfühlen, Stifte, Papier.

5.2.4.2   Workhack # 16: Journaling – Zehn Fragen an mich selbst

Awareness: Vorbild sein

Was es ist: Eine Anleitung zur Selbstreflexion Ihrer Vorbildrolle als Führungskraft.

Wann kann es eingesetzt werden? Jederzeit! Die regelmäßige Selbstreflexion hilft Ihnen dabei, vermeintlich Bewährtes zu hinterfragen und das eigene Verhalten in der Wahrnehmung der Vorbildrolle bewusst zu machen. Wir empfehlen Ihnen, diese Betrachtung im Abstand von vier Wochen zu wiederholen. So wird Ihr Bild zu Ihrer Vorbildrolle mit der Zeit klarer und Sie achten bewusster darauf, inwieweit Ihr Verhalten als Führungskraft dazu kongruent ist.

Was wird damit erreicht?
- mehr Klarheit über die eigene Führungspersönlichkeit
- Abgleich der Vorbildrolle mit dem Verhalten in der Führungsrolle
- Bewusstsein für das Vorgehen in der Führungsrolle

Wie geht es? Nutzen Sie für diese regelmäßige Reflexion ein Notizbuch (im Handel gibt es in vielen Farben und Formaten Notizbücher), in dem Sie Ihre Gedanken notieren oder zeichnen. Wie es Ihnen beliebt. Dann begeben Sie sich an einen Lieblingsplatz, an dem Sie in Ruhe Ihre Gedanken schweifen lassen können und ungestört sind. Notieren Sie alle Impulse, die Ihnen einfallen, wenn Sie die Fragen nacheinander lesen:

1. Inwieweit entspricht das, was ich von meinem Team erwarte, auch dem, was ich selbst sage und wie ich mich verhalte?
2. Wie habe ich durch mein Vorbildverhalten als Inspiration für meine Mitarbeiter*innen beigetragen?
3. Wenn ich mein Team verlassen würde, welche positiven Spuren möchte ich hinterlassen?
4. Weshalb sollten meine Mitarbeiter*innen mir folgen?
5. Inwieweit beeinflusse ich durch meine Art zu Denken und zu Handeln die Führungskultur in meiner Organisation?
6. Was habe ich in letzter Zeit dafür getan (oder hätte dazu beitragen können), um die Wahrnehmung meines Unternehmens im Innen und Außen positiv zu steigern?
7. Angenommen, meine Führungsleistung würde nicht von anderen bewertet werden, würde ich dann anders führen? Wenn ja, wie?
8. Welche Werte leiten mich in meiner Führungsaufgabe und woran erkennen meine Mitarbeiter*innen dies?
9. Welche Vorbilder habe ich und welche Eigenschaften schätze ich an diesen Personen?
10. Inwieweit entdecke ich diese Eigenschaften auch an mir und wo setze ich sie in meiner Führungsrolle ein?

Lesen Sie sich nun noch einmal Ihre Antworten durch und markieren Sie die für Sie besonders markanten Wörter. Wenn Sie Ihre Aussagen zu einem Satz verdichten, wie würde die Essenz Ihrer Vorbildrolle lauten?

Die Essenz meiner Vorbildrolle in einem Satz ist …

....

....

Was gilt es zu beachten? Es gibt bei der Beantwortung der Fragen kein Richtig oder Falsch. Es ist eine Momentaufnahme, und wenn Sie die Fragen nach einiger Zeit erneut beantworten, werden wahrscheinlich andere Antworten kommen.

Welche Hilfsmittel? Notizbuch, Stifte zum Schreiben oder Zeichnen, Textmarker.

5.3 Relationship – Impulse für das Miteinander

5.3.1 Strukturen schaffen

5.3.1.1 Workhack # 17: ALPEN-Methode

Was es ist: Hier beschreiben wir die ALPEN-Methode (von Lothar J. Seiwert), die dabei hilft, einen strukturierten Tagesablauf zu entwickeln. Der Verlauf des Arbeitstages wird damit produktiver genutzt.

Wann kann es eingesetzt werden? Durch die verstärkte ortsunabhängige Arbeit sind Einzelne Ihres Teams isoliert von den Kolleg*innen, die im Büro des Unternehmens arbeiten. Damit fallen Strukturen im Tagesablauf, wie zum Beispiel die Anwesenheitspflicht in der Kernarbeitszeit, feste Zeitfenster für Pausen oder informelle Gespräche zwischen Tür und Angel mit den Teamkolleg*innen weg. Jeder ist nun aufgefordert, sich diesen Rahmen in Form einer festen Tagesstruktur selbst zu schaffen, um sich nicht zu verzetteln. Dabei können Sie Ihre Mitarbeiter*innen unterstützen, indem Sie Ihnen die ALPEN-Methode als Best Practice vorstellen und mit dem Team gemeinsam für einen Zeitraum von zwei Wochen die Anwendung testen.

Was wird damit erreicht?
- Schaffung von Strukturen durch gemeinsames Ausprobieren einer Methode
- Unterstützung jeder Mitarbeiter*in durch Strukturgebung im Tagesablauf

Wie geht es? Beginnen Sie Ihren Arbeitstag, indem Sie der Erstellung Ihres Tagesplans ein paar Minuten widmen. Dabei gehen Sie in fünf einfachen Arbeitsschritten, für die das Akronym ALPEN steht, vor:
- **A**ufgaben definieren
- **L**änge schätzen
- **P**ufferzeiten einplanen
- **E**ntscheidungen treffen
- **N**achkontrolle

Am Abend vorher schreiben Sie sich alle zu erledigenden Aufgaben auf eine To-do-Liste oder mit Post-its auf eine Wand. Diese To-dos fließen dann am Morgen des nächsten Arbeitstages in Ihre Tagesplanung ein. Am Morgen schätzen Sie für jede zu erledigende Aufgabe den voraussichtlichen Zeitaufwand realistisch (!) ein. Bei anstehenden Terminen, wie zum Beispiel Meetings, notieren Sie auch gleich die Uhrzeiten dazu. Jetzt kommt die Stunde der Wahrheit! Passt der geschätzte Zeitaufwand in Summe zur Länge Ihrer tatsächlich verfügbaren Arbeitszeit? Hier wird schnell deutlich, ob das Pensum, das Sie sich vorgenommen haben, überhaupt realistisch ist.

Planen Sie auch Pufferzeiten ein, denn Unterbrechungen oder Ablenkungen entstehen unvermeidlich. Auch Pausenzeiten sollten eingeplant werden. Hier empfiehlt die ALPEN-Methode, maximal 60 % Ihrer zur Verfügung stehenden Zeit zu verplanen, sonst kommen Sie schnell in die Zeitfalle.

Im nächsten Schritt entscheiden Sie, welche Aufgaben unbedingt von Ihnen erledigt werden müssen, welche Sie delegieren können, welche noch warten können oder welche nicht mehr notwendig sind. (Methoden wie die Eisenhower-Matrix oder die ABC-Analyse helfen dabei, die richtige Prioritätensetzung vorzunehmen.)

Am Ende jedes Arbeitstages steht die Nachkontrolle an. Verwenden Sie ein paar Minuten, um Bilanz zu ziehen. Welche Aufgaben wurden nicht erledigt? Warum? Sind die Pufferzeiten und Aufwandsschätzungen der einzelnen Aufgaben realistisch gewesen? Diese Erkenntnisse fließen in die weitere Nutzung der ALPEN-Methode für die nächste Tagesplanung ein.

Was gilt es zu beachten? Laden Sie Ihr Team dazu ein, mit Ihnen die Methode zu testen. Verordnen Sie es nicht. Lassen Sie beim Erfahrungsaustausch auch kritische Anmerkungen Ihrer Mitarbeiter*innen zu. Auch diese Methode hat Grenzen und ist nicht für jeden geeignet. Indem Sie aber Impulse für mehr Strukturierung im Arbeitsalltag setzen, wird Ihr Team sich damit auseinandersetzen. Ermuntern Sie Ihre Mitarbeiter*innen deshalb, sich die Strukturen so zu setzen, wie jeder Einzelne am besten produktiv arbeiten kann, statt auf der Anwendung einer Methode zu beharren, die alle nutzen sollen.

Welche Hilfsmittel? Stift, Papier oder Post-its, Kalender in Papier- oder elektronischer Form, Chart zur Erläuterung der ALPEN-Methode auf den jeder zugreifen kann.

5.3.1.2 Workhack # 18: Praxiswerkstatt

Relationship: Strukturen schaffen

Was es ist: Eine regelmäßige monatliche Austauschrunde im Team, um Methoden einer selbstorganisierten Arbeitsweise vorzustellen und auszuprobieren.

Wann kann es eingesetzt werden? Durch die zunehmend ortsunabhängige Arbeit ist das Team stärker isoliert und auf verschiedene Arbeitsorte verteilt. Die bisherigen Arbeitsstrukturen der analogen Welt funktionieren nicht mehr. Es braucht neue Formen, in denen sich das Team organisiert und über die Distanz zusammenarbeitet. Regelmäßige Teamrituale helfen dabei, neue Strukturen zu etablieren. Um den Wissenstransfer und den gemeinsamen Austausch im Team zu fördern, ist die regelmäßig stattfindende Praxiswerkstatt hilfreich.

Was wird damit erreicht?
- Förderung von Austausch und eines strukturierten Wissenstransfers im Team
- Aufbau oder Erhalt des gegenseitigen Vertrauens der Mitarbeiter*innen
- Erleichterung der Zusammenarbeit im Team

Wie geht es? Im 14-tägigen Abstand findet an einem festen Tag der Woche die Praxiswerkstatt statt. Der Termin ist für alle als Serie im Kalender eingestellt. Alle Teammitglieder sollten regelmäßig teilnehmen. Das Team trifft sich in einem störungsfreien Raum. Die Mitarbeiter*innen, die nicht vor Ort sind, werden virtuell dazugeschaltet, so dass sich alle sehen und hören können. Die Runde wird von einem wechselnden Moderator aus dem Team eröffnet. Zu Anfang werden alle Themen, zu denen Austausch gewünscht wird, auf einem virtuellen Themenboard gesammelt. Dann wird per Umfrage abgestimmt, in welcher Reihenfolge die Themen besprochen werden. Neben den mitgebrachten Themen werden in der Praxiswerkstatt immer wieder auch neues Wissen oder Arbeitsmethoden von Kolleg*innen für Kolleg*innen vorgestellt.

Am Ende der Zeit tauscht sich das Team zu der Fragestellung aus: »Was nehme ich aus unserer heutigen Session für meine Arbeit mit?« »Das Thema, das ich bei der nächsten Praxiswerkstatt einbringen kann, ist …?« »Was wünsche ich mir beim nächsten Mal anders/mehr/weniger?«

Was gilt es zu beachten? Planen Sie für diese Praxiswerkstatt 90 Minuten ein. Die Moderator*in sollte die Zeit im Blick haben und darauf achten, dass der Austausch zielführend und strukturiert ist.

Welche Hilfsmittel? Kamera, virtuelles Kollaborationstool.

5.3.2   Vertrauen bilden

5.3.2.1   Workhack # 19: Lunchparty

Relationship: Vertrauen bilden

Was es ist: Eine vertrauensbildende Maßnahme im Team, um auf persönlicher Ebene in Kontakt zu kommen und sich besser kennenzulernen.

Wann kann es eingesetzt werden? Das gegenseitige Vertrauen der Teammitglieder ist eine wesentliche Komponente für die erfolgreiche Zusammenarbeit. Doch nicht immer ist das Vertrauen untereinander ausreichend groß, um die Basis für eine produktive Arbeitsbeziehung zu sein. Dafür kann es viele Gründe geben. Die größere Distanz in der virtuellen Zusammenarbeit kann einer sein. Um solchen negativen Effekten entgegenzuwirken, sind Sie als Führungskraft gefragt, mehr persönliche Nähe aufzubauen.

Was wird damit erreicht?
- Schaffung von Gemeinsamkeiten im Team
- die Mitarbeiter*innen lernen sich besser kennen
- Aufbau oder Erhalt des gegenseitigen Vertrauens der Mitarbeiter*innen
- Erleichterung der Zusammenarbeit im Team

Wie geht es? Veranstalten Sie ein virtuelles Teamlunch und laden Sie Ihre Mitarbeiter*innen dazu ein. Bitten Sie jeden, an diesem Mittag zum einen, sein Lieblingsgericht vorzubereiten, und zum anderen, im Vorfeld eine »Gebrauchsanweisung für sich selbst« auszufüllen, die Sie als Datei in Form eines Antwortbogens zur Verfügung stellen. Eine Vorlage dazu finden Sie bei den digitalen Extras auf mybook.haufe.de. Die Idee hinter der Gebrauchsanweisung ist, dass sich jeder in Form einer Produktbeschreibung darstellt. Sie sammeln die Gebrauchseinweisungen Ihrer Mitarbeiter*innen vor dem Teamlunch ein. Diese Punkte sollten in der Gebrauchsanweisung beantwortet werden:
- aktuelles Einsatzgebiet
- weitere Anwendungsmöglichkeiten
- seit wann auf dem Markt?
- Haltbarkeitsdatum
- Wartung und Pflegehinweise
- Risiken und Nebenwirkungen
- Vergleich mit Konkurrenzprodukten
- Verbraucherecho
- Produktslogan

Zum festgelegten Termin nimmt jeder über die virtuelle Meeting-Plattform (mit eingeschalteter Kamera) vom derzeitigen Aufenthaltsort teil. Beim gemeinsamen Essen postet jedes Teammitglied ein Foto seines Lieblingsgerichts im Chat, stellt es kurz vor und berichtet darüber, warum es sein Lieblingsgericht ist.

Als virtuelle Gastgeber*in bringen Sie die Runde in Schwung, indem Sie aktiv nachfragen und durch Ihre Beiträge ein Gespräch anregen. Nach dem Essen kommt die Gebrauchsanleitung zum Einsatz. Sie lesen nacheinander die Antworten daraus vor, ohne preiszugeben, von wem die Gebrauchsanweisung stammt. Dann bitten Sie das Team zu erraten, wer die Person ist, die dahintersteckt, und warum das Team glaubt, dass es diese Person ist. Bitten Sie am Ende um Auflösung des Rätsels durch die Person, die sich in der Gebrauchsanweisung selbst beschrieben hat.

Was gilt es zu beachten? Es gibt bei der Beantwortung der Fragen kein Richtig oder Falsch. Sie ist der Kreativität jedes Einzelnen überlassen. Um den Überraschungseffekt zu erzielen, sollten Sie die Gebrauchsanweisung in anonymer Form vorlesen. Für alle visuellen Typen bietet es sich auch an, die ausgefüllten Antwortbögen über die Bildschirmteilung mit dem Team zu teilen. So kann jeder mitlesen. Wichtig ist, dass Sie Ihre Gastgeberrolle genauso wahrnehmen, als würden Sie tatsächlich zusammen an einem Tisch sitzen. Das heißt, Sie fördern den virtuellen Austausch durch Small Talk, humorvolle Beiträge und offene Fragen. Natürlich können Sie auch nur einen Teamlunch veranstalten und die »Gebrauchsanweisung auf mich selbst« in einem gesonderten Event anwenden.

Welche Hilfsmittel? Gebrauchsanweisung als Vorlage zum Ausfüllen, virtuelles Meetingtool, Snap vom Lieblingsgericht.

5.3.2.2   Workhack # 20: Coffee break

Relationship: Vertrauen bilden

Was es ist: Ein virtueller geschützter Pausenraum für den informellen Austausch.

Wann kann es eingesetzt werden? Durch die unterschiedlichen Arbeitsorte oder Zeitzonen von hybriden Teams geht der informelle Austausch, der in Präsenz-Teams oft beim Kaffee stattfindet, tendenziell verloren. Die Folgen sind, dass die Zusammenarbeit sich stärker auf die Sachebene beschränkt und vertrauensstärkende Elemente seltener werden. Um dies zu verhindern, ist die Einrichtung eines virtuellen Treffpunkts (z. B. via MS Teams, Zoom) hilfreich. Dadurch ist ein zwangloser Austausch über private und arbeitsbezogene Themen möglich.

Was wird damit erreicht?
- Gelegenheit für informellen Austausch
- Raum für persönliche Begegnung ohne Zwang und Agenda
- Förderung der Beziehungsebene im Team und Stärkung des Vertrauens im Team

Wie geht es? Eröffnen Sie einen virtuellen Raum auf der elektronischen Kollaborationsplattform Ihres Unternehmens und versenden Sie den Einladungslink an alle Teammitglieder. Erläutern Sie Ihrem Team die **Nutzungsbedingungen** dieses Raums:

Jeder kann den Pausenraum eröffnen und die anderen im Team darüber informieren, indem er in den Chat eine Kaffeetasse oder »Coffee break« postet. Wer Lust hat beizutreten, kommt dazu. Nutzen Sie die Kamera und halten Sie Blickkontakt. Arbeiten Sie nicht nebenbei, sondern konzentrieren Sie sich voll und ganz auf den Austausch mit den Kollegen*innen.

Die Regeln für die Kommunikation sind: Höflichkeit, Respekt und Vertraulichkeit. Jeder kann kommen und wieder gehen wann er oder sie möchte. Es besteht keine Anwesenheitspflicht.

Was gilt es zu beachten? Es ist ein Angebot für einen virtuellen Austausch. Möglicherweise wird nicht jeder davon Gebrauch machen, weil der Austausch auf die Distanz etwas sperriger ist. Dennoch machen wir immer wieder die Erfahrung, dass die kleinen Auszeiten zwischendurch rege genutzt werden. Das Bedürfnis nach informellem Austausch ist groß und sollte auch Berücksichtigung finden. Einige elektronische Kollaborationsplattformen wie zum Beispiel MS Teams informieren die Teammitglieder, wenn eine Teamkolleg*in zuerst den Raum betritt bzw. ihn eröffnet.

Welche Hilfsmittel? Kaffee oder ein anderes Getränk nach Wahl, Kamera, virtuelles Kollaborationstool.

5.3.3   Konflikte managen

5.3.3.1   Workhack # 21: Team-Retro

Relationship: Konflikte managen

Was es ist: Eine regelmäßige Prozessreflexion der Zusammenarbeit im Team, um daraus zu lernen, Konflikte zu vermeiden und Beziehungen untereinander zu stärken.

Wann kann es eingesetzt werden? Gestaltet sich die Zusammenarbeit im Team zäh und anstrengend, dann könnten unterschwellige Konflikte eine Ursache sein. Hier setzt die Retrospektive an. In regelmäßigen Abständen wird gemeinsam kritisch auf die bisherige Zusammenarbeit und das Ergebnis geschaut. Dabei können Probleme und Unzufriedenheiten offen angesprochen und gemeinsam Maßnahmen zur Verbesserung entwickelt werden.

Was wird damit erreicht?
- Klarheit über die Qualität der Zusammenarbeit im Team
- Verständnis für die unterschiedlichen Bedürfnisse der Teammitglieder
- Raum für offenes Feedback
- Aufdeckung möglicher schwelender Konflikte in der Zusammenarbeit untereinander
- Stärkung der Eigenverantwortung der Teammitglieder, um auf die Arbeitsbeziehungen positiv Einfluss zu nehmen
- Sichtbarmachen von Optimierungspotenzial und der Erfolge der Arbeitsprozesse im Team

Wie geht es? Die Team-Retro findet in fünf Schritten statt: Intro, Daten sammeln, Einsichten gewinnen, Maßnahmen beschließen, Abschluss.
- **Intro:** Ankommen, Klärung der Ziele: Was haben wir heute vor?
- **Daten sammeln:** Rückblick auf die Zusammenarbeit der letzten Zeit: Was lief gut? Was nicht? Hier ist alles zugelassen, was aus Sicht der Mitarbeiter*innen anzumerken ist. Lassen Sie alles auf Post-its notieren und clustern Sie am Ende die Themen. Beginnen Sie mit der anschließenden Bearbeitung bei den Themen, die im Team am schmerzvollsten sind.
- **Einsichten gewinnen:** Hier geht es darum, zu verstehen, warum ein Problem zu dem vorher identifizierten Thema besteht: Warum sind die Dinge, wie sie sind? Welche Störfaktoren gibt es? Was sind die Herausforderungen? Handelt es sich um ein Thema, das gut gelaufen ist, beleuchten Sie mit dem Team die erfolgreichen Aspekte: Was wurde gut umgesetzt? Wie ist uns das gelungen? Welche Stärken leiten wir daraus ab? Diese Phase des tieferen Eintauchens in die Themen ist besonders wichtig, um nicht nur oberflächlich an den Symptomen zu arbeiten.

- **Maßnahmen beschließen:** Jetzt geht es um konkrete Vereinbarungen: Was wollen wir tun? Wir arbeiten hier gerne mit folgender Struktur (vgl. Abb. 26):

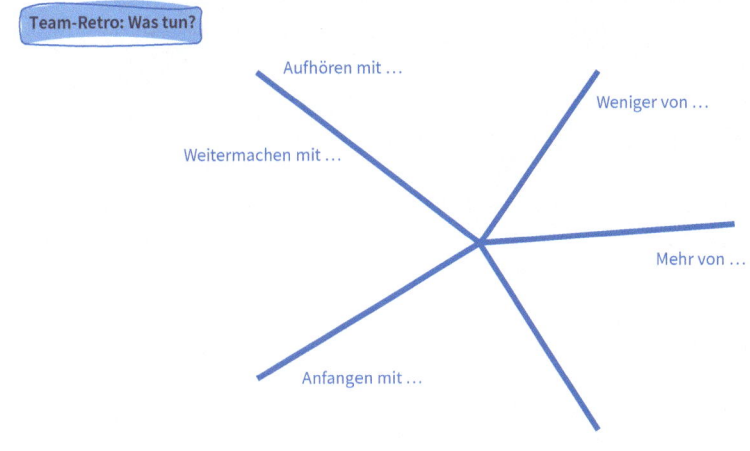

Abb. 26: Die Struktur des Team-Retros

- **Abschluss:** Diese Sequenz nutzen Sie, um Feedback zur Team-Retro einzusammeln: Mit welchem Gefühl gehe ich aus dem Team-Retro? War es sinnvoll investierte Zeit? Was sollte beim nächsten Mal anders gemacht werden? Was soll erhalten bleiben?

Was gilt es zu beachten? Bleiben Sie in der Rolle der Moderator*in. Sie sorgen für die Struktur und achten auf die Beteiligung aller. Das Team ist für die Inhalte und den Output verantwortlich. Wir empfehlen, das Team-Retro in einem regelmäßigen Abstand von vier bis sechs Wochen durchzuführen. Achten Sie darauf, wie die Atmosphäre und die Interaktion untereinander während des Team-Retros ist. Hier können Sie die möglichen schwelenden Konflikte erkennen und sie mit den beteiligten Mitarbeiter*innen aufarbeiten.

Welche Hilfsmittel? Gute Raumatmosphäre, Post-its, Stifte, Wände zum Arbeiten und Dokumentieren; bei einem digitalen Team-Retro: Nutzung von Kollaborationstools wir Miro, Concept Board etc.); auf www.retromat.org finden Sie viele Ideen für eine abwechslungsreiche Gestaltung des Team-Retros.

5.3.3.2 Workhack # 22: Kill the prejudice

Relationship: Konflikte managen

Was es ist: Eine Teamübung, um die Heterogenität eines Teams sichtbar zu machen und Vorurteile gegenüber anderen abzubauen.

Wann kann es eingesetzt werden? Konflikte entstehen häufig aufgrund von Vorurteilen gegenüber einer anderen Person. So kann es in Ihrem Team vorkommen, dass schwelende Konflikte spürbar sind, die Zusammenarbeit als zäh empfunden und Grüppchenbildung sichtbar wird. Um deeskalierend oder vorbeugend Konflikte zu managen, können Sie durch die Verdeutlichung der bestehenden Vorurteile in Ihrem Team diese Übung im Rahmen eines Teammeetings praktizieren.

Was wird damit erreicht?
- Abbau von Vorurteilen gegenüber kulturellen Unterschieden in einem Team
- Sichtbarkeit der Heterogenität im Team

Wie geht es? Nehmen Sie sich im Rahmen eines Teammeetings ca. 45 Minuten Zeit. Bitten Sie Ihre Mitarbeiter*innen, sich entsprechend der beiden Aussagen »Ich bin ein Stadtkind«, »Ich bin ein Landkind« auf einem elektronischen Whiteboard zu positionieren, indem sie sich für eine der beiden Seiten entscheiden müssen. Nachdem alle Position bezogen haben, bitten Sie eine der beiden Gruppen (z. B. die Stadtkinder) ein Vorurteil über die andere Seite (Dorfkinder) auszusprechen. Die andere Seite (Dorfkinder) bestätigt oder widerlegt das Vorurteil und benennt nun ein Vorurteil über die Stadtkinder. Das geht so lange hin und her, bis das Thema erschöpft ist und den beiden Gruppen keine Vorurteile mehr einfallen. Geben Sie nun in drei bis vier Runden weitere Zuordnungen, die zu Vorurteilen verführen können, mit dem gleichen Ablauf vor.

Solche Zuordnungen könnten zum Beispiel sein:
- strukturierte Arbeitsweise – kreative Arbeitsweise
- im Westen aufgewachsen – im Osten aufgewachsen
- Frühaufsteher – Spätaufsteher
- analoge Arbeitswelt – digitale Arbeitswelt

Nach dem Erleben der einzelnen Runden reflektieren Sie mit Ihren Mitarbeiter*innen die Erlebnisse und Erkenntnisse aus dieser Session. Fragen Sie nach, wie sich die Einzelnen in bestimmten Aufstellungen gefühlt haben. Stand zum Beispiel bei einer Zuordnung jemand allein, fragen Sie diese Person, wie es sich anfühlt, auf einer Position allein zu stehen, und ob diese Situation exemplarisch für den Teamalltag ist. Regen Sie als Moderator*in an, dass das Team reflektiert, wie es mit Vorurteilen umgeht und welche Konflikte daraus entstehen können. Lassen Sie in der Diskussion möglichst alle zu Wort kommen.

Was gilt es zu beachten? Hat eine Gruppe Schwierigkeiten, Vorurteile zu benennen, geben Sie kurz Zeit zum Beratschlagen. In der Regel fällt ihr dann immer etwas ein. Machen Sie mehrere Runden, damit die Mitarbeiter*innen merken, dass sie zu mehreren Gruppen gehören. Bereiten Sie die elektronischen Whiteboards mit den jeweiligen Fragestellungen im Vorfeld vor.

Wenn alle Mitarbeiter*innen in diesem Teammeeting persönlich anwesend sind, machen Sie die Aufstellung im Besprechungsraum, indem Sie den Raum durch eine symbolische, aber sichtbare Trennung in zwei Hälften teilen.

Welche Hilfsmittel? Elektronische Plattform wie zum Beispiel Miro, Mural oder Concept Board; Seil, Stühle, Tische als Raumteiler zur Verdeutlichung der beiden gegensätzlichen Seiten bei der Durchführung in Präsenz.

5.3.4   Identifikation sichern

5.3.4.1   Workhack # 23: Team-Canvas

Relationship: Identifikation sichern

Was es ist: Eine Methode, um das Zusammengehörigkeitsgefühl im Team zu entwickeln und die Identifikation mit dem Team zu festigen.

Wann kann es eingesetzt werden? Wenn Sie in Ihrem Team kein echtes Wir-Gefühl spüren, kann das an der fehlenden Identifikation jedes Einzelnen mit dem Team als Ganzes liegen. Hier hilft das Team Inventory Canvas (vgl. Abb. 27), indem durch die Visualisierung auf einen Blick sichtbar ist, was die Menschen in diesem Team ausmacht, welche gemeinsamen Ziele und welche Motivation das Team hat.

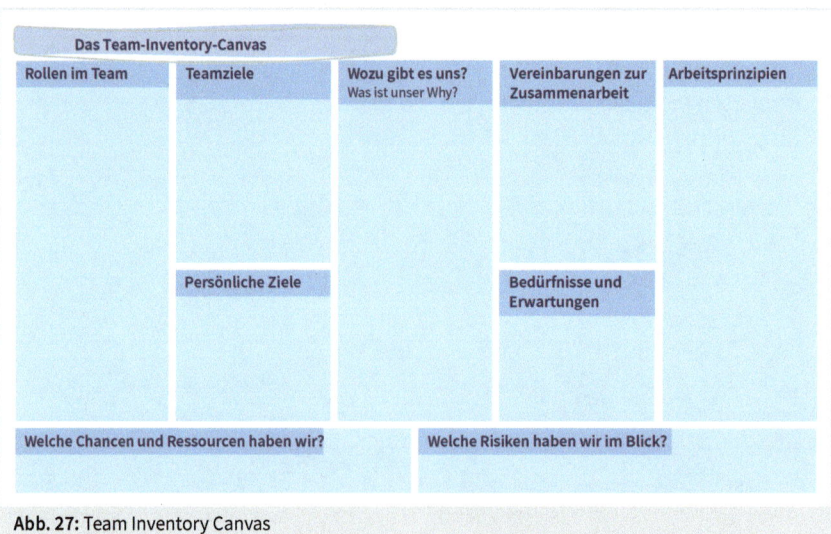

Abb. 27: Team Inventory Canvas

Was wird damit erreicht?
- Entwicklung eines Wir-Gefühls
- gemeinsame Leitlinie, was Sinn und Zweck des Teams ist
- Entwicklung gemeinsamer Teamwerte

Wie geht es? Gemeinsam mit Ihrem Team entwickeln Sie das Team Inventory Canvas. Außerdem sind Sie die Moderator*in dieses Entwicklungsprozesses. Beginnen Sie damit, Ihrem Team den Prozess, das Ziel und den Nutzen vorzustellen. Dann erläutern Sie den Aufbau des Canvas, das Sie auf einer Wand vorbereitet haben. Findet das Meeting hybrid statt, nutzen Sie eine der verfügbaren digitalen Vorlagen und arbeiten daran mit Ihrem Team auf einer digitalen Kollaborationsplattform (z. B. Miro, Concept Board, Mural). Es geht los mit der Arbeit am **Why**, also der Frage, wozu es Ihr Team gibt. Beleuchten Sie dabei den Nutzen, den es für Kund*innen oder anderen wichtige Stakeholdern schafft. Was ist der Auftrag Ihres Teams aus Sicht der Kund*innen? Hier braucht es prägnante Formulierungen, denen alle Teammitglieder zustimmen. Dann dokumentieren Sie die **Teamziele**: Was wollen wir als Team wirklich erreichen? Im Anschluss daran postet jedes Teammitglied sein **persönliches Ziel** als Beitrag zum Erreichen der Teamziele. Jetzt überlegen Sie gemeinsam, welche **Rollen im Team** nötig sind, um die Teamziele zu erreichen. Achten Sie dabei auf eine stärkenorientierte Zuordnung der Verantwortlichkeiten. Im nächsten Feld werden die **Vereinbarungen zur Zusammenarbeit** im Team getroffen. Das könnten zum Beispiel folgende Formulierungen sein: »Wir geben uns regelmäßig Feedback zu unserer Zusammenarbeit« oder »Wir nutzen alle sechs Wochen die Retrospektive, um unsere Zusammenarbeit zu reflektieren«. Im Feld **Arbeitsprinzipien** tragen Sie die Prinzipien ein, nach denen das Team handeln will (z. B. Kommunikationsregeln, Regeln zur Entscheidungsfindung). Nun hat jedes Teammitglied die Möglichkeit, seine wesentlichen **Bedürfnisse und Erwartungen** zu benennen. Hier geht es darum, offenzulegen, was der oder die Einzelne braucht, um im Team gut und produktiv arbeiten zu können. Natürlich gehört im letzten Schritt dazu, auch die **Chancen bzw. Ressourcen** und **Risiken**, die Sie im Blick haben müssen, zu beleuchten. Am Ende haben Sie ein Team Inventory Canvas, das Ihr gemeinsames Teamverständnis auf einen Blick widerspiegelt. Würdigen Sie das Ergebnis und entscheiden Sie mit dem Team, wo es für alle zu jederzeit sichtbar ist.

Was gilt es zu beachten? Für diesen Entwicklungsprozess mit Ihrem Team sollten Sie sich zwei Stunden Zeit nehmen. Legen Sie für die Entwicklung der Inhalte zu jedem Feld ein bestimmtes Zeitfenster fest, damit die Diskussionen nicht endlos werden. Eine Arbeitsvorlage und ausführliche Anleitungen zur Erstellung des Canvas finden Sie im Netz und zum Download bei den digitalen Extras auf mybook.haufe.de. Nutzen Sie zur Entlastung eine externe Moderator*in, die den Prozess begleitet.

Welche Hilfsmittel? Elektronische Plattform wie zum Beispiel Miro, Mural oder Concept Board; als Präsenzveranstaltung: Flipchart oder Metaplanwand, ausreichend Post-its und Stifte.

5.3.4.2 Workhack # 24: Kudos to you

Relationship: Identifikation sichern

Was es ist: Ein wörtlicher Schulterklopfer zur Würdigung des herausragenden Verhaltens eines Teammitglieds; Kudos (abgeleitet vom griechischen Wort *Kydos* = Ruhm, Ehre) werden als schriftliche Mitteilungen unter den Teammitgliedern ausgetauscht, um Anerkennung zu geben.

Wann kann es eingesetzt werden? Um die Identifikation mit dem Team zu steigern, ist die gegenseitige Anerkennung und Wertschätzung für vorbildliches Verhalten im Umgang mit anderen ein wichtiger Faktor. Doch oft geht das Danke sagen im Arbeitsalltag unter. Hier kann die Einführung von Kudos unterstützen, um gute Arbeit öffentlich im Team zu würdigen.

Was wird damit erreicht?
- Förderung der intrinsischen Motivation der Mitarbeiter*innen
- Steigerung der Teamleistung durch die Steigerung der persönlichen Beiträge der einzelnen Teammitglieder
- Steigerung der Identifikation mit dem Team durch das gegenseitige Geben von Anerkennung für herausragende Arbeitsleistungen

Wie geht es? Erstellen Sie Blanko-Kärtchen (Kudos). Vorlagen dazu finden Sie im Internet und in digitaler Form auf kudobox.co. Platzieren Sie an einem Ort, der für jeden im Team zugänglich ist, die vorgefertigten Kudos. Im Büro ist so ein geeigneter Ort der Kopierer, der Wasserspender oder die Kaffeemaschine. Senden Sie an alle Mitarbeiter*innen des Teams, die selten im Büro arbeiten, die Blanko- Kärtchen nach Haus, damit auch sie jederzeit daran teilnehmen können.

Um den Prozess anzuschieben, starten Sie mit dem Überreichen von Kudos im Team. So gehen Sie vor: Immer, wenn Ihnen im Team ein herausragendes Verhalten auffällt, schreiben Sie eine Kudo-Karte und überreichen sie der Person persönlich oder digital per E-Mail. Sie werden die positive Energie, die dabei bei Ihren Mitarbeiter*innen entsteht, spüren. Ermuntern Sie Ihr Team, nun auch selbst Kudos an die Kolleg*innen zu verteilen, wenn sie gute Arbeit würdigen wollen. Etablieren Sie eine Kudo-Wand im Büro Ihres Teams, an der jedes Teammitglied seine erhaltenen Kudos anpinnt. So ist auch öffentlich für alle im Team sichtbar, welches Verhalten und welche Leistung Anerkennung gefunden hat.

Was gilt es zu beachten? Möglicherweise ist Anerkennung und Wertschätzung für vorbildliches Verhalten in der Kultur Ihres Unternehmens noch nicht stark ausgeprägt. Dann beginnen Sie damit in Ihrer Einheit und laden Sie die Mitarbeiter*innen dazu ein, Kudos zu schreiben. Gestalten Sie die Kudos ansprechend. Denn die Wirkung lässt sich mit der Übergabe eines Geschenks vergleichen. Es macht Freude und motiviert.

Welche Hilfsmittel? Kudo-Vorlagen aus dem Internet, Kudo-Karten drucken lassen oder kopieren.

5.4 Empowerment – Impulse für die Mitarbeiter*innen

5.4.1 Mitarbeiter*innen auswählen

5.4.1.1 Workhack # 25: Peer-Recruiting

Was es ist: Das Peer-Recruiting ist ein Vier-Stunden-Format, das Teams nutzen, um neue Mitarbeiter*innen mit auszuwählen. Es geht darum, dass das Team aktiv mitentscheidet, wer neu ins Team geholt wird. Das Team gestaltet den Ablauf dieses Settings selbst. (Mittlerweile findet dieser Ansatz in Unternehmen zunehmend Anhänger.)

Wann kann es eingesetzt werden? Um bei Neuzugängen von Teammitgliedern eine höhere Passgenauigkeit, mehr Zufriedenheit im Job und eine engere Bindung im Unternehmen zu erreichen, lohnt es sich, das Team mitentscheiden zu lassen. Das bedeutet, dass die Selbstverantwortung für die Einstellung neuer Kolleg*innen durch die aktive Gestaltung des Kennenlernprozesses deutlich steigt.

Was wird damit erreicht?
- bessere Matches der Personen im Team
- Steigerung der Selbstverantwortung des Teams bei Neueinstellung
- Mitsprache und Einbeziehung des Teams bei Personalentscheidungen

Wie geht es? Jedes Mal, wenn Verstärkung gebraucht wird, nehmen sich je nach Verfügbarkeit alle oder einzelne Vertreter Ihres Teams Zeit, die Bewerber*in kennenzulernen. Das Peer-Recruiting läuft über einen Zeitraum von vier Stunden. Natürlich kann es bei Bedarf auch über einen ganzen Arbeitstag gehen. Das hängt davon ab, inwieweit ein aktives Mitarbeiten der Bewerber*in gewünscht ist. Vor dem Treffen erhält sie zur **Vorbereitung** auf das Peer-Recruiting eine E-Mail vom Team mit einigen Einstimmungsfragen zum Fachwissen. Das Peer-Recruiting startet dann mit einer kurzen **Vorstellung** der Aufgaben, Rollen sowie der Arbeitskultur des Teams durch zwei Repräsentanten aus dem Team. Hier werden auch im Anschluss die **fachlichen Fragen** aus der Vorbereitungsmail durchgesprochen. Im nächsten Schritt gibt es ein **Interview** zu Lebenslauf und beruflichen Projekten der Bewerber*in, zu dem weitere Teammitglieder hinzukommen. Den Abschluss des Peer-Recruitings bildet eine **lockere Runde** bei Kaffee oder Lunch, an dem möglichst alle Teammitglieder teilnehmen. Hier geht es darum, sich informell auszutauschen. Fragen zu persönlichen Bedürfnissen und Vorlieben in der Zusammenarbeit, Werte und Ziele stehen hier im Mittelpunkt.

Was gilt es zu beachten? Sie sollten Ihr Team im Vorfeld auf das Peer-Recruiting vorbereiten. Das Team braucht Klarheit darüber, mit welchen Persönlichkeitsmerkmalen und Kompetenzen der Neuzugang die Gruppe ergänzen kann. Deshalb sollten Ihre Mitarbeiter*innen definieren, wann die Zusammenarbeit besonders gut funktioniert und worauf Wert gelegt wird. Auch der anschließende Entscheidungsprozess mit dem Ziel, herauszufinden, ob die Bewerber*in passt, sollte im Vorfeld für alle transparent sein. Deshalb braucht es nach dem Peer-Recruiting einen Austausch aller am Entscheidungsprozess Beteiligten über die Eindrücke zur Kandidat*in. Erfahrungsgemäß gibt es Tendenzen in die eine oder andere Richtung. Agieren Sie hier als Moderator*in, um das Team bei seiner Entscheidungsfindung zu unterstützen.

Welche Hilfsmittel? Zeit und störungsfreie Umgebung für das Peer-Recruiting.

5.4.1.2   Workhack # 26: Teamstärken-Portfolio

Empowerment: Mitarbeiter*innen auswählen

 Was es ist: Das Teamstärken-Portfolio ist eine Übersicht aller vorhandenen Stärken im Team. Es zeigt auf einen Blick, welche Kompetenzfelder im Team stark vertreten sind, was das Team richtig gut kann und wo es möglicherweise Ergänzung gebrauchen könnte.

 Wann kann es eingesetzt werden? Um bei Neuzugängen von Teammitgliedern eine höhere Passgenauigkeit der Talente im Team zu erreichen, hilft das Teamstärken-Portfolio bei der Identifizierung der zu ergänzenden Stärken.

 Was wird damit erreicht?
- bessere Matches der Stärken im Team
- höhere Motivation der Mitarbeiter*innen durch die stärkenorientierte Zusammenarbeit
- Steigerung der Teamleistung

 Wie geht es? Zur Vorbereitung auf den Teamworkshop bitten Sie Ihre Mitarbeiter*innen am kostenfreien Charakterstärkentest der Universität Zürich auf www.charakterstaerken.org teilzunehmen und sich mit den Ergebnissen vertraut zu machen. Eine Erläuterung zum Hintergrund der Stärkenforschung und dem Ergebnisbericht kann auf der Website ebenfalls abgerufen werden. Den Ergebnisbericht bringt jeder mit in den Teamworkshop. Auch Sie selbst nehmen am Test teil und veröffentlichen Ihren Bericht mit den anderen. Als Moderator*in stellen Sie zunächst die Systematik vor und erläutern den Zusammenhang zwischen den Charakterstärken und der Einordnung in die Tugenden: Weisheit, Mut, Menschlichkeit, Gerechtigkeit, Mäßigung und Transzendenz. Im nächsten Schritt tauscht sich das Team in kleinen Gruppen von drei bis vier Personen über die persönlichen Stärken aus. Die Mitarbeiter*innen lernen dadurch, ihre eigenen Stärken vorzustellen und die dahinterliegende Bedeutung zu verstehen. Zum anderen bietet dieser Austausch positive Erfahrungen und Motivation für alle. Lassen Sie nach dieser Runde kurz Raum für Rückmeldungen aus Ihrem Team.

Fragen Sie in die Runde, wie der Austausch über die eigenen Stärken und Schwächen erlebt wurde.

Jetzt geht es um die Erstellung des Teamstärken-Portfolios. Dazu bitten Sie alle Teammitglieder, ihre sechs Signaturstärken auf jeweils ein Post-it zu notieren. (Als Signaturstärken werden die obersten Stärken im Bericht bezeichnet. Man geht davon aus, dass jeder Mensch in diesen Stärken besondere Erfüllung bei der Ausübung erlebt.) Dafür haben Sie ein Board vorbereitet, auf dem die sechs Tugenden als Überschrift vorbereitet sind. Ordnen Sie jeder Tugend eine Farbe zu. So ist die Sichtbarkeit der einzelnen Bereiche besser gegeben. Ihre Mitarbeiter*innen posten nun ihre Stärken auf den farblich dazugehörenden Post-its zu den entsprechenden Tugenden. So erhalten Sie nach kurzer Zeit einen Überblick über die vorhandenen Stärken im Team. Es gibt dabei kein Richtig oder Falsch. Überlegen Sie gemeinsam mit dem Team, in welchen Bereichen das Team schon gut aufgestellt ist und in welchen Bereichen noch Ergänzungen erfolgen könnten: Welche Stärken können wir im Team noch gut gebrauchen, um unsere Teamleistung weiter zu verbessern? Bei der Auswahl neuer Teamkolleg*innen kann hier gezielt nach diesen Stärken gesucht werden.

Was gilt es zu beachten? Jedes Teammitglied sollte sich im Vorfeld mit seinen Ergebnissen auseinandersetzen und die Bedeutung der 24 Stärken aus diesem Test kennen. Auch Sie selbst sollten mit der Systematik gut vertraut sein und wissen, was hinter den einzelnen Begrifflichkeiten steckt. Im Zweifelsfall lassen Sie sich von einem externen Stärken-Coach in diesem Workshop begleiten. Das Teamstärken-Portfolio eignet sich neben der Suche nach neuen Kolleg*innen hervorragend als Basis, um stärkenorientiert zusammenzuarbeiten.

Welche Hilfsmittel? Pinnwand oder Whiteboard mit den sechs Tugenden (dargestellt in unterschiedlichen Farben); Post-its in verschiedenen Farben analog zu den Tugenden; störungsfreier Ort.

Für eine digitale Veranstaltung brauchen Sie eine Online-Plattform für kollaboratives Zusammenarbeiten (z. B. Miro, Concept Board oder Mural).

5.4.2   Mitarbeiter*innen unterstützen

5.4.2.1   Workhack # 27: Schlüsselfrage

Empowerment: Mitarbeiter*innen unterstützen

Was es ist: Eine gezielte Frage, die Ihren Mitarbeiter*innen signalisiert, dass sie auf Ihre Unterstützung zählen können. Gleichzeitig zeigen Sie damit, dass Sie ehrliches Interesse an der Person haben und fest daran glauben, dass sie ihre persönlichen (Karriere-)Ziele erreicht.

Wann kann es eingesetzt werden? Im hybriden Führungsalltag sind die regelmäßigen persönlichen Gespräche mit Ihren Mitarbeiter*innen noch wichtiger, da die ortsunabhängige Zusammenarbeit die Distanz verstärkt. Ihre Mitarbeiter*innen sind gefordert, stärker eigenverantwortlich zu arbeiten. Nicht jeder ist der Herausforderung gleichermaßen gewachsen. Manche Ihrer Mitarbeiter*innen benötigen andere Formen der Unterstützung. Hier können Sie gezielt und individuell durch das aktive Stellen einer Frage, sozusagen der *One Million Dollar Question*, ansetzen.

Was wird damit erreicht?
- Berücksichtigung der individuellen Bedürfnisse der einzelnen Mitarbeiter*innen
- Unterstützungsangebot durch Sie als Führungskraft
- Förderung der Eigenverantwortung der Mitarbeiter*innen
- vertrauensbildende Wirkung
- Anlass für regelmäßigen Dialog zwischen Ihnen und Ihren Mitarbeiter*innen

Wie geht es? Suchen Sie in regelmäßigen Vier-Augen-Gesprächen mit Ihren Mitarbeiter*innen den Dialog, um zu besprechen, welche Form der Unterstützung Ihre Mitarbeiter*in bei der Ausübung ihrer Arbeitsaufgabe und bei der persönlichen Weiterentwicklung benötigt. Stellen Sie die Schlüsselfrage: »Worauf sollte ich meine Aufmerksamkeit und meine Hilfestellung fokussieren, um Sie in Ihrer Position besser zu unterstützen?«

Was gilt es zu beachten? Die Schlüsselfrage ist keine Kontrollfrage! Gehen Sie mit einer vertrauensvollen Haltung heran. Damit signalisieren Sie Ihrem Gegenüber, dass er oder sie selbst entscheidet, welche Form der Unterstützung benötigt wird, und Sie das auch respektieren. Wenn Sie Vereinbarungen zur Unterstützung treffen, halten Sie diese auch ein. Nichts wirkt demotivierender, als wenn Sie sich nach dem Gespräch nicht mehr darum kümmern oder alles in Vergessenheit gerät. Wiederholen Sie diese Vier-Augen-Gespräche regelmäßig und führen Sie sie mit allen Mitarbeiter*innen situativ durch.

Welche Hilfsmittel? Ein offenes Ohr und echtes Interesse; Möglichkeit zum Notieren der Vereinbarungen.

5.4.2.2   Workhack # 28: Action list

Empowerment: Mitarbeiter*innen unterstützen

Was es ist: Eine Methode, um Mitarbeiter*innen zu unterstützen, sich selbst besser durch die Arbeit mit Aktionslisten zu organisieren. Damit entsteht mehr Kontrolle über die zu erledigenden Aufgaben.

Wann kann es eingesetzt werden? Sie wünschen sich mehr Selbstmanagement Ihrer Mitarbeiter*innen bei den zu erledigenden Aufgaben? Dann bietet dieser Workhack, in Anlehnung an David Allens »Getting Things done«, Hilfestellung, um die Arbeitsaufgaben im Blick zu behalten und effizient zu erledigen. Wir beschreiben hier eine vereinfachte Version. Es lohnt sich, wenn Sie sich vor der Anwendung tiefer mit dem Ablauf vertraut machen (vgl. Allen, 2011).

Was wird damit erreicht?
* mehr Kontrolle über die zu erledigenden Aufgaben
* effizientere Arbeitsweise
* besseres Selbstmanagement
* man weiß, was man geschafft hat, und bekommt einen klaren Kopf
* fördert die zeitnahe Umsetzung von Aufgaben

Wie geht es? Alle Aufgaben werden schriftlich fixiert. Der Prozess der Aufgabenbearbeitung unterscheidet sich in fünf Schritten: **Sammeln, Verarbeiten, Organisieren, Durchsehen, Erledigen**. Damit wird erst einmal die Arbeit organisiert, die zu tun ist:

Sammeln: Beginnen Sie mit dem Sammeln der To-dos. Dazu eignet sich ein fester Ablageort an Ihrem Arbeitsplatz. Idealerweise kommen sie in ein Ablagefach (Kiste, Schublade etc.). Natürlich eignen sich dafür auch elektronische Sammelorte wie zum Beispiel OneNote.

Verarbeiten: Zu Beginn des Arbeitsprozesses wird jedes To-do genau einmal in die Hand genommen und sofort entschieden, was damit passiert. Alles, was weniger als zwei Minuten Bearbeitung braucht, wird sofort erledigt. Aufgaben, die keine Aktion erfordern, werden abgelegt oder gleich gelöscht. Dinge, die eine Aktion erfordern, die länger als zwei Minuten braucht, werden in einzelne Teilaufgaben zerlegt.

Organisieren: Die Teilaufgaben werden wiederum auf Aktionslisten gesetzt und bestimmten Kategorien zugeordnet, die dem jeweiligen Arbeitskontext entsprechen. Das sind die vier wichtigsten Listen:
* **Themen/Aufgaben** (mehrere Arbeitsschritte, die innerhalb eines Jahres zu erledigen sind)
* **Kalender** (Dinge, die zu einem terminierten Zeitpunkt erledigt sein müssen)

- **Dringend** (Aufgaben, die zeitnah erledigt werden müssen)
- **Warten** (Aufgaben, die von anderen bearbeitet werden und auf deren Ergebnisse man wartet)

Durchsehen: Ein großer Vorteil sorgfältig geführter Aktionslisten ist, dass man beim Durchsehen immer einen Überblick hat, wie der Stand der Aufgabenerledigung ist, und nichts verlorengeht. Einmal pro Woche ist eine Sichtung der Listen wichtig, um alles im Blick zu behalten.

Erledigen: Es geht darum, die zu bearbeitenden Aufgaben so auszuwählen, dass sie zum jeweiligen Arbeitskontext passen. Wer gerne zwischen 8 Uhr und 10 Uhr die dringenden Dinge erledigt, weil da die beste Zeit für ungestörtes Arbeiten ist, bearbeitet die auf der Aktionsliste mit »Dringend« notierten Aufgaben. Wer sich gerne bei der Arbeit bewegt und viele Telefonate führen muss, bearbeitet beim Spazierengehen die Aktionsliste »Telefonate«. Wichtig ist auch, den eigenen Biorhythmus zu beachten. Aufgaben, die volle Konzentration erfordern, sind am besten dann zu erledigen, wenn die höchste Energie und Leistungsfähigkeit am Tag vorhanden ist. Auch die Priorität der Aufgabe ist bei der Entscheidung, welche Aufgabe bearbeitet wird, wichtig. Wenn noch eine Stunde bis zum nächsten Termin zur Verfügung steht, wird die Aufgabe gewählt, die aufgrund eines anstehenden Abgabetermins am dringendsten ist.

Was gilt es zu beachten? Diese Methode erfordert etwas Übung und sollte über einen Zeitraum von mindestens vier Wochen auf Nützlichkeit im Arbeitsalltag getestet werden. Unserer Erfahrung nach hilft es, wenn mehrere Personen im Team gemeinsam die Anwendung erproben. So können sich alle über ihre Erfahrungen mit der Methode austauschen und sich gegenseitig mitteilen, was sich in der Anwendung bewährt. Die Methode funktioniert vor allem, wenn strukturiertes und analytisches Vorgehen geschätzt wird.

Welche Hilfsmittel? Papier und Stifte für die Aktionslisten; Post-its sind ebenfalls sehr gut geeignet. Elektronisch können die Listen in allen gängigen Office-Programmen erstellt werden.

5.4.3   Mitarbeiter*innen entwickeln

5.4.3.1   Workhack # 29: Zielmap

Empowerment: Mitarbeiter*innen entwickeln

Was es ist: Ein Template, mit dem jedes Teammitglied seinen Beitrag zur Erreichung der Teamziele und zur Erreichung eines persönlichen Weiterentwicklungsziels plant und den Fortschritt dokumentiert.

Wann kann es eingesetzt werden? Jedes Teammitglied leistet seinen Beitrag zur Erreichung der Teamziele. Doch in der Praxis hat nicht immer jede Mitarbeiter*in ein Bewusstsein davon, was genau der individuelle Beitrag ist und welche eigenverantwortlichen Maßnahmen darauf einzahlen. Auch die persönliche Weiterentwicklung liegt in der Selbstverantwortung des Einzelnen. Sie als Führungskraft können zwar dabei unterstützen, dennoch sollte jede Mitarbeiter*in wissen, welches Lernziel verfolgt werden soll. In Anlehnung an Matti Klassons »Ambitions and Personal Plan« (Klasson, 2015) haben wir eine Zielmap entwickelt, nach der die Teammitglieder ihren Beitrag zum Erreichen der persönlichen und der Teamziele planen und dokumentieren können. So trägt jeder im Team zu seiner Weiterentwicklung selbstorganisiert bei und unterstützt auch bei der Erreichung des gemeinsamen Teamziels.

Was wird damit erreicht?
- eigenverantwortliche Planung und Bearbeitung der persönlichen Lernziele
- Selbstreflexion zur persönlichen Weiterentwicklung
- Fokussierung auf die persönlichen Vorhaben
- Stärkung der Selbstorganisation im Bereich der persönlichen Weiterentwicklung

Wie geht es? Erstellen Sie eine Vorlage (DIN A3) oder eine digitale Vorlage. Als Anregung finden Sie eine Vorlage zum Download bei den digitalen Extras auf mybook. haufe.de. Diese stellen Sie jedem Teammitglied zur Verfügung. Erläutern Sie die Vorgehensweise, so dass alle verstehen, was in den einzelnen Feldern eingetragen werden kann. Dann bitten Sie alle, die folgenden Fragen zu reflektieren und Antworten in die Vorlage einzutragen: **»Welchen persönlichen Beitrag leiste ich in diesem Jahr für unser Teamziel?«** **»Welches persönliche Ziel meiner Weiterentwicklung möchte ich in diesem Jahr erreichen?«** Nachdem jeder die Ziele definiert hat, werden diese den anderen in der Runde vorgestellt. Achten Sie darauf, dass die Formulierungen SMART (schriftlich, messbar, attraktiv, realistisch und terminiert) sind. Im nächsten Schritt trägt jeder die dazugehörenden Aktionen in das Template ein: »Was werde ich konkret tun, um meine definierten Ziele zu erreichen?« Auch hier gibt es ein gemeinsames Sharing der Aktionen unter den Teammitgliedern. Wenn alle an einem Ort zusammenkommen, können Sie auch die Templates aufhängen, so dass eine Galerie entsteht und jeder die Vorhaben des anderen sehen kann. Bitten Sie nun alle Mitarbeiter*innen, diese Zielmap als Reflexionsgrundlage für das kommende Jahr bis zum Zeitpunkt des Zielerreichungstermins zu nutzen, um eigenverantwortlich an der Weiterentwicklung zu arbeiten. Vereinbaren Sie zum Schluss mit dem Team einen festen Rhythmus, nach dem jeder seine Ergebnisse und Aktionen einträgt und legen Sie einen Ort fest, an dem die Zielmaps für alle im Team einsehbar sind.

Was gilt es zu beachten? Bleiben Sie dran und erinnern Sie immer wieder an die Nutzung der Zielmap. Die selbstorganisierte Anwendung wird ein Lernprozess, der am Anfang noch Gewöhnung braucht. Planen Sie deshalb einen vierzehntägigen Austausch ein, bei dem in kleinen Gruppen von zwei bis drei Teammitgliedern über die Fortschritte in der Zielmap berichtet wird.

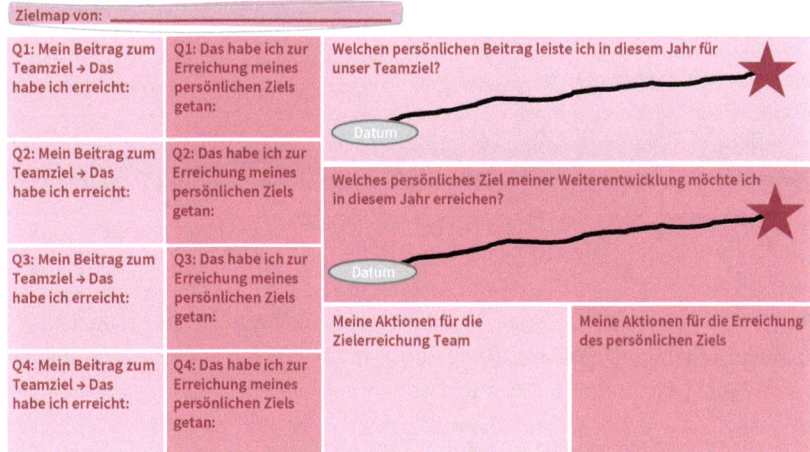

Abb. 28: Zielmap

Welche Hilfsmittel? Template im DIN-A3 – Format oder digitales Template als Vorlage.

5.4.3.2   Workhack # 30: Speedfeedback

Empowerment: Mitarbeiter*innen entwickeln

Was es ist: Eine Rückmeldungsmethode zur Verhaltensweise des Einzelnen im Team, zum Abgleich von Selbst- und Fremdbild.

Wann kann es eingesetzt werden? Sie möchten mehr Selbstverantwortung für die eigene Leistung und das Verhalten bei Ihren Mitarbeiter*innen fördern? Doch die über viele Jahre erlernte Hilflosigkeit verhindert die Wahrnehmung der eigenen Selbstwirksamkeit. Um Ihre Mitarbeiter*innen dabei zu unterstützen, beginnen Sie damit, die Übernahme von (Selbst-)Verantwortung zu fördern. Hier kann der regelmäßige Abgleich von Selbst- und Fremdbild untereinander durch das Speedfeedback unterstützen. Das Team lernt, konstruktiv Feedback zu geben und sich im Verhalten weiterzuentwickeln.

Was wird damit erreicht?
- Verbesserung der Zusammenarbeit im Team
- Stärkung der Selbstorganisation und -verantwortung
- regelmäßiger Abgleich von Selbst- und Fremdbild als Basis für mehr Übernahme von Selbstverantwortung und Weiterentwicklung
- Entwicklung einer konstruktiven Feedbackkultur im Team

Wie geht es? Starten Sie das Speedfeedback mit der Erläuterung der Feedbackregeln, die von allen gut verinnerlicht sein sollten. Dazu empfehlen wir die Anwendung der Drei-W-Regel (vgl. Kapitel 3.5). Stellen Sie in zwei gegenüberliegenden Reihen (links und rechts) Stühle auf, entsprechend der Anzahl der Mitarbeiter*innen. Bitten Sie das Team, Platz zu nehmen. Immer zwei Mitarbeiter*innen sitzen sich gegenüber und halten Blickkontakt. Bei ungerader Mitarbeiteranzahl bleibt ein gegenüberliegender Platz frei. Achten Sie darauf, dass die Abstände zwischen den Gesprächstandems so gewählt sind, dass die Tandempartner sich gut verstehen können. Teamkolleg*innen, die nicht vor Ort anwesend sind, nehmen digital teil. Platzieren Sie dazu auf den entsprechenden Stühlen (der linken Reihe) Tablets oder Smartphones, auf denen die Personen über eine Bildtelefonie dazugeschaltet sind. Dann startet die erste Runde im Speedfeedback. Die Personen auf der rechten Seite geben der Gesprächspartner*in auf der linken Seite Rückmeldung: Zwei Verhaltensweisen, die er/sie am anderen schätzt und zwei Verhaltensweisen, die er/sie sich anders wünscht. Nach zweieinhalb Minuten wird gewechselt. Die Personen auf der linken Seite geben nun ihr Feedback an die Gesprächspartner*in auf der linken Seite. Nach weiteren zweieinhalb Minuten ist die erste Feedbackrunde beendet. Die Personen der rechten Stuhlreihe wechseln wie beim Speeddating einen Platz nach rechts weiter. Nun startet die nächste Runde mit wieder jeweils zweieinhalb Minuten pro Rückmeldung. Bei ungerader Anzahl von Teilnehmer*innen setzt immer die Person aus, die in der Stuhlreihe kein Gegenüber hat. Wenn jeder mit jedem Feedback ausgetauscht hat, ist das Speedfeedback beendet. Bilden Sie zum Abschluss mit allen einen Stuhlkreis. Jedes Teammitglied gibt nun noch in der Runde ein kurzes Statement (eine Minute) darüber, was er/sie aus den Feedbacks mitgenommen hat und an welchen Aspekten des Verhaltens er/sie sich weiterentwickeln möchte. Beenden Sie die Runde mit einer kurzen Reflexion darüber, wie das Team diese Methode erlebt hat.

Was gilt es zu beachten? Achten Sie darauf, dass Sie selbst sicher mit den Feedbackregeln vertraut sind. Ist Ihr Team noch ungeübt im Feedback geben, wird sich die Sicherheit und Vertrautheit damit durch regelmäßige Durchführung des Speedfeedbacks erhöhen. Wiederholen Sie die Runden im Abstand von sechs bis acht Wochen.

Welche Hilfsmittel? Stoppuhr, Stühle entsprechend der Anzahl der Teammitglieder, Smartphones oder Tablets für diejenigen Mitarbeiter*innen, die von anderen Orten teilnehmen.

5.4.4 Mitarbeiter*innen steuern

5.4.4.1 Workhack # 31: Delegation Board

Empowerment: Mitarbeiter*innen steuern

 Was es ist: Eine Übersicht, die die jeweilige Stufe der Delegation von Aufgaben im Team sichtbar macht. Der Workhack hilft dabei, das richtige Maß zwischen Anweisung und Selbstorganisation zwischen Ihnen und Ihrem Team zu finden.

 Wann kann es eingesetzt werden? Sie möchten mehr Selbstorganisation in Ihrem Team etablieren, sind sich aber nicht sicher, bei welchen Aufgaben Sie Kontrolle abgeben und mehr Selbstorganisation aufbauen wollen? Erproben Sie mit Ihrem Team in kleinen Schritten, wo die Übertragung von Eigenverantwortung für beide Seiten gewinnbringend ist. Wir nutzen dafür in der Arbeit mit unseren Kund*innen gerne das Delegation Board von Jürgen Appelo (vgl. Appelo, 2018).

 Was wird damit erreicht?
- schrittweise Übernahme von Verantwortung im Team und/oder durch Einzelne
- Visualisierung des Grades der Selbstorganisation im Team
- Klärung der Delegationsgrade von Aufgaben und Entscheidungsbefugnissen zwischen Führungskraft und Team
- Klärung der Erwartungen über die Selbstorganisation zwischen Führungskraft und Mitarbeiter*innen

 Wie geht es? Nutzen Sie für das Delegation Board eine freie Fläche an der Wand, eine Tafel oder ein Whiteboard. Dort tragen Sie die sieben Stufen der Delegation **Verkünden, Verkaufen, Befragen, Einigen, Beraten, Erkundigen, Delegieren** (vgl. Kapitel 3.2) auf der horizontalen Ebene ein. Auf der Vertikalen listen Sie nun die Aufgaben und Situationen auf, deren Grad der Delegation Sie mit Ihrem Team bestimmen wollen. Nun legen Sie gemeinsam mit Ihrem Team fest, welche Stufen der Delegation vereinbart werden. Kleben Sie dazu in die entsprechende Spalte (aus vereinbarter Delegationsstufe und Aufgabe) Post-its, auf denen vermerkt ist, an wen die Aufgabe übertragen wird. Das kann das ganze Team sein, Sie selbst oder eine andere Person aus dem Team, die hier verantwortlich ist. Gleichzeitig machen Sie damit auch transparent, wie viel Verantwortung hier übertragen wird. Die Übernahme von mehr Selbstorganisation des Teams ist ein iterativer Prozess. Deshalb erproben Sie zunächst in der Praxis, ob die vereinbarte Delegationsstufe die passende ist. Nutzen Sie die Retrospektive im Team, um über die Erfahrungen zum Grad der Selbstverantwortung zu sprechen. Verschieben Sie gegebenenfalls die Post-its nach rechts oder links, bis die Balance zwischen Stärkung des Teams und Ihrer Entlastung hergestellt ist und sich niemand mit der übertragenen Aufgabe überfordert fühlt.

Was gilt es zu beachten? Achten Sie darauf, dass es bei der Festlegung der Delegations-stufen um eine gemeinsame Festlegung von Ihnen und Ihrem Team geht. Fragen Sie Ihr Team danach, welche Stufe es sich vorstellen kann. Trauen Sie Ihrem Team etwas zu und ermutigen Sie Ihre Mitarbeiter*innen, bestimmte Stufen der Delegation auszupro-bieren. Geben Sie Raum, um sich zu den gemachten Erfahrungen auszutauschen, indem Sie das Delegation Board immer wieder in Ihre Teammeetings einbeziehen.

Welche Hilfsmittel? Whiteboard, Tafel, Wand, Post-its und Stifte oder digitales Whiteboard.

5.4.4.2 Workhack # 32: Kill a stupid rule

Empowerment: Mitarbeiter*innen steuern

Was es ist: Eine einfache Visualisierungsmethode, um Regeln zu identifizieren, die im Team nicht mehr gebraucht werden oder verändert werden müssen, weil sie in der hybriden Zusammenarbeit nicht mehr sinnvoll oder zielführend sind.

Wann kann es eingesetzt werden? Ihre bewährte Weise der Teamsteuerung kann auf die hybride Arbeitsweise nicht eins zu eins übertragen werden. Deshalb ist es sinnvoll, bestehende Regeln zu hinterfragen bzw. zu optimieren. Dabei beteiligen Sie Ihre Mitarbeiter*innen aktiv, indem Sie diese ermuntern, Lösungen zu finden, die besser funktionieren. Die Methode »Kill a stupid rule« wurde von Lisa Bodell, CEO von futurethink, entwickelt.

Was wird damit erreicht?
- Eliminierung von ineffizienten Regeln im Team
- Mitbeteiligung der Mitarbeiter*innen bei der Gestaltung von Arbeitsprozessen
- Entwicklung eines sinnvollen Steuerungsrahmens für Ihre Führungsaufgaben
- Weiterentwicklung der Feedbackkompetenzen im Team

Wie geht es? Sie laden Ihre Mitarbeiter*innen zu einem gemeinsamen Brainstorming ein. Die Frage lautet: »**Wenn Du irgendeine Regel in unserem Team killen (abschaffen, verändern) könntest, welche wäre es? Warum?**« Tragen Sie zunächst alle Regeln zu dieser Fragestellung zusammen, die dem Team einfallen. Sie werden merken, dass es neben Regeln oft auch um Annahmen oder bestimmte Arbeitsweisen geht. Dann markieren Sie alle Regeln, die tabu sind, mit einem roten Punkt. Tabu sind zum Beispiel Regeln, die gesetzliche Vorschriften beinhalten. Alle anderen Regeln werden mit einem grünen Punkt markiert. Jetzt schreibt jedes Teammitglied eine Regel, die es unbedingt »killen« will, auf ein Post-it. Die Post-its werden auf einer Matrix zugeordnet. Auf der horizontalen Achse steht der Schwierigkeitsgrad der Umsetzung (von leicht bis hoch), auf der vertikalen Achse steht die Auswirkung auf das Team oder das Unternehmen (von gering bis hoch). Besonders bei den Regeln, die im Feld »leichter Umsetzungsgrad/hohe Auswirkung« positioniert sind, sollte Handlungsbedarf abgeleitet werden. Beenden Sie die Runde mit einer kurzen Teamreflexion. Befragen Sie Ihr Team nach seinem Erleben, die eigenen Regeln zu hinterfragen, und danach, inwiefern zuvor ein Bewusstsein davon bestand, welche Regeln die Zusammenarbeit behindern.

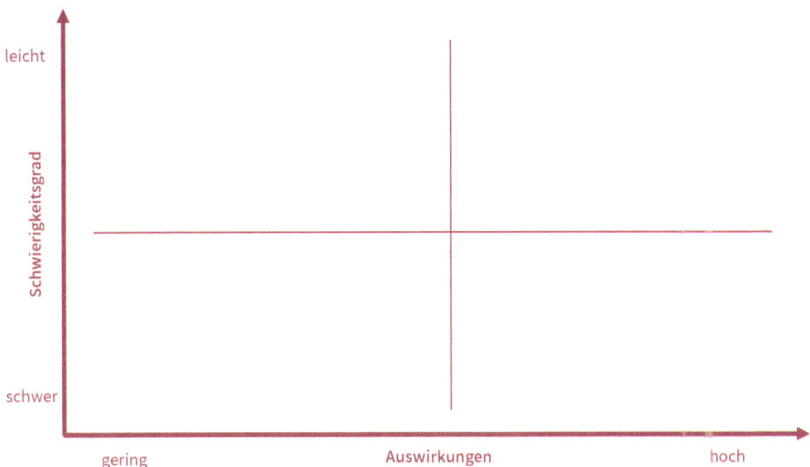

Abb. 29: Kill a stupid rule (Vorlage)

Was gilt es zu beachten? Planen Sie ca. 60 Minuten für die Durchführung ein. Sie werden aus den Diskussionen zu den blockierenden Regeln viel Input dazu mitnehmen können, in welchen Bereichen Ihr Team künftig Steuerung durch Sie benötigt und wo dies nicht mehr der Fall ist.

Welche Hilfsmittel? Post-its, Stifte und eine vorbereitete Matrix am Flipchart oder Whiteboard; ggf. ein digitales Board (z. B. Miro, Concept Board, Mural).

6. Es gibt noch viel zu tun

Mit Ablauf des Infektionsschutzgesetzes zum 30. Juni 2021 endete auch die sogenannte Bundesnotbremse und die damit verbundene Home-Office-Regelung für Unternehmen, nach der Angestellte, sofern möglich, von Zuhause aus arbeiten sollten. Damit wurde die Corona-bedingte Ausnahmesituation beendet und der Prozess für die Neudefinition des New Normal in hybriden Arbeitswelten eingeläutet.

Befreit von gesetzlichen Auflagen kann sich die Unternehmenswelt jetzt freiwillig neu aufstellen und für sich definieren, wie die neue Arbeitswelt aussehen soll. In dem Kontext gibt es eine Vielzahl von Fragen zu beantworten: Werden alle Beschäftigten ins Büro zurückgeholt? Gibt es ein Recht auf Home-Office? Welcher Anteil an Home-Office soll zukünftig erlaubt sein? Wie variabel können die Zeitanteile on-site und off-site gewählt werden? Beteiligt sich der Arbeitgeber an den Kosten des Home-Office und wenn ja, in welcher Höhe? Gibt es unterschiedliche Gehälter für On-site- oder Off-site-Beschäftigte? Wie wollen wir Führung in dieser hybriden Arbeitswelt leben und die Zusammenarbeit gestalten?

Ein übergreifender Plan dafür ist im Juni 2021, dem Redaktionsschluss für unser Buch, noch nicht erkennbar. Die Überlegungen befinden sich unternehmensindividuell in unterschiedlichen Stadien. Ein kleiner Teil der Unternehmen hat seine neuen Post-Corona-Regeln schon umgesetzt, ein anderer Teil hat ein operatives Konzept in der Schublade, das aber noch nicht veröffentlicht ist, wieder andere haben nur Ideen dazu auf Top-Managementebene entwickelt und einige wenige haben noch nicht begonnen, darüber nachzudenken.

Zu den Konzernen, die in den USA schon früh angekündigt hatten, ihre Mitarbeiter*innen (zumindest teilweise) in die Büros zurückholen zu wollen, zählten unter anderem das Technologieunternehmen Apple, die US-Bank Wells Fargo oder der Autokonzern Ford. Der Vorstandsvorsitzende der Investmentbank Goldman Sachs sah die Heimarbeit als Abweichung vom Normalzustand und meinte, man könne seine Kultur am besten pflegen, wenn sich die Mitarbeiter*innen regelmäßig sehen würden (vgl. Demling, Dörner, Kort, 2021).

Dass aber bei vielen Firmen ein Umdenkprozess im Gange ist, kann man am Beispiel von Amazon sehen. Von seinem noch im März 2021 in einem Brief an die Mitarbeiter*innen angekündigten Plan zu einer »bürozentrierten Kultur« als Lösung zurückkehren zu wollen, ist Amazon im Juni 2021 wieder abgerückt und hat zumindest für einige Länder ein Basismodell mit drei Tagen Büro und zwei Tagen Home-Office pro Woche angekündigt. Wer und wann ins Büro kommt, solle von den Teams eigenverantwortlich festgelegt werden (vgl. Peterelt, 2021).

Facebook hat verlautbaren lassen, dass alle Mitarbeiter*innen auch weiterhin remote arbeiten dürfen, wenn dies möglich sei, wobei empfohlen wird, mindestens die Hälfte der Arbeitszeit im Büro zu sein. Explizit soll der private Arbeitsort auch ins Ausland verlegt werden können, so dass insgesamt hier mehr Flexibilität entsteht. Allerdings sollen Beschäftigte, die in Gegenden außerhalb des Silicon Valley mit niedrigeren Lebenshaltungskosten ziehen, auch weniger verdienen (vgl. Panagiotidis, 2021).

Eine Handelsblatt-Umfrage im Juni 2021 unter den Dax-Konzernen zeigte ein sehr differenzierte Bild für den Weg ins New Normal. Zehn der 30 Dax-Konzerne wollten bereits im Juli die Büros wieder für ihre Mitarbeiter*innen öffnen, die meisten Unternehmen hatte eine schrittweise Öffnung vorgesehen und elf Firmen hatten noch keine fixen Pläne gehabt (vgl. Müller, Scheppe, 2021). Der deutsche Softwarekonzern SAP lässt den Beschäftigen sogar künftig die freie Wahl, von wo aus sie arbeiten wollen, und versprach einen zu 100 Prozent flexiblen und vertrauensbasierten Arbeitsplatz als Norm und nicht als Ausnahme (vgl. Rottwilm, 2021). Es bleibt abzuwarten, wie sich das New Normal in der Breite der deutschen Unternehmen entwickeln wird. Die Veränderung ist vorprogrammiert.

Es gibt also noch viel zu tun auf dem Weg ins New Normal der hybriden Arbeitswelten. Bei allem, was wir in unseren Gesprächen mit Führungskräften hören, gibt es aber drei Erkenntnisse, die wir gemeinsam mit in die Zukunft nehmen:

*   Die Umstellung von Präsenzarbeit auf Remote-Arbeit in dieser Ausnahmezeit lief besser als vorher gedacht. Viele technischen, rechtlichen und emotionalen Hindernisse wurden in kurzer Zeit überwunden. Das stärkt unser Selbstvertrauen für alle Veränderungen, die noch kommen.
*   In vielen Fällen hat sich die Performance verbessert, sei es bei der individuellen Produktivität der Mitarbeiter*innen bzw. Führungskräfte oder der Teamproduktivität. Auch wurden übergreifende interne Prozesse verschlankt und die Kundenschnittstellen stärker digitalisiert. Die Work-Life-Balance ist aktuell bei vielen Beschäftigen ausgeglichener. Die Errungenschaften dieses Quantensprunges sollen gesichert werden.
*   Die Vorstellung hinsichtlich zeitgemäßer Führung hat einen starken Impuls in Richtung zu mehr Individualität und Eigenverantwortung auf Mitarbeiter- und Führungsebene erfahren. Führung wird neu gedacht.

Auch wenn sich Formen der Führung und Rollenbilder von Führungskräften weiter verändern, so ist Führung mehr denn je gefragt. Seien Sie sich dessen bewusst: Je weiter wir uns in unserer digitalisierten Netzwerkökonomie voneinander entfernen und verselbstständigen, desto wichtiger werden die wechselseitigen Beziehungen im Unternehmenssystem. Entscheidend ist, dass Sie in Ihrer Führungsrolle für andere sichtbar und nutzstiftend sind sowie authentisch agieren. In unserem NEW C.A.R.E.-Modell für hybride Führung haben wir die dafür notwendigen Brückenkompetenzen beschrieben, auf die es aus unserer Sicht zukünftig noch mehr ankommt: Communication, Awareness, Relationship und Empowerment. Damit Sie als Führungskraft Ihrer Verantwortung gerecht werden, möchten wir Ihnen zum Schluss drei Dinge auf Ihren Weg ins New Normal mitgeben:

1. Die Pandemie hat uns gezeigt, dass die Halbwertzeit von Wissen weiter abnimmt. Was gestern noch Gültigkeit hatte, hat heute schon an Bedeutung verloren. Neue Herausforderungen brauchen neue Antworten. Das bedeutet für Sie als Führungskraft, dass lebenslanges Lernen die Voraussetzung dafür ist, um morgen noch erfolgreich führen zu können. Und warten Sie nicht darauf, von Ihrer HR-Abteilung in diesem Sinne »entwickelt« zu werden. Ihre Entwicklung ist auch Ihre Verantwortung.

2. Wissen allein reicht nicht aus, um erfolgreich zu sein. Sie müssen auch Ihr Verhalten auf die neuen Herausforderungen der hybriden Arbeitswelten anpassen. Dies ist ein permanenter Prozess von Reflexion und Adaption auf persönlicher und auf Teamebene. Entscheidend ist, dass Sie vom Denken ins Handeln kommen. All Ihre Erfolge liegen in der Vergangenheit. Die Zukunft wird aber von der Wirksamkeit Ihres Verhaltens in der Gegenwart geprägt.

3. Es geht nicht darum, die Menschen zu verändern, damit sie in Ihr Bild oder das Bild des Unternehmens passen, sondern darum, den Rahmen, also das Setting des Arbeitsumfeldes so zu gestalten, dass Sie die Potenziale Ihrer Mitarbeiter*innen optimal nutzen und sie in Richtung von mehr Eigenverantwortung im Denken und Handeln entwickeln können.

Richten Sie Ihren Fokus auf die Chancen, die durch die neuen Formen der Zusammenarbeit entstehen, und beziehen Sie Ihr Team in die Gestaltung dieser hybriden Zusammenarbeit mit ein. Und ja, das ist kein einfacher Weg, der schnell zum Ziel führt. Aber genau dafür brauchen Ihre Mitarbeiter*innen und Ihr Unternehmen Sie als eine überzeugende Führungskraft.

Wir wünschen Ihnen viel Erfolg und Freude auf Ihrem Weg in die hybriden Arbeitswelten.

Literaturverzeichnis

Adecco Group (2020): Resetting Normal – Defining the new era of work, 2020.

Albrecht, Arnd / Albrecht-Goepfert, Evelyn (2012): Was Führung in virtuellen Strukturen von klassischer Teamarbeit unterscheidet, in: Personalführung, Nr. 6/2012, S. 44 – 50.

Allen, David (2011): Wie ich die Dinge geregelt kriege, Piper Verlag, 14. Auflage, München, Zürich.

Appello, Jürgen (2011): Management 3.0, Boston.

Appello, Jürgen (2018): Managing for Happiness, München.

Arenberg, Petra (2018): Mythos Diversity: Welche Risiken oft verkannt werden, auf: Haufe. de, 31.01.2018, https://www.haufe.de/personal/hr-management/chancen-und-risiken-beim-diversity-management_80_440198.html (Abrufdatum: 22.04.2021).

Barrett, Richard (2016): Werteorientierte Unternehmensführung: Cultural Transformation Tools für Performance und Profil, Berlin, Heidelberg.

Bischoff, Frank / Heiss, Christian (2020): Die intelligente Brücke, in: managerSeminare, Heft 271, Oktober 2020, S. 22 – 29.

Bitkom (2020): https://www.bitkom.org/Presse/Presseinformation/Mehr-als-10 – Millionen-arbeiten-ausschliesslich-im-Homeoffice (Abrufdatum: 13.03.2021).

Borggräfe, Julia / Rump, Jutta (2020): Der Corona-Effekt in der Führung, in: Personalmagazin, Nr. 10/2020, S. 39 – 42.

Bös, Nadine (2021): Corona spaltet die Arbeitnehmer, auf: faz.net, 18.03.2021, https://www.faz.net/aktuell/karriere-hochschule/buero-co/gallup-studie-corona-spaltet-die-arbeitnehmer-17250942.html (Abrufdatum: 18.04.2021).

Bundesministerium für Arbeit und Soziales (Hrsg.) (2021): Auswirkungen der Digitalisierung der Arbeitswelt auf die Erwerbstätigkeit von Frauen, Forschungsbericht 568, Februar 2021.

Charta der Vielfalt e. V. (2021): Factbook Diversity, Berlin, 2021.

Clark, Tim (2021): Business Model You, www.businessmodelyou.com (Abrufdatum: 03.06.2021).

Clifton, Donald / Nelson, Paula (1992): Soar with your Strengths, New York, 1992.

Covey, Stephan M. R. (2018): Schnelligkeit durch Vertrauen – Die unterschätzte ökonomische Macht, 7. Auflage, Offenbach.

DAK (2020): Digitalisierung und Homeoffice in der Corona-Krise, Sonderanalyse zur Situation in der Arbeitswelt vor und während der Pandemie.

Demling, Alexander / Dörner, Astrid / Kort, Katharina (2021): Erfolgreiche Impfkampagne: US-Großkonzerne holen Mitarbeiter zurück in die Büros, auf: Handelsblatt.de, 11.04.2021, https://www.handelsblatt.com/unternehmen/management/abkehr-vom-homeoffice-erfolgreiche-impfkampagne-us-grosskonzerne-holen-mitarbeiter-zurueck-in-die-bueros/27079842.html (Abrufdatum: 12.04.2021).

Deutsche Post DHL Group (2021): Deutsche Post DHL Group auf einem Blick, auf: dpdhl.com, https://www.dpdhl.com/de/ueber-uns/auf-einen-blick.html (Abrufdatum: 08.02.2021).

Drucker, Peter (1956): Die Praxis des Managements, Düsseldorf.

Dweck, Carol (2016): Selbstbild. Wie unser Denken Erfolge und Niederlagen bewirkt, München/Berlin.

Fieger, Johann / Fieger, Kilian Tobias (2018): Führung ist erlernbar, Wiesbaden.

Firsching, Jan (2012): Always On. 42 % erwarten einen Antwort in sozialen Netzwerken innerhalb von 60 Minuten, auf: futurebiz.de, 28.09.2012, https://www.futurebiz.de/artikel/aleays-on-42 – erwarten-eine-antwort-in-sozialen-netzwerken-innerhalb-von-60 – minuten/ (Abrufdatum: 14.03.2021).

Franken, Swetlana (2016): Führen in der Arbeitswelt der Zukunft, Wiesbaden.

Fraunhofer-Institut für Arbeitswirtschaft und Organisation (2020): Bauer, W. / Riedel, O. / Rief, St. (Hrsg.): Arbeiten in der Corona-Pandemie – Auf dem Weg zum New Normal, Stuttgart.

Fröndhoff, Bert / Scheppe, Michael (2019): Der Sinn hinter der Arbeit: So benennen die 30 Dax-Konzerne ihren »Purpose«, auf: Handelsblatt.de, 18.04.2019, https://www.handelsblatt.com/unternehmen/management/handelsblatt-umfrage-der-sinn-hinter-der-arbeit-so-benennen-die-30 – dax-konzerne-ihren-purpose/24231702.html (Abrufdatum: 18.04.2019).

Gallup (2021a): Die Geschichte von CliftonStrengths, auf: Gallup.com, https://www.gallup.com/cliftonstrengths/de/253748/Geschichte-CliftonStrengths.aspx (Abrufdatum: 13.05.2021).

Gallup (2021b): Führen Sie Ihr Team zum Erfolg, auf: Gallup.com, https://www.gallup.com/cliftonstrengths/de/253826/CliftonStrengths-f%C3 %BCr-Teams.aspx (Abrufdatum: 13.05.2021).

Gebhardt, Birgit / Hofmann, Josephine / Roehl, Heiko (2015): Bertelsmann Stiftung (Hrsg.), Zukunftsfähige Führung, Gütersloh.

Geschwill, Roland / Nieswandt, Martina (2016): Laterales Management, Wiesbaden.

Ghadiri, Argang (2018): Neuroleadership, auf: Gabler Wirtschaftslexikon. Das Wissen der Experten, https://wirtschaftslexikon.gabler.de/definition/neuroleadership-54108/version-277162, Revision von Neuroleadership vom 14.02.2018 (Abrufdatum: 01.05.2021).

Greßer, Katrin; Freisler, Renate (2016): Stressmanagement-Trainings erfolgreich leiten, Bonn.

Greßer, Katrin; Freisler, Renate (2017): Agil und erfolgreich führen, Bonn.

Hallinan, Josef T. (2009): Lechts oder Rinks. Warum wir Fehler machen, Genf.

Hans-Böckler-Stiftung (Hrsg.) (2017): Kutzner, Edelgard, Arbeit und Geschlecht, Working Paper Forschungsförderung, Nr. 30, Düsseldorf.

Hartwich, Claudia, (2021): Work Trend Index: Was wir aus dem letzten Jahr für die Arbeitswelt der Zukunft lernen können, auf: Microsoft.com, 13.04.2021, https://news.microsoft.com/de-de/work-trend-index-fuer-die-arbeitswelt-der-zukunft-lernen/ (Abrufdatum: 20.06.2021).

Haufe-Online-Redaktion (2021): Führungskräfte legen Fokus verstärkt auf HR-Themen, auf: haufe.de, 04.03.2021, https://www.haufe.de/media/studie-diese-themen-beschaeftigen-fuehrungskraefte_538142.html (Abrufdatum: 08.03.2021).

Hays (Hrsg.) (2016): HR-Report 2015/2016 – Schwerpunkt Unternehmenskultur, Mannheim.

Hemmes, Anne (2020): Dank Hintergrundbilder zu besseren Video-Meetings, auf: br.de, 06.08.2020, https://www.br.de/nachrichten/netzwelt/wie-hintergrundbilder-zu-besseren-video-meeting-fuehren,S6mwoNp (Abrufdatum: 18.03.2021).

Hergert, Paol (2018): Arbeitsschutz: Gesetzliche Strafen für berufliche Mails nach Feierabend?, auf: Computerbild.de, 15.08.2018, https://www.computerbild.de/artikel/cb-News-Panorama-Right-to-Disconnect-Gesetz-Strafe-Mails-Feierabend-22241553.html (Abrufdatum: 16.02.2021).

Hertel, Guido / Lauer, Laurenz (2012): Führung auf Distanz und E-Leadership – die Zukunft der Führung? S. 103 – 118, in: Grote, Seven (Hrsg.): Die Zukunft der Führung, Berlin-Heidelberg.

Herz, Carsten / Schnell, Christian (2020): Allianz macht Homeoffice zur Dauerlösung – mit weitreichenden Folgen, auf: Handelsblatt.de, 09.08.2020, https://www.handelsblatt.com/finanzen/banken-versicherungen/versicherer/neue-arbeitswelt-allianz-macht-homeoffice-zur-dauerloesung-mit-weitreichenden-folgen/26075398.html&ticket=ST-3374395 – JrFXSt2T2s3aDtnzgJth-ap1?ticket=ST-3375372 – d21xD1lHREeQZKTfPCPm-ap1 (Abrufdatum: 07.04.2021).

Hetzke, Günter (2020): Zoom legt kräftig zu, in: Deutschlandfunk.de, 01.09.2020, https://www.deutschlandfunk.de/videokonferenz-dienst-zoom-legt-kraeftig-zu.3669.de.html?dram:article_id=483378 (Abrufdatum: 07.02.2021).

Hofert, Svenja (2018): Das agile Mindset. Mitarbeiter entwickeln, Zukunft der Arbeit gestalten, Wiesbaden.

Hollmann, Sebastian (2013): Sustainable Leadership, Wiesbaden.

Homfeld, Rita (2015): Beschleunigt, verdichtet und durchgetaktet, auf: deutschlandfunk-kultur.de, 05.05.2015, https://www.deutschlandfunkkultur.de/digitale-arbeitswelt-beschleunigt-verdichtet-und.976.de.html?dram:article_id=318347 (Abrufdatum: 14.03.2021).

Imöhl, Sören / Ivanov, Angelika (2021): Coronavirus: So hat sich die Lungenkrankheit in Deutschland entwickelt, auf: handelsblatt.de, 31.03.2021, https://www.handelsblatt.com/politik/deutschland/covid-19 – in-deutschland-coronavirus-so-hat-sich-die-lungenkrankheit-in-deutschland-entwickelt/25584942.html (Abrufdatum: 04.04.2021).

Institut für Führungskultur im digitalen Zeitalter, IFIDZ (2019): Führungskompetenzen im digitalen Zeitalter, Frankfurt.

Janda, Valentin / Guhlemann, Kerstin (2019): Sichtbarkeit und Umsetzung – die Digitalisierung verstärkt bekannte und erzeugt neue Herausforderungen für den Arbeitsschutz, Bundesanstalt für Arbeitsschutz und Arbeitsmedizin, Dortmund.

Johansen, Bob (2009): Leaders make the future, San Francisco.

Karg, Josef (2020): Wie viel Lebenszeit Pendler im Stau verlieren, auf: augsburger-allgemeine.de, 09.03.2020, https://www.augsburger-allgemeine.de/panorama/Wie-viel-Lebenszeit-Pendler-im-Stau-verlieren-id57009301.html (Abrufdatum: 19.03.20121).

Kienbaum Institut/Stepstone (Hrsg.) (2020): Agile Unternehmen – Zukunftstrend oder Mythos der digitalen Arbeitswelt?, Dortmund/Düsseldorf.

Klasson, Matti (2015): Ambitions and Personal Plan Pulse, 19.05.2015, www.linkedin/pulse/ambitions-personal-plan-matti-klassen (Abrufdatum: 20.06.2021).

KPMG (Hrsg.) (2009): Konfliktkostenstudie, Frankfurt.

Krämer, Daniela / Lammert, Kathrein / Weigang, Silke (2018): Führen ohne Vorgesetzten-funktion, 2. Auflage, Freiburg.

Krauter, Jörg (o. J.): Be Adaptive. Erfolgreiche Führung in einer Vuca-Welt, auf: SYNK-Group.com, https://www.synk-group.com/ueberschrift-des-12 – blogbeitrags/ (Abrufdatum: 27.06.2021).

Kutzscher, Matthias (2018): 10 Tipps: So gehen Sie richtig mit Fehlern um, 06.07.2018, www.consulting.de/job-karriere/arbeiten-im-consulting/consulting/10 – tipps-so-gehen-sie-richtig-mit-fehlern-um/ (Abrufdatum: 27.06.2021).

Lally, Phillippa (2009): How are habits formed: Modelling habit formation in the real world, 09.06.2009, https://citeseerx.ist.psu.edu/viewdoc/download?doi=10.1.1.988.7737&rep=rep1&type=pdf (Abrufdatum: 24.06.2021).

Laloux, Frederic (2015): Reinventing Organizations, Ein Leitfaden zur Gestaltung sinnstiftender Formen der Zusammenarbeit, München, S. 73 ff.

Lewis, Christi M. (2000): When leaders display emotion: how followers respond to negative emotional expression of male and female leaders, in: Journal of Organizational Behavior, Special Issue: Emotions in Organizations, https://doi.org/10.1002/(SICI)1099 – 1379(200003)21:2<221::AID-JOB36>3.0.CO;2 – 0, 16.02.2000 (Abrufdatum: 02.05.2021).

Maehrlein, Katharina (2020): Wie Agilität gelingt: Ein agiles Mindset entwickeln – typische Hürden meistern, Offenbach.

Malik, Fredmund (2019): Führen, Leisten, Leben: Wirksames Management für eine neue Welt, Frankfurt a. M., New York.

Martens, Andree / Weibel, Antoinette (2016): Vertrauen oder Verlieren, in: managerSeminare, Heft 224, November 2016, S. 31 – 35.

Meister, Alyson / Sinclair, Amanda (2021): Wie Sie im Homeoffice achtsam bleiben, auf: manager-magazin.de, 09.04.2021, https://www.manager-magazin.de/harvard/selbstmanagement/resilienz-und-mindfulness-im-homeoffice-achtsam-bleiben-wie-geht-das-a-a2920ddc-f2c7 – 4640 – bf10 – d0976009135f (Abrufdatum: 20.06.2021).

Microsoft (Hrsg.) (2020): Resilienz & Innovation in einer hybriden Welt.

Microsoft (Hrsg.) (2021): Erfolgs-Check Mittelstand 2021 – Vier Faktoren für den Neustart, https://news.microsoft.com/wp-content/uploads/prod/sites/40/2021/06/Microsoft_Erfolgs-Check-Mittelstand-2021.pdf (Abrufdatum: 20.06.2021).

Müller, Anja / Scheppe, Michael (2021): Allianz schon im Juli, Bayer erst im Herbst – So planen die Dax-Konzerne die Rückkehr ins Büro, auf: Handelsblatt.de, 24.06.2021, https://www.handelsblatt.com/karriere/ende-der-homeoffice-pflicht-allianz-schon-im-juli-bayer-erst-im-herbst-so-planen-die-dax-konzerne-die-rueckkehr-ins-buero/27313046.html (Abrufdatum: 24.06.2021).

Neeley, Tsedal (2012): Global Business Speaks English, auf: Harvard Business Review, May 2012, https://hbr.org/2012/05/global-business-speaks-english (Abrufdatum: 17.04.2021).

Page Group (2021): Diversity Management Studie, März 2021.

Panagiotidis, Elena (2021): Vier Tage die Woche von zu Hause aus arbeiten oder sofort zurück ins Büro – wie Unternehmen nach dem Abflauen der Pandemie mit dem Home-Office umgehen, auf: nzz.ch 16.06.2021, https://www.nzz.ch/wirtschaft/wie-unternehmen-nach-dem-abflauen-der-pandemie-mit-dem-home-office-umgehen-ld.1630473 (Abrufdatum: 17.06.2021).

Peterelt, Dieter (2021): 3 Tage Büro, 2 Tage Homeoffice: Amazon öffnet sich für hybrides Arbeitsmodell, auf: t3n.de, 11.06.2021, https://t3n.de/news/3 – tage-buero-2 – tage-homeoffice-1384659/ (Abrufdatum: 17.06.2021).

Peters, Tom / Waterman, Robert (1993): Auf der Suche nach Spitzenleistungen, Landsberg.

Rampe, Micheline (2004): Der R-Faktor, Frankfurt.

Randstad (2020): Randstad-ifo-Personalleiterbefragung, Ergebnisse: 2. Quartal 2020, Eschborn.

Rock, David (2011): Brain at Work; intelligenter arbeiten, mehr erreichen, Campus Verlag GmbH, Frankfurt/M.

Rogers, Everett (2003): Diffusion of Innovations, 5. Auflage, New York.

Rose, Nico (2020): Überhöhte Sinnfrage, in: Personalmagazin, Nr. 10/2020, S. 48 – 50.

Rottwilm, Christoph (2021): SAP erlaubt Mitarbeitern Homeoffice zu jeder Zeit, auf: manager-magazin, 02.06.2021, https://www.manager-magazin.de/unternehmen/tech/sap-mitarbeiter-koennen-homeoffice-machen-wann-sie-wollen-a-1283fedc-dcdf-4dae-95ee-a8bc1704f101 (Abrufdatum: 17.06.2021).

Ruess, Annette / Mai, Jochen (2007): Stress – und kein Ende, auf: Handelsblatt.de, 28.03.2007; https://www.handelsblatt.com/karriere/volkskrankheit-stress-und-kein-ende/2788788.html?ticket=ST-1605020 – RIsabEqPdjLRhQPiHoCp-ap6 (Abrufdatum: 14.03.2021).

Schäfers, Bernhard (Hrsg.) (1999): Einführung in die Gruppensoziologie, 3. Auflage, Wiesbaden 1999.

Schermuly, Carsten C. (2016): Empowerment: Die Mitarbeiter stärken und entwickeln, S. 15 – 25, in: Felfe, Jörg / van Dick, Rolf, Handbuch Mitarbeiterführung, Berlin-Heidelberg.

Schlaepfer, Karla / Welz, Martin (2017): Das dynamische Unternehmen: Wie Wertewandel, Innovation und Digitalisierung zum Erfolg führen, Stuttgart.

Sinek, Simon (2015): The Golden Circle, Presentation.

Singh, Manish (2020): WhatsApp is now delivering roughly 100 billion messages a day, auf: techcrunch.com, 30.10.2020, https://techcrunch.com/2020/10/29/whatsapp-is-now-delivering-roughly-100 – billion-messages-a-day/ (Abrufdatum: 16.02.2021).

Stepper, John (2020): Working Out Loud: Wie Sie Ihre Selbstwirksamkeit stärken und Ihre Karriere und Ihr Leben nach eigenen Vorstellungen gestalten, München.

Summerer, Alois / Maisberger, Paul (2020): Teamwork agil gestalten – Das Mitmachbuch, 2. Auflage, München.

Theil, Julia (2018): Wirksamkeit von modularen Systemen der Führungskräfteentwicklung, Koblenz-Landau.

Tunnat, Yvonne (o. J.): Digitale Collaboration: Tipps für kollegiales Arbeiten in fünf Zeitzonen, auf zbw-mediatalk.eu/de; https://www.zbw-mediatalk.eu/de/2018/07/digitale-collaboration-tipps-fuer-kollegiales-arbeiten-in-fuenf-zeitzonen/ (Abrufdatum: 21.03.2021).

Van Dick, Rolf / Schuh, Sebastian (2016): Führung von Gruppenprozessen: Identität und Identifikation bei den Mitarbeitern stiften, in: Felfe, Jörg/van Dick, Rolf (Hrsg.), Handbuch Mitarbeiterführung, Berlin/Heidelberg, S. 41 – 52.

VW-Redaktion (2020): https://versicherungswirtschaft-heute.de/politik-und-regulierung/2020 – 09 – 16/90 – prozent-der-versicherungsbeschaftigten-wollen-ins-homeoffice-abwandern/ (Abrufdatum: 10.2.2021).

Weiß, Yasmin Mei-Yee (2017): Erfolgskritische Kompetenzen im digitalen Zeitalter: Was sind die »Future Hot Skills«?, Sonderdruck Schriftenreihe der Technischen Hochschule Nürnberg Georg Simon Ohm Nr. 67.

Wirtschafts- und Sozialwissenschaftliches Institut (WSI) der Hans-Böckler-Stiftung (Hrsg.) (2019a): Weniger Arbeit, mehr Freizeit?, WSI Report Nr. 47, März 2019.

Wirtschafts- und Sozialwissenschaftliches Institut (WSI) der Hans-Böckler-Stiftung (Hrsg.) (2019b): Barrieren in der Unternehmenskultur halten vor allem Frauen vom Homeoffice ab, auf: boeckler.de, 05.12.2019, https://www.boeckler.de/de/pressemitteilungen-2675 – barrieren-in-der-unternehmenskultur-halten-vor-allem-frauen-vom-homeoffice-ab-18611.html (Abrufdatum: 05.04.2021).

WPGS – Wirtschaftspsychologische Gesellschaft (Hrsg.) (o. J.): Führung: Vertrauen aufbauen, Misstrauen überwinden, auf: wpgs.de, https://wpgs.de/fachtexte/vertrauen-aufbauen-misstrauen-ueberwinden-tipps-und-psychologie/ (Abrufdatum: 04.06.2021).

Zukunftsinstitut (Hrsg.) (2021): Die Megatrends, auf: Zukunftsinstitut.de, https://www.zukunftsinstitut.de/dossier/megatrends/#megatrend-map (Abrufdatum: 28.03.2021).

Abbildungsverzeichnis

Abb. 1: On-site- und Off-site-Arbeitswelt 17

Abb. 2: Analoge und digitale Arbeitswelt 18

Abb. 3: VUCA-Welt 20

Abb. 4: Spannungsfelder in hybriden Arbeitswelten 22

Abb. 5: Anteil der Beschäftigten im Home-Office (vgl. Bitkom, 2020) 24

Abb. 6: Home-Office vor der Corona-Krise (vgl. WSI, 2019b) 25

Abb. 7: Der digitale Quantensprung im ersten Lockdown 2020
(vgl. Randstad, 2020, S. 9) 26

Abb. 8: Vorteile der Remote-Arbeit aus Sicht von Führungskräften
(vgl. Microsoft, 2020, S. 7 – 8) 28

Abb. 9: Roadmap für Führungskräfte 32

Abb. 10: Nachteile des Arbeitens im Home-Office (vgl. Bitkom, 2020) 37

Abb. 11: Umfrage der DAK: »Wie häufig fühlen Sie sich gestresst?«
(vgl. DAK, 2020) 44

Abb. 12: Arbeitszeiten während der Corona-Krise
(vgl. Fraunhofer-Institut, 2020, S. 13) 46

Abb. 13: Vorteile der Arbeit im Home-Office (vgl. Bitkom, 2020) 48

Abb. 14: Haltung der Vorgesetzten zum Home-Office vor Corona (vgl. DAK, 2020) 59

Abb. 15: Von der Komfort- in die Lernzone 67

Abb. 16: Agiles Mindset 69

Abb. 17: Verhaltensänderung in drei Schritten 70

Abb. 18: Delegationsstufen bei der Entscheidungsfindung
(in Anlehnung an Appelo, 2011, S. 127 – 128) 75

Abb. 19: Das SCARF-Modell (vgl. Rock, 2011) 83

Abb. 20: Feedback nach der Drei-W-Regel 87

Abb. 21: Innovation Adaption Curve – die Innovationskurve von Everett
Rogers (2003) 92

Abb. 22: NEW C.A.R.E. – Das Modell für hybride Führung 102

Abb. 23: Der Golden Circle (vgl. Sinek, 2015) 116

Abb. 24: Situativer Führungsstil 146

Abb. 25: Wofür es sich zu leben lohnt: Das Ikigai-Konzept aus Japan 166

Abb. 26: Die Struktur des Team-Retros 193

Abb. 27: Team Inventory Canvas 196

Abb. 28: Zielmap 209

Abb. 29: Kill a stupid rule (Vorlage) 215

Tabellenverzeichnis

Tab. 1: Weniger persönliche Kontakte unter Mitarbeiter*innen 38

Tab. 2: Weniger persönliche Kontakte zur Führungskraft 39

Tab. 3: Wegfallende gemeinsame Rituale 40

Tab. 4: Ungleiche Arbeitsbedingungen 42

Tab. 5: Wegfallende einheitliche Arbeitsatmosphäre 43

Tab. 6: Differenziertes Stressempfinden 45

Tab. 7: Zusätzliche Zeit für das Berufs- und Privatleben 47

Tab. 8: Zunehmende zeitliche Flexibilität 49

Tab. 9: Persönliche Erreichbarkeit 50

Tab. 10: Schnellere und zunehmend verbale Kommunikation 52

Tab. 11: Kommunikatives Multitasking 53

Tab. 12: Weniger nonverbale Kommunikation 54

Tab. 13: Gefühlter Informationsverlust 56

Tab. 14: Unsichtbare Arbeit 57

Tab. 15: Unsichtbare Hierarchien 58

Tab. 16: Weniger Kontrollmöglichkeiten 60

Tab. 17: Zunahme polyglotter Kommunikation 62

Tab. 18: Verbreitung multikultureller Teams 63

Tab. 19: Zunahme von zeitzonenübergreifendem Arbeiten 64

Tab. 20: Fixed vs. Growth Mindset (vgl. Greßer, Freisler, 2017, S. 79) 66

Tab. 21: Traditionelles vs. agiles Mindset 68

Tab. 22: Die fünf Aufgaben wirksamer Führung nach Malik (2019) 72

Tab. 23: Abbau von Hierarchieebenen in der Organisation 74

Tab. 24: Entscheidungen treffen 76

Tab. 25: Ergebnisse steuern 77

Tab. 26: Informationen und Wissensteilung managen 85

Tab. 27: Zielvereinbarung und Mitarbeiterbeurteilung neu denken 88

Tab. 28: Fehler und Konflikte als Chance nutzen 91

Tab. 29: Veränderungskompetenz steigern 93

Tab. 30: Job Happiness umsetzen 94

Tab. 31: Formelle und informelle Kommunikation im Vergleich 105

Tab. 32: Alle 32 Workhacks im Überblick 152

Stichwortverzeichnis

A

Action list 206

aktives Zuhören 158

Akzeptanz 126

ALPEN-Methode 184

analoge und digitale Arbeit 18

Arbeit 4.0 18

Arbeitgeberattraktivität 27

Arbeitsatmosphäre 42, 43

Arbeitsbedingungen

— ungleiche Arbeitsbedingungen 40,
41, 42

Arbeitsplatzgestaltung 40

Arbeitszeit

— Arbeitszeiten während der Corona-
Krise 46

Awareness 118

— Führungsleitbild schärfen 121, 170

— Persönlichkeit entwickeln 123, 174

— Resilienz stärken 125, 178

— Vorbild sein 127, 181

B

Brückenkompetenz 102, 128, 218

Burnout 116

C

Coffee break 190

Corona-Pandemie 13, 23, 28, 35, 119, 130

D

Daily 154

Defizitorientierung 147

Delegation Board 212

Digitalisierung 18, 49, 51, 60

— Anfänge des Digitalisierungstrends 35

Diversität 105

Diversity Management 144, 145

E

Early Adopter 92

Eigenverantwortung 118, 126

E-Learning 26

Empowerment 139

— Grenzen des Empowerments 140

— Mitarbeiter auswählen 144, 200

— Mitarbeiter entwickeln 147, 208

— Mitarbeiter steuern 149, 212

— Mitarbeiter unterstützen 145, 204

— psychologisches Empowerment 139

— strukturelles Empowerment 139

Entscheidungsfindung 74, 76

— Delegationsstufen bei der Entscheidungsfindung 75

Entschleunigung 51

Ergebnissteuerung 76, 77

Erreichbarkeit 49, 50, 52

F

Feedbackprozess 85, 86, 172

— Drei-W-Regel 86, 87

— Speedfeedback 210

Fehlerkultur 88, 89, 90

Fremdsprachenkenntnis 61

Führungsbarometer 172

Führungskompetenz 30

— Awareness 118

— Empowerment 139

— Kommunikationsfähigkeit 103

— Relationship 128, 184

Führungsleitbild 120, 121, 122, 123, 170

Führungsstil 30, 133

— autoritäres Führen 146

— delegierendes Führen 146

— kooperatives Führen 146

— partizipatives Führen 146

— situatives Führen 145, 146

— stärkenorientiertes Führen 147

Führungsverhalten 30

G

Gebrauchsanweisung Führung 170
Gehirnforschung 70
Globalisierung 21
Golden Circle nach Sinek 116
Großraumbüro 40
Gruppengefühl 137

H

Happiness in Business 95, 96
Hierarchie 57, 58
Home-Office 16, 17, 21, 25, 26, 28, 36, 41
— Anteil der Beschäftigten 23
— Arbeitsatmosphäre 42
— Arbeitszeiten 46
— Einstellung der Vorgesetzten zum Home-Office 59
— Informationsverlust 55
— Kontrollmöglichkeiten 58
— Nachteile 37
— Recht auf Home-Office 217
— Stressempfinden 44
— ungleiche Arbeitsbedingungen 41
— vor der Corona-Krise 24
— zeitliche Flexibilität 47
hybride Arbeitswelt
— bedürfnisorientierte Mitarbeiterführung 94
— Begriffsklärung 17
— einheitliche Arbeitsatmosphäre 43
— Führungsaufgaben nach Malik 72
— Mindset 65
— populäre Fehlannahmen 33
— Präsenzpflicht 50
— Roadmap für Führungskräfte 29, 32
— Spannungsfelder 22, 35
— Workhacks 32
hybride Führung 30
hybriden Arbeitswelt 18

I

Ich-Canvas 174
Identifikation 137, 196
— mit dem Team 138
— mit dem Unternehmen 138
— mit der Führungskraft 138
— mit der Mitarbeiterrolle 138
information overload 109
Informationsaustausch 103
Informationsverlust 55
Informationsweitergabe 81, 85
Innovation Adaption Curve 93
Innovationskurve 93
Isolationsgefühl 137

J

Job Happiness 93, 94
Journaling 182

K

Kanban Board 156
Kill a stupid rule 214
Klarheit
— im Denken 111
— im Fühlen 111
— im Handeln 112
— in der Kommunikation 112
— in der Sache 111
Kommunikationsfähigkeit 103, 106
— formelle und informelle Kommunikation 104, 105
— Klarheit herstellen 110, 158
— Sinn vermitteln 114, 166
— transparent kommunizieren 109, 154
— Verständnis sichern 112, 162
Kommunikationsgeschwindigkeit 51
Konfliktarten
— Beziehungskonflikte 136
— Kommunikationskonflikte 136
— Konfliktbewertungskonflikte 136
— Konfliktlösungskonflikte 136
— Machtkonflikte 136
— Rollenkonflikte 136
— Verhandlungskonflikte 136
— Wertekonflikte 136
— Zielkonflikte 136
Konfliktmanagement 88, 90, 129, 135, 136, 192

Kontaktreduzierung 36, 37
— Kontakt zu Führungskraft 38, 39
Kontrolle durch die Führungskraft 58, 60
Krankenstand 136
Kudos to you 198

L

lebenslanges Lernen 72
Leistungsbeurteilung 87
Lockdown 26, 35
Lösungsorientierung 126
Lunchparty 188

M

Management by Wandering Around 38
Megatrend 20, 21
— Globalisierung 21
— Konnektivität 21, 28
— New Work 21
— Silver Society 21
Mindset 29, 65, 89
— agiles Mindset 68, 69, 71
— Fixed Mindset 65
— Growth Mindset 65, 67, 68, 106, 125
— traditionelles vs. agiles Mindset 68
Mindset Coaching 176
Mitarbeiterauswahl 139, 144, 200
Mitarbeiterbeurteilung 85, 87
Mitarbeiterentwicklung 127, 140, 147, 148, 208
Mitarbeiterfluktuation 136
Mitarbeitersteuerung 140
Mobile-Office 17
mobiles Arbeiten 40
Motivation 127
multikulturelles Team 62
Multitasking 52, 53

N

Netzwerkorientierung 126
Neuroleadership 82
NEW C.A.R.E.-Modell 13, 32, 99, 102
— Awareness 118
— Communication 103

— Empowerment 139
— Relationship 128
— Übersicht der Workhacks 151
— Workhacks 151
New Normal 13, 15, 21, 29, 31, 32, 143, 218
Niksen 180
nonverbale Kommunikation 53, 54

O

Objectives und Key Results (OKR) 76, 78, 79, 80
Off-site-Arbeit 17, 40
On-site-Arbeit 17
Optimismus 126
Organisationspsychologie 139

P

Peer-Recruiting 200
Personalarbeit 133
Persönlichkeitsentwicklung 123, 128
— Selbstakzeptanz lernen 124
— Selbstbewusstsein aufbauen 124
— Selbstentwicklung leben 124
polyglotte Kommunikation 60, 61
Präsenzarbeit 218
Präsenzpflicht 50
Praxiswerkstatt 186
Privatleben
— Entgrenzung von Berufs- und Privatleben 45, 48
psychische Erkrankung 116
Purpose des Unternehmens 108

R

Reifegrad-Modell 146
Relationship 128
— Identifikation sichern 130, 137, 196
— Konflikte managen 129, 135, 192
— Strukturen schaffen 129, 132, 184
— Vertrauen bilden 129, 134, 188
Remote-Arbeit 25, 27, 48, 218
— Vorteile 28
Resilienz 120, 125, 178
— Faktoren der Resilienzfähigkeit 126

Reverse Mentoring 162
Right to Disconnect 50
Rituale am Arbeitsplatz 39

S
SCARF-Modell 82, 83
Schlüsselfrage 204
Selbstbewusstsein 126
Selbsterkenntnis 118
Selbstführung 118, 119, 125
Selbstklärung 160
Selbstmanagement 93, 118
Selbstreflexion 71, 72, 182
Selbstvertrauen 74
Selbstwertgefühl 89
Self-Leadership 118
Sichtbarkeit der Arbeit 56, 57
Sinn 114, 115, 116, 166, 168
 — sinnerfüllte Arbeit 116
 — sinnorientierte Führung 117
Sketch Notes 164
Smombies 52
Soft Skills 69
Sozialkompetenz 96
Sozialpsychologie 137
Speedfeedback 210
Stand-up-Meeting 154
Stärkenportfolio 178
Stress 44, 45
Systemtheorie 128

T
Team-Canvas 196
Teamfähigkeit 127
Team-Purpose 168
Team-Retro 192
Teamstärken-Portfolio 202
Telearbeit 41
Transparenz 109
 — Transparenz und Klarheit 110

U
Unternehmenskultur 133

V
Veränderungsbereitschaft 92, 93, 125
Veränderungskompetenz 91, 93
Verantwortungsübernahme 73
Verantwortungsübernahme« XE »Hierarchie
 — Abbau von Hierarchieebenen« 74
Verhaltensveränderung 70
Vertrauen 73
Vier-Ohren-Modell 112
virtuelle Gleichstellung 58
Visualisierung 127, 156, 165, 178, 214
Vorbild 127, 128, 138, 181
Vorurteil 194
Voting 172
VUCA 19, 20, 21, 22, 68
 — Ambiguity 19
 — Complexity 19
 — Uncertainty 19
 — Volatility 19

W
Wahrnehmungsfilter 71
Wissensaustausch 81, 83, 85
Wissensmanagement 109
Wissenstransfer 84
Wissensvermittlung 127
Working Out Loud (WOL) 84

Z
zeitliche Flexibilität 47, 49
Zeitsouveränität 52
zeitzonenübergreifendes Arbeiten 63
Zieldefinition 78
Zielmap 208
Zielvereinbarung 85, 87
Zoom 26
 — Zoom-Fatigue 43
Zukunftsorientierung 126
Zusammengehörigkeitsgefühl 56, 196

Die Autorin und der Autor

Sabrina Gall ist Diplom-Volkswirtin und berät als freiberufliche, systemische Beraterin (DGSF) und New Work Facilitator (BDVT) Führungskräfte und Organisationen. Ihre Fokusthemen sind New Leadership, Changemanagement und Führungswechsel. In ihrer mehr als 20 – jährigen Berufserfahrung war sie in internationalen Konzernen, mittelständischen und Start-up-Unternehmen für die Entwicklung und Umsetzung von Leadership-Programmen erfolgreich tätig und unterstützte Menschen dabei, ihr volles Potenzial zu entfalten. Sie lebt mit ihrer Familie in der Nähe von München.

Dr. Jörg Wittenberg, Jg. 1963, ist selbstständiger Business Coach aus Köln und unterstützt Menschen auf ihrem Karriereweg. Seine Fokusthemen sind Leadership, Change- und Projektmanagement sowie Compliance.

Er verfügt über 20 Jahre Managementerfahrung als Team-, Abteilungs- und Bereichsleiter sowie als Managing Director & Geschäftsführer in Start-up-Unternehmen und internationalen Konzernen. Außerdem bekleidete er verschiedene Mandate in Aufsichtsgremien und war vier Jahre Dozent an der Frankfurt School of Finance & Management.

Dr. Jörg Wittenberg hat Betriebswirtschaftslehre studiert und ist Professional Certified Coach (ICF), zertifizierter StärkenCoach (GALLUP), Business Trainer (BDVT), Project Management Professional (PMI) sowie Autor zahlreicher Veröffentlichungen zu Führungs- und Bankthemen.

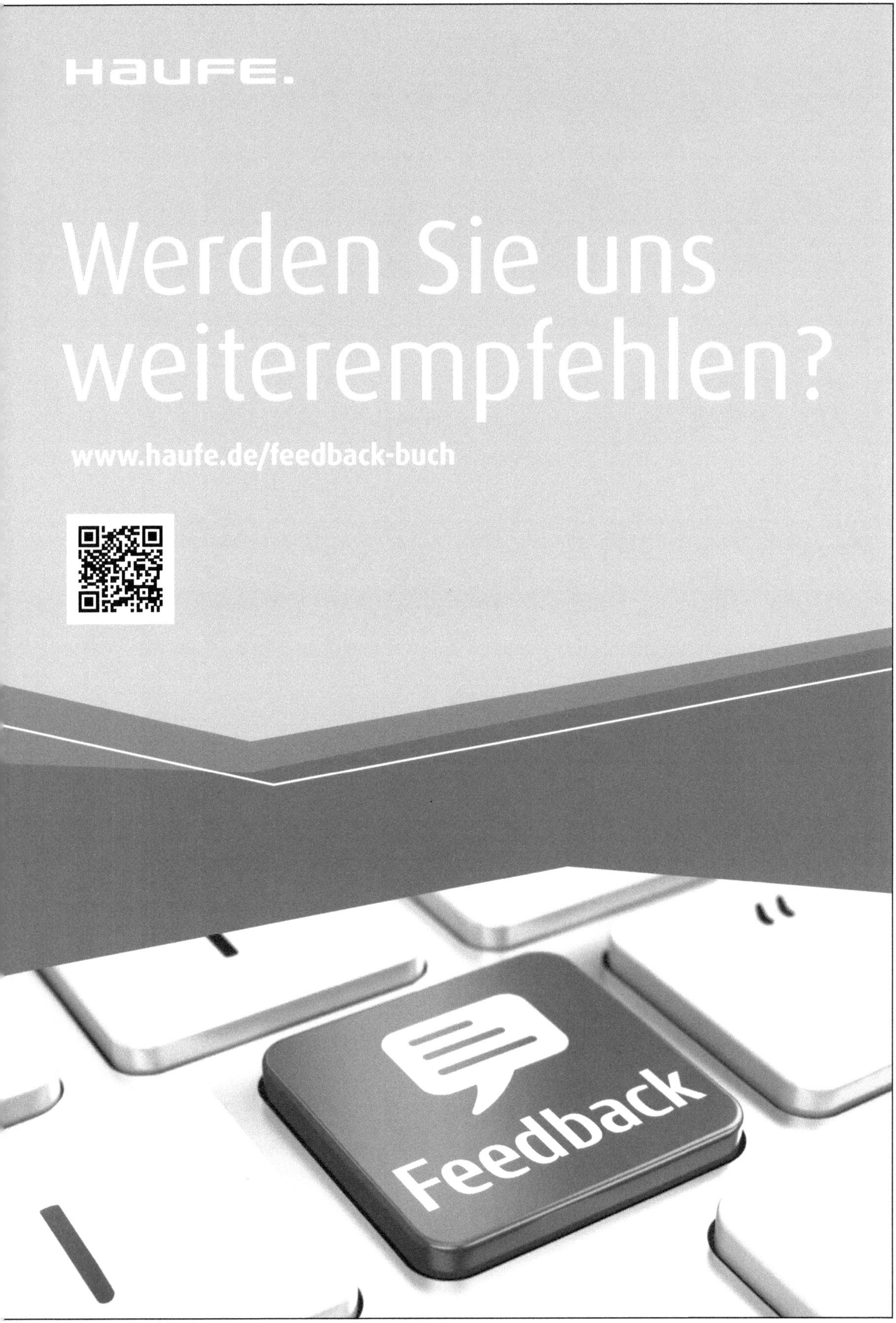
HAUFE.
Werden Sie uns weiterempfehlen?
www.haufe.de/feedback-buch
Feedback